编委会

主　编：张玉玲　吴亚文

副主编：王晓亮　李知新　艾　文　李　勇　王　磊

编　者：（排名不分先后）

安鸿霏　白涛涛　邸　静　李　萍　李莉娟

李　杰　马　龙　马金昕　强小利　王玉梅

王　博　闫小芹　杨佳冰　尹　才　周海宁

周永利　张成莲　赵　燕　宋智峰

牛病防控知识宝典

张玉玲　吴亚文　主编

黄河出版传媒集团
阳　光　出　版　社

图书在版编目(CIP)数据

牛病防控知识宝典 / 张玉玲, 吴亚文主编. -- 银川 : 阳光出版社, 2022.9
ISBN 978-7-5525-6494-5

Ⅰ. ①牛… Ⅱ. ①张… ②吴… Ⅲ. ①牛病 - 防治 Ⅳ. ①S858.23

中国版本图书馆 CIP 数据核字(2022)第 171387 号

牛病防控知识宝典　　张玉玲　吴亚文　主编

责任编辑　申　佳
封面设计　赵　倩
责任印制　岳建宁

黄河出版传媒集团
阳光出版社　出版发行

出 版 人　薛文斌
地　　址　宁夏银川市北京东路 139 号出版大厦（750001）
网　　址　http://www.ygchbs.com
网上书店　http://shop129132959.taobao.com
电子信箱　yangguangchubanshe@163.com
邮购电话　0951-5047283
经　　销　全国新华书店
印刷装订　宁夏银报智能印刷科技有限公司
印刷委托书号　（宁）0024951

开　　本　720 mm × 980 mm　1/16
印　　张　25
字　　数　350 千字
版　　次　2022 年 9 月第 1 版
印　　次　2022 年 9 月第 1 次印刷
书　　号　ISBN 978-7-5525-6494-5
定　　价　88.00 元

前　言

随着我国国民经济发展，广大城乡居民对牛肉、牛奶等畜产品质量和数量的要求不断提高。牛是我国重要的反刍家畜，在保障市场肉食和奶制品供给方面具有举足轻重的地位，然而各类的疫病发生和流行严重制约了牛产业的健康发展，从而影响了其产品的品质和质量。

为了更好地适应现代畜牧业高质量发展，满足牛病防控需要，提高牛病诊治水平，我们编写了《牛病防控知识宝典》。本书针对牛的常见病毒病、细菌病、寄生虫病、其他病等30多种疾病，对每一种疾病的病原、流行病学、临床症状与病理变化、实验室诊断、防控措施等作了较为详细的阐述。

本书的编写力求做到简洁明了、通俗易懂、科学性强，可让读者迅速掌握各种牛病的诊断与防治技术，提前预防、对症治疗。本书科学实用、简明扼要，可供基层畜牧兽医工作者、牛场技术人员和养牛专业户使用，也可为大专院校畜牧兽医专业学生、教师和科研人员提供参考。

本书在编写时参阅了部分相关著作，在此向原著作者表示感谢。由于时间仓促,同时受编写人员水平所限,书中难免存有不足之处,欢迎广大读者提出宝贵意见。

编者

2022 年 10 月

目　录

第一篇　病毒病

第二篇 细菌病

第三篇　寄生虫病

第四篇 其他病

附 录

第一篇

病 毒 病

第一章　牛海绵状脑病

牛海绵状脑病(Bovine spongiform enceph alopathy,BSE),俗称疯牛病,是由正常的朊蛋白(PrP^{C})发生错误折叠变成异常蛋白形式(PrP^{SC}),致病牛的一种进行性、致死性的神经退化疾病。其特征为精神状态异常、运动失调、感觉异常,脑干灰质海绵状水肿,特定神经元核周体或神经纤维网出现海绵状空泡变性。本病在全球呈蔓延趋势,随着世界经济一体化的不断发展,牛海绵状脑病严重影响西方发达国家牛源性产品的国际贸易, 由此引起的贸易争端也越来越多。牛海绵状脑病是人畜共患病,一旦发生,所造成的直接和间接损失将无法估量。世界动物卫生组织(OIE)将其列为法定报告的动物疫病,我国将其列为一类动物疫病。

新变异型克-雅病(variant creutzfeldt-jakob disease,vCJD)是由牛海绵状脑病朊病毒引起的一种新型人朊病毒病。新变异型克-雅病于 1994 年 2 月首先在英国发现,截至 2003 年 1 月,全世界确诊患者已超过 150 人。新变异型克-雅病潜伏期较长,一旦出现症状,致死率几乎为 100%,且大多数病例均发生在英国。据英国相关政府部门统计,新变异型克-雅病主要发生于青壮年,发病年龄多在 14~40 岁,平均为 26.3 岁。临床症状,早期主要表现为精神萎靡、行为异常,数月后出现神经症状。本病病程长达 9~53 个月,平均为 14 个月,明显短于散发性人的克-雅氏病,所有病例的临床表现较为一致。

牛海绵状脑病的流行是因为牛食用了含有朊病毒的牛肉骨粉或羊肉骨粉。朊病毒的本质是一种结构发生变化的宿主蛋白,这种蛋白正常结构称为 PrP^{C}。它普遍存在于动物和人的神经细胞与淋巴细胞表面,是一种含有磷脂酰肌醇锚点的糖蛋白。异常的 PrP 蛋白称为 PrP^{SC}，它和 PrP^{C} 具有相同的一级结构，即氨基酸序列，而二级结构上 PrP^{SC} 中 β 折叠的比例较 PrP^{C} 有了较大的提高。

第一节　病原

一、分类地位

朊病毒是亚病毒中一类重要的感染因子，按照 2005 年国际病毒分类委员会第八次大会报告，朊病毒在分类上属亚病毒传染因子朊毒目、哺乳动物朊毒科。由于目前对各种朊病毒的本质了解不够，代表种采用“因子”命名，如牛海绵状脑病因子等。

牛海绵状脑病属于传染性海绵状脑病的一种，该病是由朊病毒引起的人和多种哺乳动物以神经退行性变化为主要特征的一种慢性消耗性、致死性传染病。在动物中还包括羊痒病、鹿慢性消耗性疾病、传染性水貂脑病和猫科动物海绵状脑病。

二、分型

目前尚无关于朊病毒的分型报道。

三、基因组

朊病毒蛋白本身并不含有核酸，它由宿主染色体基因编码。PrP 基因是一个单拷贝基因，具有两个外显子和一个大内含子。PrP^{C} 和 PrP^{SC} 的基因或 mRNA 没有差异，均有一个正常的内源性基因编码。

四、蛋白质组

朊病毒是一种具有侵染性且不含核酸的蛋白质。PrP^{SC} 是 PrP^{C} 的异构体，PrP^{C} 可以不可逆地转变为 PrP^{SC}。两者在蛋白一级结构上没有差异，但在二级结构上存在从 α 螺旋到 β 折叠的转变。正常的朊蛋白以 α 螺旋为主要的高级结构，而异常的朊蛋白则以 β 折叠为主。PrP^{SC} 和 PrP^{C} 具有不同的生化特性和特征。

五、生物学特性

PrP^{SC} 明显的特性在于对部分理化因素具有极强的抵抗力，而这种特性是建立在富含 β 折叠结构的基础之上的。正常的朊蛋白可以完全被蛋白酶 K 消化，而 PrP^{SC} 只能被消化掉 N 端的 67 个氨基酸，其余 C 端 141 个氨基酸组成的核心片段（27 千~30 千道尔顿）则不能被蛋白酶 K 降解，这也是牛海绵状脑病检测的主要原理。常规的消毒方法，如紫外线、放射线、乙醇、福尔马林、双氧水、酚、戊二醛等不能灭活 PrP^{SC}；含 2%有效氯的次氯酸钠及 2 mol 浓度氢氧化钠在室温作用 1 h 以上可以用于表面或溶液消毒，但也只能灭活大部分的 PrP^{SC}；134~138℃高压蒸汽处理 18 min，可使大部分 PrP^{SC} 灭活；360℃干热处理 1 h 以上，方可灭活 PrP^{SC}；焚烧是最可靠的杀灭方法。

第二节　流行病学

1985 年 4 月，首次在英国发现牛海绵状脑病。1986 年 11 月，经病理组织学确诊，正式命名为牛海绵状脑病，随后该病传入其他国家，包括爱尔兰、瑞士、法国、比利时、德国、葡萄牙、荷兰、丹麦、卢森堡、阿曼、意大利、西班牙、加拿大、日本、芬兰、奥地利、列支敦士登 17 个国家。这些病例有的是因进口动物而致，有的是因饲喂进口肉骨粉而引起本地牛发病。

牛海绵状脑病发生流行需具备 3 个因素：一是本国存在大量绵羊且有痒病流行，或从国外进口了被传染性海绵状脑病病原污染的动物产品；二是牛羊脏器的化制条件（动物性蛋白饲料加工）不能消除其中具有的传染性因子，使该致病因了逐渐适应在牛体内生存；三是用反刍动物肉骨粉喂牛。

一、传染源

患病牛、带毒牛、患痒病的绵羊和其他感染动物是本病的传染源。

二、传播途径

（一）人感染传播途径

许多专家认为接触或食用感染牛海绵状脑病朊病毒的牛组织及其产品

是人类新变异型克-雅病的主要传染来源。目前,人们普遍支持“饮食暴露假说”。该假说通过分析牛海绵状脑病和新变异型克-雅病的时空分布——这2种疾病都主要发生于英国，二者出现的时间间隔提示新变异型克-雅病最短潜伏期为6~12年,这恰好与牛海绵状脑病的潜伏期一致,从而在一定程度上支持了该假说。目前,新变异型克-雅病主要发生于英国,散发,尚无人-人传播的报道。牛海绵状脑病传染给人的途径主要有2种:一种是通过消化道途径,如食用污染的食品;另一种是通过医源性途径,如外科手术器械感染和输血感染等。最近有人提出污染牛海绵状脑病的化妆品可能会通过皮肤进入人体而使人感染。

(二)动物感染传播途径

多器官、多途径传播,动物主要是由于摄入混有痒病病羊或病牛尸体加工成的肉骨粉而经消化道感染,也可通过除呼吸道之外的其他途径感染,如血液、皮肤黏膜等,经脑内和静脉注射可使小鼠、牛、绵羊、山羊、猪等感染,经口感染可使绵羊和山羊发病。

三、易感动物

本病无宿主特异性,无论是自然感染还是实验感染,易感动物范围均较广,牛、羊、猫及多种野生动物和人均可感染。牛海绵状脑病的发生与牛的品种、性别等因素无关,多发生于3~5岁的成年牛,最早可使22月龄牛发病,最晚到17岁才发病。已知的由朊病毒引起的人和动物致死性神经系统疾病有10多种,如新变异型克-雅病、库鲁病、格斯特曼综合征、致死性家族性失眠症、绵羊和山羊痒病、传染性水貂脑病、鹿慢性消耗性疾病和猫海绵状脑病等。

四、流行病学特征

牛海绵状脑病报道之后,其病因争论很久。在病因不明的情况下,英国组织了针对牛海绵状脑病流行病学特征的调查研究,发现以下几种情况。

①牛海绵状脑病具有共同来源暴发的典型特征，即每次暴发涉及很多病例,这些病例都可以追溯到同一个来源。

②牛和牛之间不传染。

③和暴露于有机磷农药等物理或化学因子没有关联性。

④和牛的遗传特征没有关联性。

⑤“牛直接接触绵羊痒病因子导致此病”假说不成立，因为约有 20%的病牛饲养在没有绵羊的地区。

⑥流行病学病例对照研究发现牛海绵状脑病的流行是因为牛食用了含有某种传染性因子的牛肉骨粉或羊肉骨粉。这个结论指导英国颁布了禁止用反刍动物源性肉骨粉饲喂反刍动物的法令。其后，欧盟和其他一些国家也禁止用哺乳动物源性蛋白饲喂反刍动物。在一些欧洲国家，包括英国和瑞士实施反刍动物肉骨粉控制措施后，牛海绵状脑病的流行已经明显下降。

⑦垂直传播。从 2002 年开始，一项耗时多年的流行病学队列研究估计，感染牛海绵状脑病的母畜在其怀孕的最后的 6 个月，通过胎盘将牛海绵状脑病垂直传给胎牛的可能性只有 1%。这对发病的的饲养场，屠宰发病牛所有后代的做法提出质疑。队列研究是一种前瞻性研究，它将动物按照暴露于某种可疑因素的暴露程度分成不同的组，追踪各组的结局，比较各组的发病情况，从而判定疾病相关的危险因素，建立病因假说。

⑧牛海绵状脑病能否感染发病公牛的精液。精液带有传染牛海绵状脑病的物质的可能性很小。因此欧盟于 2002 年取消了对英国牛胚胎的出口禁令。

⑨动物易感性。试验表明，牛可通过注射和口服感染牛海绵状脑病牛的部分组织而发生牛海绵状脑病。牛海绵状脑病在奶牛群的发病率高于肉牛群，这与品种的易感性无关，原因是 2 种牛的饲养方式不同。奶牛通常在断奶后头 6 个月饲喂含肉骨粉的混合饲料，而肉牛很少喂这种饲料。牛海绵状脑病病牛的比例与牛群的大小成正比。原因是牛群越大，需要越多的饲料，那么购买被污染的饲料的概率就更大。

⑩动物试验。牛海绵状脑病可实验性地感染狨（一种猴）、鼠、牛、猪、绵羊和山羊。将牛海绵状脑病患牛的脑组织匀浆脑内接种和腹腔接种狨，46~47 个月后出现神经症状，脑组织病理学检查可发现其具有牛海绵状脑病典型的病理学变化。

第三节　临床症状与病理变化

一、临床症状

牛海绵状脑病的病程一般为14~90 d，潜伏期长达4~6年。该病多发生于4岁左右的成年牛。其症状不尽相同，多数病牛中枢神经系统出现变化，行为反常，烦躁不安，对声音和触摸尤其是对头部触摸过分敏感，步态不稳，经常乱踢以至摔倒、抽搐。发病初期和后期可出现强直性痉挛，粪便坚硬，两耳活动困难，心搏缓慢（平均50次/min），呼吸频率增快，体重下降，极度消瘦，以至死亡。

二、病理变化

经解剖发现，病牛中枢神经系统的脑灰质部分形成海绵状空泡，脑干灰质两侧呈对称性病变，神经纤维网有中等数量不连续的卵形和球形空洞，神经细胞肿胀成气球状，细胞质变窄。另外，还有明显的神经细胞变性及坏死。

第四节　实验室诊断

牛海绵状脑病为人畜共患病，处理疑似牛海绵状脑病感染材料时应采取必要的生物安全措施。由于牛海绵状脑病感染的动物不产生特异性抗体，因此牛海绵状脑病没有特异的血清学检测技术，只有病原学检测技术。

目前还没有对活体动物检测牛海绵状脑病病原的方法。因此检测样品都来自宰杀后的牛。牛屠宰后，要尽快用特制采样勺通过枕骨大孔将牛脑的延髓取出，或者用电锯、砍刀将牛的颅腔打开取出脑干。妥善处理采集的样品，送国家指定的实验室检测。绝大多数牛海绵状脑病病原学检测技术是依据朊病毒PrP^{SC}具有蛋白酶抵抗性的特性而设计的。目前，牛海绵状脑病主要有3种检测方法。

一、组织病理学方法

本方法是最为经典的疯牛病检测方法。疯牛病的病理变化主要在中枢神经系统，但肉眼不能辨别，只能通过常规 H.E 染色的组织病理切片，用生物显微镜观察才能诊断。牛海绵状脑病病牛的病理变化以脑干部灰质的空泡化为特征，且呈双侧对称。在神经纤维网中也有一定数量的散在空泡存在，呈海绵状病变。空泡主要集中在脑干的某些神经核团，主要有迷走神经背侧核、孤束核、三叉神经脊束核、红核、中央灰质和前庭复合体，其中孤束核、三叉神经脊束核和中央灰质出现空泡变化的概率最高。空泡呈规则的圆形或卵圆形，胞核常被空泡压挤到一侧，有时一个神经元里有多个空泡存在，神经纤维网中的空泡则呈海绵状变化。病牛的另一个脑部病理变化是星形胶质细胞增生。本方法耗时较长，约需 14 d 才能出结果。用本方法诊断疯牛病时必须有较高的专业水平和丰富的神经病理学观察经验。在组织切片效果较好时，确诊率可达 90%。

二、免疫组织化学方法

本方法也是一种经典的牛海绵状脑病检测方法，还是世界动物卫生组织规定的疯牛病检测金标准，是疯牛病确诊方法之一。该方法的原理是待检样品的组织切片经过蛋白酶 K 的消化后，先用疯牛病 PrP 抗体与脑部朊病毒发生免疫反应，然后用标记有生物素的二抗与 PrP 抗体结合，再用亲和素与过氧化物酶的结合物进行孵育，每个生物素有 4 个部位可以与亲和素发生反应并且结合紧密，因此一个朊病毒分子可以被放大 4 倍，最后用 AEC 底物孵育处理显示颜色并镜检观察结果。免疫组织化学的反应时间约需 6 h，但从样品处理到出结果共需时 15 d。如果 PrP 抗体的性能是优良的，那么本方法的特异性和敏感性均为 100%。

三、酶联免疫吸附试验（ELISA）

本方法是一种快速、准确性高的疯牛病检测方法，1999 年通过欧盟认证。该方法具有反应时间短、成本低、反应步骤少的特点。疯牛病夹心 ELISA 是法国原子能委员会研制出来的一种诊断疯牛病的快速方法，它由 2 种试剂盒组成，即牛海绵状脑病纯化试剂盒和牛海绵状脑病检测试剂盒。其原理是用牛海绵状脑病纯化试剂盒中的试剂和蛋白酶 K 对牛脑脑干部朊病毒进行消化、纯化、浓缩和溶解。牛海绵状脑病检测试剂盒是用 2 种单克隆抗体，通过免疫酶技术对异常 PrP 进行检测的试剂盒,本试剂盒可检测 180 个样本。

第五节 防控措施

一、主要措施

本病尚无有效治疗方法，目前主要采取以下措施减少本病在动物中的传播。

①根据世界动物卫生组织《陆生动物卫生法典》的建议,建立牛海绵状脑病持续监测和强制报告制度。

②禁止用反刍动物源性饲料饲喂反刍动物。

③禁止从牛海绵状脑病发病国或高风险国进口活牛、牛胚胎、精液、脂肪、肉骨粉或含肉骨粉的饲料、牛肉、牛内脏及有关制品。

④一旦发现可疑病牛,立即隔离病牛并报告当地动物防疫监督机构,力争尽早确诊,确诊后扑杀所有病牛和可疑病牛甚至整个牛群,对其接触的牛群亦应全部处理,尸体焚毁或深埋 3 m 以下,不能焚毁的物品及检验后的病料,应用高压蒸汽 136℃处理 2 h 或用 2%有效氯的次氯酸钠浸泡。

二、有待突破的关键点

当前牛海绵状脑病的预防和控制难度极大，因其病原——朊病毒对理化处理具有高度耐受性,甚至在福尔马林固定下也不能灭活,一般常规消毒处理均无济于事,另外还有以下难点有待突破。

①极长潜伏期(5~50 年),在此期间无法检测和诊断,用于细菌和病毒检测的最有效手段,如 PCR、ELISA 等都无济于事。

②多器官、多途径传染,目前已知除呼吸道之外,所有途径均有传染,如消化道(食入)、血液、皮肤黏膜等。

③对牛源性化妆品和各种洗浴液，尤其是惯用牛胎盘制剂传播疯牛病的危险性评价与安全控制不完善。

我国尚未发现疯牛病,但仍有从境外传入的可能,为此提出防范牛海绵状脑病的九字方针:“堵漏洞,查内源、强基础”,要加强口岸检疫和邮检工作,严禁携带和邮寄牛肉及其产品入境。

为了控制本病,英国人及时采取果断措施,即屠宰加焚毁,规定捕杀和销毁病牛;禁止在饲料中添加反刍动物蛋白(肉骨粉);严禁销售、食用病牛肉。近年来,已有不少国家,包括我国,禁止从英国进口牛、牛精液、胚胎和任何肉骨粉等,以防止本病传入。

第六节 公共卫生影响

牛的感染过程通常是被疯牛病病原体感染的肉和骨髓制成的饲料被牛食用后,经胃肠消化吸收,通过血液到大脑,破坏大脑组织,使其失去功能呈海绵状,导致疯牛病。

人类感染通常是因为下面几个因素。

①食用感染了疯牛病的牛肉及其制品也会导致感染,特别是从脊椎剔下的肉(一般德国牛肉香肠都是用这种肉制成)。

②某些化妆品除了使用植物原料之外,也使用动物原料,所以化妆品也有可能含有疯牛病病毒(化妆品所使用的牛、羊器官或组织成分有胎盘素、羊水、胶原蛋白、脑糖)。

③而有一些科学家认为疯牛病在人类中变异成新变异型克-雅病,不是因为吃了感染疯牛病的牛肉,而是环境污染直接造成的。认为环境中超标的金属锰含量可能是疯牛病和新变异型克-雅病的病因。

现在对于疯牛病的处理,还没有什么有效的治疗办法,只能防范和控制这类病毒在牲畜中的传播。一旦发现有牛感染了疯牛病,只能坚决予以宰杀并进行焚化深埋处理。但也有人认为,即使染上疯牛病的牛经过焚化处理,但灰烬仍然有疯牛病病毒,把灰烬倒在堆田区,病毒就有可能因此而散播。目前,对于这种病毒究竟通过何种方式在牲畜中传播,又是通过何种途径传染给人类尚不清楚。

第二章 牛瘟

牛瘟(Rinderpest)俗称烂肠瘟,是由牛瘟病毒(Rinderpest virus,RPV)致病牛、水牛等偶蹄动物的一种烈性传染病。该病以高热稽留、黏膜坏死为主要特征,发病率和死亡率高,可达90%以上。世界动物卫生组织将其列为法定报告的多种动物共患病,我国将其列为一类动物疫病。

通过实施全球清除牛瘟计划,到1999年,世界绝大部分国家已经消灭了牛瘟。2011年5月和10月,世界动物卫生组织和联合国粮农组织(FAO)分别正式宣布全球消灭牛瘟,使该病成为世界上首个被消灭的动物疫病。

第一节 病原

一、分类地位

按照2005年国际病毒分类委员会第八次报告,牛瘟病毒在分类上属副黏病毒科、副黏病毒亚科、麻疹病毒属。该属除牛瘟病毒外,还包括小反刍兽疫病毒、犬瘟热病毒、海豚瘟热病毒、鼠海豚病毒、牛麻疹病毒和麻疹病毒。

二、分型

牛瘟病毒只有一个血清型。通过基因序列分析,可以将牛瘟病毒分为3个基因谱系。不同的基因谱系,其地理分布有所不同,其中基因谱系1和2仅记载于非洲,基因谱系3记载于阿富汗、印度、伊朗、伊拉克、科威特等国家或地区。

三、基因组

牛瘟病毒为单股负链不分节段的RNA病毒，病毒基因组全长约16 000 bp，有6个基因，从3’端到5’端依次为N基因、P基因、M基因、F基因、H基因和L基因。

四、蛋白组

蛋白组主要包括核衣壳蛋白(N)、多聚酶蛋白(P)、基质蛋白(M)、融合蛋白(F)、血凝蛋白(H)、大蛋白(L)。

五、生物学特性

牛瘟病毒比较脆弱，干燥曝晒易被灭活，但在湿冷或冷冻的组织中可存活很长时间。56℃ 60 min或60℃ 30 min能被灭活，但少数病毒能抵抗。在pH 4.0~10.0稳定。对脂溶剂敏感，对多数普通消毒剂如石炭酸、甲酚、氢氧化钠敏感。

第二节　流行病学

牛瘟在我国又叫烂肠瘟、胆胀瘟、百叶干、牛烧摆等，藏语叫“格罗”，蒙古语叫“其次后”。在汉建初四年(79年)，《汉书》就有“京都牛大疫”的记载。1949年前，全国除新疆没有出现牛瘟外，其余各省份都发生过牛瘟，仅1938—1941年，四川、青海、西藏、甘肃一带流行牛瘟就造成牛死亡百万以上。1949年后，全国开展扑灭牛瘟工作。到1952年，国内农区牛瘟已经基本消灭。1956年以后，全国已不再发生牛瘟。在2008年5月25—30日召开的世界动物卫生组织国际委员会第76届大会上，我国被正式宣布为无牛瘟国家。

一、传染源

主要是病牛和无症状带毒畜。病毒主要存在于血液、分泌物、排泄物中，感染牛在潜伏期及出现临床症状时，均可排出病毒。病毒主要通过病畜带毒畜的分泌物和排泄物排出，鼻分泌物、粪、尿的病毒浓度最高，特别是体温升高前2 d内，眼、口分泌物也有传染性，但病毒浓度低。病畜康复后具有终生免疫力，无带毒和长期排毒现象。山羊和绵羊在牛瘟流行中可被感染，有时甚至是最初感染对象，随后传播给牛。野生反刍动物是一种常见传染源。在流行地区，野生反刍动物常具有先天抵抗力，无临床症状或症状轻微，但可成为带毒宿主。

二、传播途径

本病通过直接和间接接触传播。接触病畜的分泌物、排泄物等可经消化道、呼吸道、眼结膜、子宫内膜感染发病，也可通过吸血昆虫以及病牛接触的人员等机械传播。

三、易感动物

牛、绵羊及山羊等家畜均可感染。本病对牛的危害最大，由于牛的品种、年龄及流行经历不同，易感性也有差异，牦牛的易感性最大，犏牛次之，黄牛再次之。绵羊、山羊和猪有轻度感染，病死率不高。

第三节　临床症状和病理变化

一、临床症状

急性病例表现为体温突然迅速升高，发病后第二天或第三天温度可达40~42℃，持续高温3~5 d。发热个体早期精神萎靡、食欲废绝、可视黏膜充血、流泪、流涕、鼻唇镜干燥、便秘、被毛粗糙，产奶动物产奶量下降。发热后第二天或第三天，下唇和齿龈出现浅表性、坏死性溃疡，逐步扩展，日渐严重。最后舌自由活动区下部、口腔底部、口腔和乳头之间、上唇和牙龈之间的边缘、硬腭脊之间都会发现牛瘟的典型症状。鼻腔前部、外阴和阴道黏膜可见溃疡。眼睛和鼻腔黏膜脓性分泌物增多，动物呼吸变得恶臭。口腔病变出现后2~3 d，通常开始严重腹泻，先是水状便，之后出现含黏膜液、血液和坏死性上皮碎片的腹泻，出现脱水、虚弱和衰竭。大多在出现临床症状后的6~12 d死亡。部分病畜在经过4~5 d的腹泻后可以痊愈。当病毒初次传染易感牛群时，上述典型症状可能部分或全部表现出来，死亡率30%~100%。随着反复传播，可能会出现特急性病例。

二、病理变化

主要表现为脱水，水样便中有血。口腔、咽部和食管黏膜溃疡，皱胃黏膜充血、水肿和溃疡，小肠特别是十二指肠黏膜充血、潮红、肿胀，有点状出血和烂斑。大肠黏膜充血、糜烂，沿肠纵襞出现虎纹状（或斑马状）。呼吸道黏膜潮红、肿胀、出血，鼻腔、喉头和气管黏膜覆有伪膜，其下有烂斑或覆以渗出物。组织学病变可见淋巴细胞和上皮细胞坏死，在淋巴组织的生发中心和复层鳞状上皮细胞中形成多核巨噬细胞，内含细胞内质网和核内容物。

第四节　实验室诊断

样品采集时，活体采集抗凝全血（分离白细胞），采集死亡动物的脾、肩前淋巴结或肠系膜淋巴结及扁桃体等组织，在前驱期或糜烂期可以采集眼、鼻分泌物拭子。组织病理学检测宜采集舌根、咽后淋巴结。

一、病原学诊断

（一）病毒分离鉴定

牛瘟病毒能在原代和继代犊牛肾细胞、绒猴类淋巴母细胞 B95a 以及非洲绿猴肾细胞（Vero）等继代细胞上增殖和产生细胞病变（CPE），而兔化和山羊化牛瘟毒株往往不产生细胞病变，形成细胞病变的速度因毒株和细胞株而异，原代细胞 12 d，Vero 细胞 1 周，B95a 2~4 d。特征细胞病变主要是形成轮廓清晰的多核细胞（合胞体）或星状细胞，出现胞质和核内包涵体。将样品处理后接种于易感细胞，待细胞出现 80%~90%病变时收获。然后通过捕获 ELISA、RT-PCR、中和试验或单克隆抗体标记的免疫荧光等方法进行鉴定，必要时可进行 F 基因的测序。

（二）检测牛瘟抗原

采用牛或兔的牛瘟高免血清做抗体，或者针对病毒蛋白的单抗，可建立多种抗原检测技术，其中包括琼脂免疫扩散试验（AGID）、免疫捕获 ELISA

试验、直接荧光抗体试验等。琼脂免疫扩散试验（AGID）是将可溶性牛瘟抗原与抗体结合后可形成沉淀。被检抗原是病牛或新鲜尸体组织碎块或淋巴结的浓缩抽提物。此方法能在田间条件下诊断该病。但本方法敏感性低，不能检测出微量抗原，不能在疫病早期作出诊断；免疫捕获 ELISA 试验可鉴别诊断牛瘟与小反刍兽疫，用抗牛瘟和小反刍兽疫 2 种病毒 N 蛋白的单抗作为捕获抗体捕获被检抗原，可实现牛瘟和小反刍兽疫的鉴别诊断；直接荧光抗体试验是用牛瘟兔化弱毒疫苗免疫黄牛制备牛抗牛瘟高免血清，并提取抗牛瘟 IgG，荧光素标记后作为牛抗牛瘟荧光抗体。淋巴结、肝、肾组织样品制备涂片或冷冻切片，制成染色片后于荧光显微镜下观察。

（三）分子诊断技术

牛瘟（RPV）的 F 基因高度保守，且与其他属内病毒不同，针对该基因保守区进行特异性引物设计，从动物的脾、淋巴结和扁桃体等，细胞中提取 RNA 进行检测。此方法耗时短、敏感性高，获得的病毒基因扩增片段可以做进一步的基因序列分析、分子流行病学分析等工作。

二、血清学诊断

（一）竞争酶联免疫吸附试验（C–ELISA）

牛瘟阳性被检血清和牛瘟病毒抗 H 蛋白的单抗与牛瘟抗原竞争结合。如果被检样品中存在牛瘟抗体，将阻断抗 H 蛋白单抗与牛瘟抗原结合，用酶标记的抗鼠 IgG 结合物和底物/显色液进行检测。此方法是世界动物卫生组织指定的在国际贸易中检测牛瘟的方法。与小反刍兽疫病毒没有交叉反应，适用于感染牛瘟病毒的任何品种动物血清抗体的检测。

（二）病毒中和试验

牛瘟病毒感染后产生的中和抗体能与病毒结合，通过空间位阻断病毒吸附到细胞受体，而使病毒失去感染性，使细胞不产生病变。本试验是用于检测无牛瘟感染认证监测计划的血清、疫苗试验的定量和野生动物血清样品，是 ELISA 检测试验的替代检测方法，必要时作为其他血清学检测的验证试验。血清稀释度为 1:2 时能检测出抗体说明曾感染牛瘟病毒。此方法的缺点是需要进行细胞培养，费时、费力且需使用牛瘟活病毒，不适用于常规检测。

第五节　防控措施

一、预防措施

本病的预防必须严格执行兽医检疫措施，不从有牛瘟的国家和地区引进反刍动物和鲜肉，同时在疫区和邻近受威胁区用疫苗开展预防接种，建立免疫保护带。我国消灭牛瘟使用的疫苗有牛瘟兔化疫苗、牛瘟山羊化兔化弱毒疫苗、牛瘟绵羊化兔化弱毒疫苗等。

二、扑灭措施

当发现牛瘟病例时，立刻按照《中华人民共和国动物防疫法》的规定，采取紧急、强制性控制和扑灭措施，封锁疫区、扑杀病畜，并作无害化处理，彻底消毒被病畜污染的环境。

第三章　口蹄疫

口蹄疫(Food-and-mouth disease,FMD)是由口蹄疫病毒引起的,以偶蹄动物口、鼻、蹄和雌性动物乳头等无毛部位发生水疱为特征的急性、热性、高度接触性传染病。口蹄疫病毒的感染性和致病力特别强,且可迅速远距离传播,感染发病率 100%,病畜生产性能平均下降 30%,种畜价值丧失,严重时新生幼畜死亡率达 100%。鉴于该病对经济发展、国际贸易和社会稳定的重要影响,世界动物卫生组织将该病列为法定上报的动物疫病,我国也将其列为一类动物疫病之首。

第一节　病原

一、分类地位

按照 2005 年国际病毒分类委员会第八次报告，口蹄疫病毒属微 RNA 病毒目、微 RNA 病毒科、口蹄疫病毒属成员。该属除口蹄疫病毒外,还包括马鼻炎病毒 A 和牛鼻炎病毒 B。

二、分型

口蹄疫病毒基因组变异频繁，不同分离株以及同一毒株不同代次之间存在明显的核苷酸差异。根据病毒抗原的差异，口蹄疫病毒分为 7 个血清型,各血清型间无交叉免疫。依据病毒分子遗传演化,在同一血清型中可分为不同的基因型/拓扑型,基因型不仅可明确反映各毒株之间的亲缘关系,而且进一步反映了不同分离株的遗传关联和地域特征。

（一）O 型

此血清型包括 8 个拓扑型，分别为中国型、中东–南亚型、东南亚型、欧洲–南美型、印尼 1 型、印尼 2 型、东非型和西非型。O 型是口蹄疫病毒临床分离毒株中最常见的血清型，其中近年来大多数分离株属于 ME–SA 拓扑型中的泛亚谱系，而我国最近流行的 O/MYA98 毒株属于 SEA 拓扑型中的 Mya98 谱系。该谱系还包括以前称之为耿马谱系（GML）的 1997 年 GM 毒、2002 年 GM 华南支系以及 2003 年 GM 北方支系的流行毒株。

（二）AsiaI 型

对此型口蹄疫病毒的核苷酸序列分析表明其变异程度较低，不同毒株间核苷酸差异仅为 15.6%，比其他血清型中不同病毒分离株间核苷酸差异低，因此现在没有将其分为不同的基因型/拓扑型。

（三）A 型

此型口蹄疫病毒包括 3 个地域分明的拓扑型，分别为欧洲–南美型、亚洲型和非洲型。

（四）C 型

此型主要分为 8 个拓扑型，分别为欧洲型、南美型、菲律宾型、安哥拉型、中东–南亚型、斯里兰卡型、东亚型和塔吉克斯坦型。

（五）SAT1 型（南非 1 型）

主要分为 3 个拓扑型，分别为发生于津巴布韦东南部和南非的 I 型、发生于津巴布韦西部、博茨瓦纳和纳米比亚的Ⅱ型和发生于津巴布韦西北部、赞比亚和马拉维的Ⅲ型。

（六）SAT2 型（南非 2 型）

主要分为 2 个拓扑型，1981—1991 年的津巴布韦的毒株属于一个拓扑型，另一个是流行于整个南非地区，并扩散到东亚和中东地区的毒株。与 SAT1 和 SAT3 型不同的是，SAT2 型的 2 个拓扑型似乎不存在地缘性关系。

（七）SAT3 型（南非 3 型）

主要分为 3 个拓扑型，即津巴布韦东南部及南非、津巴布韦西部及博茨瓦纳、津巴布韦西北部及马拉维，其地域分布与南非1型基本一致。

三、生物学特性

口蹄疫病毒尤其对酸、碱十分敏感，甲醛的熏蒸消毒最为常用。0.5%过氧乙酸主要用于污染的用具、车辆、饲槽以及污染的皮毛等进行消毒。2%~4%的氢氧化钠常用于消毒被污染的畜舍地面、墙壁、运动场、污物等，亦可用于屠宰场、食品厂等地面以及运输车船等物品的消毒；有机氯类消毒剂亦对口蹄疫病毒具有良好的消毒效果，常用的有机氯消毒剂有强力消毒灵、次氯酸钠、84消毒液、抗毒威等。

第二节　流行病学

一、传染源

患病牛只是该病的主要传染源。在症状出现前，病牛表皮即可大量排毒。病初排毒量最多，恢复期减少。水疱液、水疱皮含毒量最多，毒力和传染性也最强。病愈动物也可带毒。康复牛的咽喉带毒可达24~27个月。病毒也可藏于牛肾，通过尿液排出。

二、传播途径

口蹄疫病毒可在同群牛只间直接传播，也可通过各种媒介物间接传播。呼吸道和消化道是最常见的感染门户，损伤的皮肤和黏膜也能感染。近几年证明，口蹄疫病毒常可发生远距离气源性传播，该方式在FMDV流行中起着重要作用。

三、易感动物

口蹄疫病毒主要侵害多种偶蹄动物，家畜中以黄牛、奶牛最易感，水牛次之。新流行区的牛的发病率高达100%。犊牛不仅易感而且死亡率高。

四、流行特点

本病传染性极强，流行迅速，传播极快。在牧区多呈大流行的方式。疫情一旦发生，可随牛群移动大面积蔓延，可呈跳跃式传播。发病没有严格的季节性，但其流行却有明显的季节规律。一般冬春季易发生大流行，夏季减缓或平息。牛群的免疫状态对本病的流行有着决定性的作用。

第三节 临床症状和病理变化

一、临床症状

根据病毒毒株、感染剂量、牛只年龄和品种、免疫情况的不同，该病可表现出多种临床症状，从隐性感染或温和型感染到严重型，也可出现致死型，感染率100%，成年牛死亡率低（1%~5%），幼年动物由于心肌炎死亡率高（20%或更高）。口蹄疫发病初期，病牛出现精神抑郁、发热、流涎、跛行，特征性症状是口、鼻、蹄及乳房等无毛部位出现水疱，继而水疱破溃形成溃疡、结痂，痂块脱落后形成瘢痕。蹄冠损伤、蹄匣脱落引起跛行。由于病毒诱导的心肌炎，犊牛可能在水疱出现之前死亡。有乳头病变的牛挤奶困难，病变处易继发感染，诱发乳房炎，感染牛体况急剧下降，产奶量严重下降。

二、病理变化

（一）病理剖检变化

病牛主要表现为口腔、咽喉、鼻腔、气管和支气管黏膜有溃疡；蹄间水疱破裂后，常发生继发性感染，表现深部组织坏死及化脓；病牛胃部黏膜可见水疱及破裂烂斑；犊牛心肌坏死，心肌切面有灰白色或浅黄色斑点或条纹，表现为“虎斑心”。

（二）组织学病变

表现为病牛皮肤棘层的上皮细胞气性变性，随着细胞坏死、水肿液积聚，水疱形成并融合，形成口蹄疫特征性的水疱，也会波及瘤胃、网胃、瓣胃的鳞状上皮。心肌组织表现为广泛性的细胞质嗜酸性物质皱缩、核固缩及细胞间质增宽，肌纤维变性坏死。

第四节 实验室诊断

根据本病的流行特点、临床症状、病理变化可做出初步诊断，确诊需进行实验室检测，并鉴定毒型。严格按照《口蹄疫诊断技术》(GB/T18935-2003)进行。

实验室诊断主要依据病毒分离、病毒抗原或核酸检测进行判定，在此基础上再对口蹄疫病毒血清型、基因型及毒株谱系进行鉴别诊断，有利于对该病采取有针对性措施和对疫情来源进行追溯调查。病原学诊断中分子生物学方法最常用，是个体病原学诊断的首选方法。由于口蹄疫的高度传染性和对经济影响的重要性，世界动物卫生组织规定实验室诊断、血清型鉴别要在符合四级病原控制要求的实验室进行。

一、病料样品的采集

口蹄疫病原学诊断很大程度上依赖于采集样品的质量，样品主要有上皮组织或水疱液(舌、颊黏膜、足部)，是最适用于诊断的样品，取未破裂或刚破裂的水疱皮，置于 pH 7.2~7.6 的甘油-缓冲液混合物中。食管-咽黏液样本(OP 液)适用于感染前期、康复期或无临床症状的病例(病毒在 OP 液中可存活 28 d)。血液样本(血清或全血)或乳、精液、唾液、鼻分泌液、粪便、尿液、黏膜拭子等其他样本。对于死亡病畜可采集心肌组织、脊髓、淋巴结和扁桃体。另外肉制品、奶制品、皮革制品中也可能含有病毒。可疑病例样品必须在安全条件下按国际规则运输，且只能送往指定的授权实验室。

二、口蹄疫病原通用检测技术

(一)口蹄疫病毒分离鉴定

病毒分离鉴定可作为口蹄疫的确证试验，是该病诊断的金标准，但该方法耗时长(需 1~4 d)，整个试验过程烦琐，且因涉及活病毒的分离培养，必须在生物安全水平四级实验室操作。

1. 接种乳鼠

接种 2~7 日龄未断奶乳鼠，如果乳鼠死亡，则将其骨骼肌组织切成碎片，匀浆成悬液后鉴定。

2. 接种细胞培养物

最适用的细胞培养物是犊牛甲状腺原代细胞，最常用的是幼仓鼠肾传代细胞（BHK-21）和仔鼠肾传代细胞（IB-RS-2）。细胞培养 48 h 检查细胞病变，若无细胞病变，将细胞培养物冻融，盲传 1 代。当出现细胞病变时，即可用细胞培养液进行病毒核酸、抗原检测。

3. 分子生物学诊断技术

口蹄疫病毒基因组的非编码区、非结构蛋白编码区是较保守的片段，5'UTR、3D、2B、2A 基因都可作为通用分子检测的靶标，尤其是 5'UTR、3D 基因应用较多。此外 1D 基因的保守区段也可作为检测的靶标。

（二）常规 RT-PCR

此方法用于口蹄疫诊断始于 1991 年，目前世界动物卫生组织推荐的引物主要针对 5'UTR。RT-PCR 技术可检测到细胞毒 20TCID50 或组织毒 0.16~0.32LD50。该方法可用于 FMDV 感染的早期诊断（在临床症状出现之前），可查出动物感染后 24~96 h 口腔和鼻腔中的病毒，还可用于隐性感染和持续感染动物带毒状况的检测。

（三）多重 RT-PCR

此方法主要用于鉴别诊断与口蹄疫临床症状相似的水疱性病毒病，如口蹄疫病毒、猪水疱病病毒、脑心肌炎病毒和牛病毒性腹泻病毒 4 种病毒的多重 RT-PCR 方法。

（四）荧光定量 RT-PCR

此方法比常规 RT-PCR 技术更迅速、灵敏、准确、低污染，5 h 内即能完成全过程。目前世界动物卫生组织推荐的 2 套引物分别针对 5'UTR 和 3D 基因，我国国家标准推荐的引物也是针对 3D 基因的。

三、口蹄疫血清学诊断

口蹄疫血清学检测有2种类型:一种是检测针对非结构蛋白(NSP)的抗体,该抗体针对病毒所有血清型,用于诊断动物是否感染口蹄疫病毒;另一种是检测针对结构蛋白(SP)的抗体,该抗体是血清型特异性的,用于评估口蹄疫疫苗免疫效果。

(一)非结构蛋白抗体检测技术

作为口蹄疫病毒通用型抗体检测技术,口蹄疫病毒非结构蛋白较保守,其抗体无型特异性,可用来确证动物过去或现在是否被7个血清型中的任一个感染过,在国际贸易中检测不明血清型病例时较检测结构蛋白抗体具有优势。作为口蹄疫病毒感染抗体鉴别检测技术,由于目前使用的口蹄疫疫苗是灭活疫苗,其生产工艺是在病毒纯化过程中去除绝大部分的非结构蛋白。灭活疫苗免疫动物后,动物体内没有病毒增殖,就没有非结构蛋白的表达及其抗体产生,而自然感染动物体内有病毒增殖,在病毒的装配过程中有非结构蛋白的参与,就可以刺激机体产生相应的抗体,因此非结构蛋白抗体能鉴别自然感染和免疫动物。非结构蛋白抗体检测的分子基础主要基于各非结构蛋白的免疫原性和诱导机体产生抗体的特点,可选择的非结构蛋白有L、2C、3ABC、3D蛋白。目前,我国非结构蛋白抗体检测技术使用最广泛的就是ELISA试验。

(二)结构蛋白抗体检测技术

血清型特异,可检测由于免疫和感染而产生的抗体,主要用于确证未免疫动物是否曾经和正在感染某种血清型的口蹄疫病毒和检测免疫动物的免疫状态。结构蛋白变异程度高,尤其是VP1蛋白。该抗体检测技术的关键点在于分别制备针对7种血清型的病毒抗原和抗血清。有效抗原包括活病毒、灭活的病毒抗原“146S”、VP1蛋白以及结构蛋白合成肽,制备抗原的病毒株应与田间毒株接近,抗血清的制备同口蹄疫病毒病原诊断血清分型技术,包括多克隆抗体、单克隆抗体。结构蛋白抗体检测技术种类较多,包括病毒中和试验、液相阻断ELISA、正向间接血凝试验和结构蛋白ELISA等。

第五节　防控措施

坚持预防为主的方针，采取以免疫预防为主的综合防控措施，控制疫情发生。

一、强制免疫

免疫预防是控制本病最重要的措施。在发生口蹄疫的地区，先要鉴定流行口蹄疫的血清型，其次选择同血清型的疫苗。目前，我国牛口蹄疫强制免疫常用疫苗是 O 型、A 型单价苗，或 O-A 二价灭活苗，临床上有普通苗也有浓缩高效苗。根据我国目前的养殖现状，使用免疫程序主要是对所有牛和种公牛进行 O-A 型二价灭活疫苗强制免疫。所用疫苗必须为农业农村部批准使用的产品。农业农村部推荐的牛免疫程序是犊牛 90 日龄时，每头注射 O-A 型二价灭活疫苗 0.5 头份；所有新生犊牛初免后，间隔 1 个月再注射 1 次强化免疫，以后根据免疫抗体检测结果，每隔 4~6 个月免疫 1 次，配种前 1 个月再注射 1 次；经产牛在配种前 1 个月和配种后 5~6 个月时各注射 1 次，每次每头注射 1 头份。

二、疫苗免疫注意事项

规模养殖场按免疫程序进行免疫，对于同一批次疫苗有条件的可以首先进行小规模注射实验，确定使用安全后，再进行大范围的免疫注射。怀孕母牛必须进行免疫时，为减轻免疫副反应，可将疫苗多点多次进行免疫，并避免动物剧烈活动。注射口蹄疫疫苗时应注意严格按照疫苗要求的操作规程和剂量进行，对患病牛、瘦弱牛、临产前 2 个月怀孕牛、吃奶的犊牛、不足月龄的早产牛以及经过长途运输的牛不予注射，待病牛康复，母牛产后或犊牛断奶以及恢复正常后再按规程补注。疫苗注射前要充分摇均，瓶口消毒后再启封。启封后的疫苗应于 2 h 内用完；注射口蹄疫疫苗的防疫员要随身携带肾上腺素等药品，以防发生过敏反应。免疫接种后，要注意观察畜体的变化，由于个体的差异，有的牲畜可能出现短时间的精神不振、减食、呕吐、轻度体温反应，这为正常现象，一般 2~3 d 便可自愈。出现注射部位肿块、皮肤丘疹、瘙痒等症状属局部严重反应，采用消炎、消肿、止痒等药物治疗。出现震颤、抽搐、休克等神经症状属过敏反应，应立即注射 0.1%盐酸肾上腺素 1 mL 等脱敏药物救治，治愈后补注疫苗。注射疫苗要保证注射到肌肉内，不要过浅。若注射剂量大，最好分点注射，要 1 头牛 1 个针头。需要注意的是，注射口蹄疫疫苗时不能注射其他疫苗。

第四章　牛结节性皮肤病

牛结节性皮肤病(Lumpyskindisease,LSD)是由痘病毒科山羊痘病毒属牛结节性皮肤病病毒引起的牛全身性感染疫病，牛结节性皮肤病又被称为牛疙瘩皮肤病、牛结节性皮炎和牛结节疹。临床以皮肤出现结节为特征,该病不传染人,不是人畜共患病。世界动物卫生组织将其列为法定报告的动物疫病,我国将其作为二类动物疫病。

第一节　病原

一、分类地位

按照2009年国际病毒分类委员会第九次报告,牛结节性皮肤病毒在分类上属痘病毒科、脊椎动物痘病毒亚科、山羊痘病毒属。该属成员除其外,还包括绵羊痘和山羊痘病毒和鹿痘病毒。

二、分型

山羊痘病毒只有一个血清型。

三、基因组

牛结节性皮肤病病毒基因组为双链DNA,大小约150 kb,与绵羊痘、山羊痘病毒基因组结构非常相似,同源性较高,约有96%的核苷酸完全相同。和其他痘病毒一样，牛结节性皮肤病病毒基因组包括中间编码区和两端相同的的反向末端重复序列。

四、蛋白质组

牛结节性皮肤病病毒基因组有 147 个开放阅读框(ORF)。基因组中间编码区(ORFs024-123)是与痘苗病毒所有保守基因同源的核心编码区域,其左侧和右侧的 10~27kb 的序列中包含有重要的编码基因。牛结节性皮肤病病毒基因组共编码 100 多种病毒蛋白,蛋白大小为 53~2 027 个氨基酸不等。基因组中间开放阅读框(ORFs024-123)较保守,编码的蛋白参与病毒复制、装配、释放等。P32 蛋白是囊膜蛋白,其跨膜的螺旋结构位于 C 端 287~307 位氨基酸处。该蛋白是牛结节性皮肤病病毒属特有蛋白,目前世界各地分离鉴定出的所有痘病毒株都有该蛋白。P32 具有重要的免疫原性,诱导的抗体反应比其他结构蛋白快且强,可以用于血清学诊断技术,同时是病毒刺激机体产生中和抗体抵抗病毒侵染的重要靶蛋白。

五、生物学特性

牛结节性皮肤病病毒对热敏感,55℃条件下 2 h 或 65℃条件下 30 min 便可灭活;耐冻融,在-90℃条件下可保存 10 年,在受感染的 4℃组织液中可保存 6 个月。病毒粒子对酸或碱敏感,可在 pH 6.6~8.6 的环境中长期存活;对 20%乙醚、氯仿、1%福尔马林敏感;对次氯酸钠(2%~3%)、苯酚(2%)、碘化合物(1:33 稀释液)和季铵化合物(0.5%)等也敏感。此外,病毒粒子对阳光敏感,在黑暗条件下可保持活力达几个月。

第二节　流行病学

该病于 1926 年在津巴布韦被首次确诊。2015 年,希腊、俄罗斯、哈萨克斯坦相继报告发生该病。目前广泛分布于非洲、中东、中亚、东欧等地区。该病不是人畜共患病,不感染人,只感染牛。我国于 2019 年 8 月 10 日,经中国动物卫生与流行病学中心国家外来动物疫病研究室确诊,我国首次在新疆伊犁哈萨克自治州发生牛结节性皮肤病。调查发现,病畜分布于察布查尔县、伊宁市和霍城县等 3 个地区的 17 个乡镇不同场点发现病牛 218 头,死亡 1 头，统计发病比例为 17.0%~36.2%，病死比例为 0.8%。

一、传染源

本病传染源主要为感染牛结节性皮肤病病毒的牛。感染牛和发病牛的皮肤结节、唾液、精液等都含有病毒。

二、传播途径

主要通过昆虫（蚊、蝇、蠓等）叮咬传播，也可通过饮水、饲料或直接接触传播。

三、易感动物

本病具有极强的宿主针对性，主要感染黄牛、奶牛、水牛等。研究表明，不同品种牛对结节性皮肤病的易感性差别较大，如杂交牛品种的结节性皮肤病的发病率、死亡率均较高，地方瘤牛品种则较低。

2020 年以来，全国共有福建长汀、江西赣州、广东潮州、安徽黄山、浙江金华等地确诊发生牛结节性皮肤病疫情。2020 年 6 月 5 日，福建省龙岩市长汀县濯田镇南安村 3 户养殖户饲养牛只确诊患上牛结节性皮肤病，发病牛共有 25 头。2020 年 6 月 15 日，江西省赣州市瑞金市九堡镇松燕村养殖户饲养 24 头牛，发病 2 头。2020 年 6 月 22 日，江西省抚州市南丰县紫霄镇西坑村山下组养殖户饲养 1 头牛确诊患上牛结节性皮肤病。2020 年 6 月 25 日，广东省潮州市饶平县饶洋镇三乐屋村养殖户饲养牛只确诊患上牛结节性皮肤病，发病牛共计 11 头，病死 4 头。2020 年 6 月 30 日，安徽省黄山市休宁县东临溪镇芳口村养殖户饲养牛只确诊患上牛结节性皮肤病，发病牛共计 13 头，病死 1 头。2020 年 7 月 12 日，浙江省金华市婺城区发生牛结节性皮肤病疫情，该批牛共 26 头，发病 3 头，死亡1 头。

第三节　临床症状和病理变化

一、临床症状

本病的病畜临床表现差异很大，跟动物的健康状况和感染的病毒量有关。易感动物体温升高至41℃，持续1~2周，鼻炎、结膜炎和唾液过度分泌，厌食，精神委顿，不愿行走，泌乳奶牛产奶量显著下降；易感动物全身皮肤、黏膜出现结节，以头、颈、乳房、腿部、背部、胸部、阴囊、外阴、会阴、眼睑、耳梢、口鼻黏膜及尾部尤为突出，结节大小不等，可聚成不规则的肿块，可波及全身皮肤、皮下组织、肌肉 组织；易感动物口腔和消化道黏膜表面形成丘疹，全身体表淋巴结肿大，眼、鼻、口、直肠、乳房和生殖器黏膜表面形成结节，并迅速溃烂；母牛流产与暂时性不孕；公牛罹患睾丸炎和附睾炎，暂时性或终生不育。

牛结节性皮肤病与牛疱疹病毒病、伪牛痘、疥螨病等的临床症状相似，需开展实验室检测进行鉴别诊断。

二、病理变化

消化道和呼吸道内表面有结节病变。淋巴结肿大，出血。心脏肿大，心肌外表充血、出血，呈现斑块状淤血。肺脏肿大，有少量出血点。肾脏表面有出血点。气管黏膜充血，气管内有大量黏液。肝脏肿大，边缘钝圆。胆囊肿大，为正常2~3倍，外壁有出血斑。脾脏肿大，质地变硬，有出血状况。胃黏膜出血。小肠弥漫性出血。

第四节　实验室诊断

一、样品采集

（一）皮肤结节

用0.1 mol/L PBS（pH 7.4）清洗皮肤结节表面，然后用灭菌手术剪刀剪取结节2~5 g。采集到的皮肤结节装入样品保存管，加10%甘油PBS保存液，使保存液液面没过样品，加盖封口，冷冻保存。

（二）组织样品采集

除皮肤结节外，在活体检查或死后剖检时，可采集淋巴结、病变肺部组织、脾脏等脏器上的病变结节及病灶周围组织2~5 g，装入样品保存管，加

10%甘油 PBS 保存液，使保存液液面没过样品，加盖封口，冷冻保存。

(三)假定健康动物样品采集

临床表现健康，但需要做牛结节性皮肤病病原学监测的动物，可在屠宰时采集 EDTA 抗凝全血、淋巴结等。对肉品进行牛结节性皮肤病病原检测时，可采集肌肉组织样品，不少于 2 g，装入样品保存管中，密封、冷冻保存。

(四)其他类型样品采集

活体检查，可采集疑似病牛的皮肤结节或结痂周围组织病料，唾液、口腔/鼻腔拭子、牛奶、精液、抗凝血（含 EDTA 或肝素）等。采集动物血液，每头应不少于 2 mL，。用于血清分离的血液样品，每头应不少于 5 mL。采集的唾液、口腔/鼻腔拭子应立即装入样品保存管，加入 0.5 mL 的 10%甘油 PBS 保存液，加盖封口，冷冻保存。

二、病原学诊断

(一)病毒分离鉴定

可采用细胞培养分离病毒、动物回归试验等方法。病毒分离鉴定工作应在中国动物卫生与流行病学中心（国家外来动物疫病研究中心）或农业农村部指定实验室进行。

(二)病毒核酸检测

可采用荧光聚合酶链式反应、聚合酶链式反应等方法。

1. 普通 PCR 方法

广泛用于检测羊痘病毒(CaPV)DNA，世界动物卫生组织推荐的方法不能区分 LSDV、SPPV(绵羊痘病毒)和 GTPV(山羊痘病毒)。

2. 荧光 PCR 方法

可区分 LSDV、SPPV 和 GTPV。目前均有商品化试剂盒用于临床诊断与检测。

三、抗体检测

在出现临床症状后约 1 周，中和抗体水平开始上升，2~3 周后感染动物的抗体水平达到最高，然后抗体水平开始下降，最终降至可检测量以下。在持续暴发期间，大多数感染动物血清转化和血清样本可以使用血病毒中和试验、免疫过氧化物酶单层测定（IPMA）或间接荧光抗体测试（IFAT）进行检测。

第五节　防控措施

一、预防措施

坚持自繁自养，不从疫区调入牛只。必须引进时，对牛只实施严格检疫，引入后采取严格隔离制度，确认健康后方可混群饲养。另外对高风险地区牛只主动开展排查，包括与发病牛有流行病学关联的牛只、与发病牛同群饲养的活牛、发病牛周边饲养的活牛、走私牛等。全面加强畜牧兽医机构承担防疫检疫工作人员技术培训，切实加强对牛只养殖、经营、屠宰等相关从业人员宣传教育。规模养殖场户要不断提高牛场生物安全防护意识，引进动物实施严格隔离，并实施吸血昆虫控制措施。

二、扑灭措施

当怀疑为 LSD 时，及时诊断并上报疫情，对确诊疫情，立即扑杀所有确诊发病牛，对扑杀和病死牛进行无害化处理，同时做好同群牛临床监视，对养殖环境进行彻底清洗、消毒，杀灭蚊蝇等昆虫媒介。采用国家批准的山羊痘弱毒活疫苗对疫情所在县健康牛只进行紧急免疫，建立免疫带。扑杀、紧急免疫完成后的 1 个月内，限制同群牛移动，禁止发生疫情县活牛的调出。同时，加强流行病学调查，查明疫情来源和可能传播去向，及时消除疫情隐患。

三、海关应采取的措施

随着动物及其产品贸易的全球化和国际人员往来日益频繁，牛结节性皮肤病从境外传入风险也与日俱增。为防止牛结节性皮肤病疫情从口岸传入，海关应采取以下措施。

①严格禁止直接或间接从牛结节性皮肤病疫区输入牛及其相关产品

(源于牛未经加工或者虽经加工但仍可能传播疫病的产品)。

②禁止寄递或携带来自牛结节性皮肤病疫区的牛及其产品入境。一经发现,一律做退回或销毁处理。

③进境船舶、航空器、公路车辆和铁路列车等运输工具上,如发现有来自牛结节性皮肤病疫区的牛及其产品,一律做封存处理,且在我国境内停留或者运行期间,未经海关许可,不得启封动用。其废弃物、泔水等,一律在海关的监督下做无害化处理,不得擅自抛弃。运输工具上如发现牛结节性皮肤病疫情,严格依法对污染或可能污染区域监督实施防疫消毒处理。

④加强对来自牛结节性皮肤病疫区交通运输媒介昆虫的消杀处理。

⑤对边防等部门截获的非法入境的来自牛结节性皮肤病疫区的牛及其产品,一律在海关的监督下做销毁处理。

第五章　牛流行热

牛流行热（Bovine epizootic fever，BEF）又称牛暂时热、三日热、僵硬病、牛登革热等，是由牛流行热病毒（Bovine ephemeral fever virus，BEFV）引起牛和水牛的一种急性、热性传染病。临床以突然高热、流泪、泡沫样流涎、鼻漏、呼吸促迫、四肢关节僵硬为特征。本病传播迅速、发病率高、死亡率低，可导致患病奶牛的产奶量大幅下降，病牛常因瘫痪而淘汰，给养牛业造成巨大损失。我国将牛流行热列为三类动物疫病。

第一节　病原

一、分类地位

按照 2009 年国际病毒分类委员会第九次报告，牛流行热病毒在分类上属弹状病毒科、暂时热病毒属的成员。该属除牛流行热病毒外，还包括贝尔玛病毒、阿得莱得河病毒。

二、分型

牛流行热只有一个血清型，但不同地区病毒的抗原性存在差异。

三、基因组

该病毒基因组是单股负链 RNA，全长约 14.8 kb，包括 11 个编码基因。

四、蛋白质组

牛流行热病毒的结构蛋白包括 RNA 聚合酶蛋白 L、糖蛋白 G、核蛋白 N、基质蛋白 M1、基质蛋白 M2 及磷酸蛋白等，其中 G 蛋白属于 I 类转膜糖蛋白,包括型特异性中和抗原位点,是牛流行热病毒的主要免疫原性蛋白。

五、生物学特性

该病原对外界的抵抗力不强,对脂溶剂、紫外线以及酸碱敏感,一般常用的消毒药物均可杀灭该病毒。

第二节 流行病学

1938 年,我国江苏、浙江等地首次发生牛流行热流行。1949—1991 年,我国 20 多个省份内有多次全国性大流行,主要见于南方省份的黄牛、水牛和奶牛。1976 年,在北京暴发牛流行热地区采集了病牛高热期的抗凝血或脱纤血,通过乳鼠和 BHK-21 细胞,成功分离出我国第一株牛流行热病毒。目前,我国 20 多个省份都有该病发生流行的报道,在同一地区的流行周期通常是 3~5 年,有的南部沿海地区流行周期仅为 2 年。本病在我国南方地区较为严重,并呈现由南向北流行趋势,流行季节常在夏末秋初。南方省份一般发生较早,常在 6 月;而邻近各省流行的时间常晚 1 个月;中原几个省大流行多发生在 7 月中下旬,经 1~3 个月流行结束。

一、传染源

病牛和带毒牛是该病的主要传染源。

二、传播途径

本病自然传播途径尚不完全清楚。人工感染时,静脉注射病牛血能引起发病,而其他途径接种的结果则不一致。一般认为,该病多经呼吸道感染。此外,吸血昆虫叮咬以及与病畜接触的人和用具的机械传播也有可能。

三、易感动物

该病主要侵害牛,黄牛、奶牛、水牛均可感染发病。3~5 岁壮年牛、乳牛、黄牛易感性最强。水牛和犊牛发病较少。

四、流行特点

本病流行具有明显的季节性，多发生于雨量多和气候炎热的 6—9 月。

流行迅猛,短期内可使大批牛只发病,呈地方流行性或大流性。流行时还有一定周期性,3~5 年大流行 1 次。病牛多为良性经过,在没有继发感染的情况下,死亡率为 1%~3%。

第三节　临床症状和病理变化

一、临床症状

病牛体温突然升高达 40~42℃,持续 2~3 d,后降至正常。在体温升高的同时,病牛流泪、流涎、鼻漏,眼睑和眼结膜充血、浮肿,呼吸促迫,患牛发出哼哼声,颈伸直,张口吐舌,舌暗紫色,反应迟钝,食欲废绝,喜卧,肌肉震颤,严重者关节肿大、僵硬、跛行甚至瘫痪。发病期尿量少,呈暗褐色浑浊尿。妊娠母牛可发生流产、死胎。奶牛泌乳量下降或停止。多数病例为良性经过。病程 3~4 d,后逐渐恢复健康。若治疗不及时,则可继发肺炎而死亡。

二、病理变化

病变主要见于肺脏,呈间质性肺气肿或水肿。肺间质胶冻样浸润,切面流出大量紫色的液体,气管内积聚多量泡沫样液体,还可见咽、喉头、气管等上呼吸道黏膜充血、出血。严重病例出现浆液性纤维素性滑膜炎、关节炎、腱鞘炎、蜂窝织炎和骨骼肌斑点状坏死,尤其是跛肢的关节囊和肌肉病变较重。淋巴结水肿、出血。真胃、小肠和盲肠呈卡他性炎症和渗出性出血。有的出现肾灶状坏死或贫血性梗死。病理组织学变化主要是全身性小动脉管损伤,特别是内膜细胞肿胀、增生、脱落,甚至闭塞管腔。肺泡膈灶状增宽、充血、水肿,成纤维母细胞和网状细胞增生。支气管管腔内有大量黏液、纤维素和脱落坏死的上皮细胞。黏膜下有大量淋巴细胞浸润。肾脏所有动脉壁均增厚,小动脉肌层纤维素样变。皮质部肾实质有大小不等的凝固性坏死灶,边界清楚,呈典型的贫血性梗死变化。肝细胞、心肌纤维出现颗粒变性,有少量淋巴细胞浸润。

第四节　实验室诊断

一、病原学诊断

（一）病毒分离鉴定

采集病牛的血液，加肝素或柠檬酸钠等抗凝剂，分离白细胞和血小板，将其制成悬浮液。将白细胞液接种乳仓鼠肾细胞、乳仓鼠肺细胞、绿猴肾细胞传代，37℃条件下培养，每隔 4~5 d 盲传，如此传代直至出现典型、规律的细胞病变，收获的全细胞培养物用于其他试验。同时也可将接种后表现异常的乳鼠的脑组织悬液接种上述细胞进行培养，4~5 d 后细胞呈现单个、散在、圆缩、脱落等细胞病变。亦可将分离的白细胞液采用悬滴复染法染色，通过电镜观察弹状病毒的结构。也可将观察到的细胞病变的细胞培养物收集起来，采用间接荧光抗体试验（IFA）、免疫组化、原位杂交或 RT-PCR 等进行鉴定。

（二）检测抗原

通过特异的牛流行热病毒抗血清或单克隆抗体对牛流行热病毒进行间接荧光抗体试验、免疫组化检测。最常用的是 RT-PCR，多选择 G 蛋白基因作为检测靶标，利用分子生物学诊断方法可从牛高热期血液中扩增到牛流行热病毒 G 蛋白特异的核酸片段。

二、血清学诊断

（一）病毒中和试验

将乳鼠脑组织或细胞培养物制成 PBS 悬浮液作为病毒抗原，其含毒量为 200 个/mLLD50。待检血清经 56℃ 30 min 灭活后，从 1:5 起进行 2 倍递进稀释，每一种稀释度吸取 1 mL 置于试管内，另取一支试管加入 1:5 稀释的正常血清（60℃ 30 min 灭活）作为对照。然后各试管中加入等量的上述病毒悬浮液，充分混匀后置于 37℃温箱内中和 1 h。每一种稀释度于脑内接种 3~5 只乳鼠。根据乳鼠死亡和存活数，计算出被检血清的 50%中和效价。也可采用“双份血清”进行中和试验，如果血清抗体效价增加 4 倍或 4 倍以上，即可做出诊断。

（二）补体结合试验

将样品接种于 BHK-21 细胞单层，置于 37℃条件下培养 48~72 h，待细胞病变达 90%以上收毒。细胞毒液经反复冻融 3 次，加入 2%灭活豚鼠血清，再冻融 5 次，以 2 000 r/min 离心 10 min，取其上清液测定效价合格，即制成细胞毒冻融抗原（V 抗原）。对人工感染牛康复期的血清阳性检出率较高，并且具有较高的特异性。

第五节 防控措施

一、预防措施

目前尚无特效治疗药物，可以采取疫苗接种进行预防。一是消灭蚊蝇，可用药物喷洒牛舍及周围排粪沟进行灭蚊绳，也可用防虫网进行防范，避免媒介昆虫的侵入。二是严格执行免疫接种，在发病区对健康牛群用流行热亚单位苗或灭活苗进行预防注射，首次免疫后，过 3 周再免疫 1 次。一般免疫期为 6 个月。

二、扑灭措施

发现本病流行，应及时隔离病牛，并对环境彻底消毒。对疑似病例，可及时注射高免血清进行紧急预防。对病牛可进行及时治疗，综合防治，减少损失。多数病牛可自行好转，但对出现其他症状者，可按以下治疗原则进行救治：抗病毒、抗菌消炎、清热解毒。采用对症疗法和防止混合感染或继发感染综合治疗。体温升高时，可肌内注射氨基比林、安痛定等解热镇痛药。使用抗生素及磺胺类药物可防止并发感染。

第六章　牛病毒性腹泻/黏膜病

牛病毒性腹泻/黏膜病(Bovine viral diarrhea disease,BVD)是由牛病毒性腹泻病毒(BVDV)引起牛的一种接触性传染病。发病牛以发热、消化道黏膜糜烂、溃疡和坏死,胃肠炎和腹泻为主要特征。牛病毒性腹泻病毒是牛源生物制品(血清、冻精、冷冻胚胎及疫苗等)的常在污染病原,给畜牧业生产和相关商业领域造成巨大经济损失。世界动物卫生组织将其列为法定报告的动物疫病,我国将其列为三类动物疫病。

第一节　病原

一、分类地位

按照2005年国际病毒委员会第八次报告，该病毒在分类上属黄病毒科、瘟病毒属成员,为瘟病毒属的代表病毒,与猪瘟病毒和羊边界病毒同属并密切相关。

二、分型

根据病毒能否使细胞产生病变，将BVDV分为非致细胞病变型和致细胞病变型2个生物型。病毒生物型的划分与急性、先天性和慢性感染等临床症候群有关。根据病毒基因组5'非编码区(5'UTR)的序列将BVDV分为2个基因型，即BVDV1和BVDV2。BVDV1可分为11个不同的基因亚型BVDV1a-k，主要流行亚型是1a和1b，代表株分别是NADL和Osloss株；BVDV2的代表株是890株。BVDV1普遍用于疫苗生产、诊断和研究。

三、基因组

该病毒基因组为单股正链 RNA，长 12.3~12.5 kb，包括 5'UTR、编码区和 3'UTR，编码 4 种结构蛋白 p14、gp48、gp25、gp53 和 8 种非结构蛋白 p20、p7、p125、p10、p30、p58、p75。5'UTR 长 380~385 bp，在各牛病毒性腹泻病毒株间有高度保守性，可用于病毒检测和分型的靶基因。BVDV1 和 BVDV2 的 5'UTR 差异率在 10%左右。

四、蛋白质组

该病毒编码的前体蛋白 PrgP140 经蛋白水解酶的切割和糖基化酶的修饰，被加工成为成熟的病毒结构蛋白 C、E^{rns}、E1 和 E2，其中 E^{rns}、E1 和 E2 是糖基化蛋白。E^{rns} 和 E2 可诱导机体保护性免疫反应，其中 E2 蛋白免疫原性最强，它含有病毒主要的抗原决定簇，参与病毒的囊膜结构，是决定牛病毒性腹泻抗原反应性的主要部位，也是与牛病毒性腹泻病毒抗体结合、介导免疫中和反应与宿主识别、吸附的主要部位。

五、生物学特性

病毒对乙醚、氯仿和胰酶等敏感。对外界环境因素抵抗力不强，pH 3.0 以下或 56℃很快被灭活，对一般消毒药敏感，但血液和组织中的病毒在低温状态下稳定，在冻干状态可存活多年。

第二节　流行病学

1984 年，我国首次在国外引进牛的流产胎儿脾脏中分离并鉴定出一株牛病毒性腹泻病毒，即 CC-184 株。1985 年，从四川红原地区牦牛腹泻病料中检出牛病毒性腹泻病毒，首次证明该病在牦牛中的存在。我国于 1995 年从疑似猪瘟的猪体内分离到另外一株 BVDV，即 ZM-95 株。CC-184 株和 ZM-95 株都属于 BVDV1 型。2000 年，对安徽、江苏、广西部分地区水牛进行血清学检测，结果表明安徽省水牛血清阳性率平均为 7%。2008 年，国内研究单位第一次从牛体内分离到 BVDV2，证实 BVDV2 在我国的存在。随着养牛业的迅速发展，该病在我国西北、西南、华北、东北地区均有发生、流行，且呈上升趋势。

一、传染源

患病动物和带毒动物是本病主要传染源。持续感染牛可终生带毒、排毒，病毒可随分泌物和排泄物排出体外，因而是本病传播的最重要传染源。本病还可以穿过胎盘感染，特别是怀孕早期。血清抗体阴性的母牛一旦感染，常常通过胎盘使胎儿产生免疫抑制，引起持续性病毒血症，如果小牛正常产出，病毒血症能持续地带入成年期。这种牛临床貌似健康，血清中又无保护性抗体，但体内始终带毒，是牛群中最危险的传染源。

二、传播途径

本病主要经口感染，易感动物食入被污染的饲料、饮水而经消化道感染，也可由于吸入由病畜咳嗽、呼吸而排出的带毒的飞沫而感染。病毒可通过胎盘发生垂直感染。病毒血症期的公牛精液中也有大量病毒，可通过自然交配或人工授精而感染母牛。

三、易感动物

家养和野生的反刍动物及猪是本病的自然宿主，自然发病病例仅见于奶牛，黄牛、水牛、牦牛没有明显的种间差异。各种年龄的牛都有易感性，但6~18 月龄的幼牛易感性较高，感染后更易发病。该病常发生于冬季和早春，舍饲和放牧牛都可发病。绵羊、山羊也可发生亚临诊感染，感染后产生抗体。

第三节 临床症状和病理变化

一、临床症状

患病动物和带毒动物是该病的主要传染源，感染牛的分泌物和排泄物，包括鼻汁、唾液、精液、粪尿、泪液及乳汁中均可分离出病毒。病牛在急性发热期，血液中含有大量病毒，一般可保持 21 d，随着中和抗体的出现，血液中的病毒逐渐消失，脾、骨髓、肠系膜淋巴结和直肠组织含毒量高。绵羊多为隐性感染。本病的主要传播途径是消化道和呼吸道，也可通过胎盘垂直传播，垂直传播在流行病学和致病机理中起重要作用。根据疾病严重程度和病程长短，在临床上分为慢性型（黏膜病）和急性型（病毒性腹泻病）。黏膜病呈间歇腹泻，口鼻黏膜表面糜烂，舌面上皮坏死，流涎增多，呼气恶臭。趾间皮肤溃疡、糜烂，从而导致跛行。慢性病牛多无明显发热症状。急性病例多见于犊牛，表现为高热，持续 2~3 d，有的呈双相热型；腹泻呈水样，粪带恶臭，含有黏液或血液；大量流涎、流泪，口腔黏膜和鼻黏膜糜烂或溃疡。母牛在妊娠期感染后常发生流产，或产下先天缺陷的犊牛，如眼瞎、小脑发育不全，患犊表现为轻度共济失调或不能站立。

二、病理变化

牛病毒性腹泻黏膜病主要病变在消化道，软腭、舌、食管、胃及肠黏膜充血、出血、糜烂和坏死。腹股沟淋巴结、肠系膜淋巴结水肿、发紫，切面呈红色。肝脏、胆囊肿大。肾包膜易剥离，皮质有出血点。肺充血、肿大。全身淋巴结肿大。严重病例的咽喉部黏膜有溃疡及弥散性坏死，最具特征的病变是食管黏膜糜烂。

第四节　实验室诊断

一、病毒分离鉴定

病毒分离为国际贸易指定的检测手段，是诊断该病的基本方法之一。将胎牛肾细胞、犊牛肾细胞、犊牛睾丸细胞、牛鼻甲骨和胎牛肺等原代细胞或继代细胞进行病毒的分离。国内许多学者用不同的牛细胞从奶牛、牦牛、绵羊、山羊、猪等动物中分离到病毒并进行鉴定。犊牛睾丸细胞对牛病毒性腹泻病毒/黏膜病病毒最敏感，易出现病变。不同毒株所产生细胞病变各不相同，典型的细胞病变见细胞变圆，细胞间距增大，胞质内出现大小不等、边缘整齐的空泡，细胞逐渐脱落，并出现细长或网状的胞质性突起物，核变致密，核位置靠边，最后细胞完全脱离瓶壁，出现空斑。在分离不产生细胞病变的毒株时，可用新城疫病毒激发，使之在细胞培养中产生细胞病变，即所谓的END强化试验。也可取病料悬浮液分别接种于9~11日龄鸡胚绒毛尿囊膜和7~9日龄鸡胚卵黄囊内，每胚接种0.1~0.2 mL，接种后置37℃条件下培养3~5 d，观察结果。有些毒株可在鸡胚绒毛尿囊膜上生长，并在尿囊膜上形成痘斑；有些毒株可在鸡胚卵黄囊中生长繁殖。病毒分离是检测牛病毒性腹泻/黏膜病最经典的方法，但是此方法比较耗时。

二、病毒抗原检测

根据夹心ELISA原理，用一个捕获抗体结合到固相上和一个检测抗体结合到信号系统上。用于检测持续感染牛和外周血液白细胞产物中的牛病毒性腹泻/黏膜病病毒抗原。目前，国内建立了从感染畜粪便中检测牛病毒性腹泻/黏膜病病毒抗原的双抗体夹心ELISA方法。

三、分子诊断技术

目前，牛病毒性腹泻/黏膜病分子诊断技术最常用的是RT-PCR。根据该病毒5'UTR基因组序列合成一对或数对特异性引物，用RT-PCR方法可进行病毒核酸检测。此方法特异性强、敏感性高。

第五节 防控措施

我国对于本病的预防尚处于起步阶段，关注度亟待提高。相关资料表明，当前我国牛病毒性腹泻/黏膜病流行病学调研结果显示，超过46.7%的牛场BVDV抗原检测为阳性，牛群中BVDV持续性感染率为2.2%，感染严重程度远远高于亚洲多数国家，同时也比欧美国家的感染率要高。此外，通过血清学检测方法，也证实我国存在BVDV2型的感染流行。而BVDV2型一般毒力更强，能引起更严重的临床症状，在欧美国家也常有暴发的报道。目前，我国存在严重的BVD病毒感染与流行，并且其基因型也日趋多样与复杂，给我国养牛业的持续发展构成巨大威胁，应采取相应的措施对该病进行防控。

欧洲国家对于BVD的防控已有多年的历史。以德国为例,德国在2011年设定了降低持续性感染牛比例、建立并认证无BVDV的农场。实施严格的生物安全措施后，持续性感染牛的数量明显下降，数量比例由2011年的3.44%降至2017年的0.08%。总结发现欧洲国家的BVD防控经验为以下4点:一是快速识别、剔除持续性感染牛;二是严格落实国家监管计划,密切监测农场的BVD状态;三是严格限制妊娠动物移动;四是严格落实养殖场生物安全措施,高效保护易感动物。

目前,我国BVD感染呈快速上升趋势,意味着现在及未来会有更多牛群感染,而病毒基因亚型的增加则意味着防控难度增大。但是BVD在我国的受重视程度还有待提高,应当通过提高疾病认知、出台行业规范、建立示范基地、制定BVD控制计划、监测剔除持续感染牛、严格的生物安全和疫苗接种等进行综合防控。同时加快BVD疫苗审批及上市,推进BVD疫苗接种技术规范的出台。通过政府、行业、农场及企业的多方努力,实现彻底控制BVD的目标。

第七章　牛传染性鼻气管炎

牛传染性鼻气管炎(Infectious bovine rhinotracheitis,IBR)又称为牛传染性脓疱性外阴-阴道炎、坏死性鼻炎、红鼻病等,是由牛疱疹病毒Ⅰ型(Bovine herpes VirusI,BoHV-1)引起牛和野生牛的一种急性、热性、高度传染性疾病。临床以发热、咳嗽、流鼻液和呼吸困难为特征,有时造成流产。感染本病后育肥牛群增重减缓，奶牛产奶量减少甚至停乳，给养牛业造成很大的经济损失。世界动物卫生组织将该病列为法定必须报告的动物疫病,我国将其列为二类动物疫病。

第一节　病原

一、分类地位

根据2009年国际病毒分类委员会的第十次报告，牛疱疹病毒Ⅰ型在分类上属疱疹病毒科、α-疱疹病毒亚科、水痘病毒属。其他属还有另外16种疱疹病毒,包括牛疱疹病毒5型以及马、犬、羊、猴、非洲羚羊、人疱疹病毒等。

二、分型

各地不同的分离株均属于同一个血清型。

三、基因组结构

BoHV-1具有疱疹病毒科成员所共有的形态特征，是球形双股DNA病毒。其基因组分子约为138 kb,G+C含量为72%。

四、蛋白质组

用聚丙烯酰胺凝胶电泳分析证明，病毒含有 25~33 种结构蛋白，其中 11 种是糖蛋白。糖蛋白能刺激产生中和抗体，并在补体存在下使感染细胞裂解。病毒可潜伏在三叉神经节和腰、荐神经节内，中和抗体对潜伏于神经节内的病毒无作用。根据研究，病毒的这种能在神经组织中维持持续性感染的特性，与病毒所含的 TK 基因有关。

五、生物学特性

对乙醚和酸敏感，在 pH 7.0 的溶液中很稳定，4℃条件下保存 30 d，其感染滴度几乎无变化；22℃条件下保存 5 d，感染滴度下降 10 倍，–70℃条件下保存的病毒可活存数年。许多消毒药都可使其灭活。

第二节　流行病学

1980 年，我国首次分离出该病毒，之后牛传染性鼻气管炎的流行一直呈上升趋势。对国内部分省区的血清学普查结果表明，广东、广西、河南、河北、新疆、山东、四川等地的黑白花奶牛、本地黄牛和水牛中均有 BoHV–1 感染。此外从牦牛体内也分离出本病毒。对吉林、辽宁、内蒙古、山西和北京等地的部分牛场进行牛传染性鼻气管炎血清抗体检测，发现其阳性率分别为 35.33%、39.25%、67.0%、35.0%和 10.0%，进一步证明该病在我国已广泛存在。

一、传染源

病牛和带毒牛为主要传染源。病毒也可通过胎盘侵入胎儿引起流产。当存在应激因素（如长途运输、过于拥挤、分娩和饲养环境发生剧烈变化）时，潜伏于三叉神经节和腰、荐神经节中的病毒可以活化，并出现于鼻汁与阴道分泌物中，因此隐性带毒牛往往是最危险的传染源。

二、传播途径

本病需密切接触，通过空气经呼吸道传染，尤其是通过交配、舔舐等，也可经胎盘传染，病毒可通过持续感染代代相传，既可周期性排毒，又可垂直感染。

三、易感动物

本病主要感染牛，尤以肉用牛较为多见，其次是奶牛。肉用牛群的发病有时高达75%，其中又以20~60日龄的犊牛最为易感。病死率也较高。有报告称本病毒能使山羊、猪和鹿感染发病。

第三节　临床症状和病理变化

一、临床症状

牛是BoHV-1自然感染的主要宿主，各年龄和品种的牛均可感染，多见于育肥牛和奶牛，但肉用牛群的发病率有时高达75%，其中以20~60日龄的犊牛最为易感，病死率也较高，主要因为此时牛体内的母源抗体降低增加了病牛感染的机会。牛群发病率为10%~90%，死亡率为1%~5%。自然感染的病牛潜伏期一般为3~6 d，有时可达20 d以上。感染该病的临床表现多种多样，除呼吸道型外，还有生殖道型、脑膜炎型、眼结膜炎型和流产型。

（一）呼吸道型

在临床上最为常见，多发生于冬季。病毒首先侵害上呼吸道引起急性卡他性炎症，病变局限于口、鼻腔、咽、喉、气管。轻症病例黏膜充血、肿胀，并有卡他性渗出物。重症病例可见黏膜下组织发炎，并有出血点和坏死灶。病牛体温升高，精神极度沉郁，拒食。鼻黏膜高度充血，呈火红色，故被称为红鼻病。鼻腔黏膜有浅表溃疡，鼻孔流出多量分泌物，初为浆液性，最后则带有脓汁和血液。鼻窦及鼻镜内组织高度发炎，呈红色。因鼻黏膜坏死，病牛呼气常带有臭味。随着病情发展，病牛出现不同程度的呼吸困难症状。患病牛初期产乳量减少，后期完全停止，经5~7 d可恢复。有时可见病牛拉稀，粪便中含有血液。此外该型病例还常伴发结膜炎，可见眼睑浮肿，结膜充血及流泪，结膜上有黄色针尖大小的颗粒。无继发感染时病程1周左右，随后逐渐好转。继发感染的重症病例可能死亡。妊娠中后期的母牛流产，犊牛则出现脑膜炎的变化。流行严重的牛群发病率可达 75%以上，但死亡率通常在 10%以下。

（二）生殖道型

又称传染性脓疱性外阴阴道炎。潜伏期短，为 1~3 d。一般经配种传染，母牛和公牛均可感染发病，病牛初期精神沉郁，发热呈波浪热型，可持续数天。外阴部轻度肿胀，并有少量黏稠的分泌物附着在局部皮毛上。病牛时常举尾，排尿时有痛感。病情缓和者，外阴黏膜上出现白色小脓疱，阴道黏膜轻度充血，阴道壁上附着淡黄色渗出物。重症病例的阴门发炎、充血，阴道底面上有黏稠无臭的黏液性分泌物，大量小脓疱使阴户前庭及阴道壁形成广泛的灰色坏死膜，擦掉或脱落后，遗留发红的擦破表皮，阴门排出黏液线条，污染附近皮肤被毛。急性期消退时开始愈合，经 10~14 d 痊愈，但阴道内渗出物可持续排出数周。

（三）脑膜脑炎型

主要发生于犊牛，表现为脑炎的症状，体温升高，共济失调，精神沉郁，随后兴奋、惊厥、口吐白沫，最终倒地，角弓反张，磨牙，四肢滑动。病程短促，发病率高，死亡率达 50%以上。

（四）眼结膜炎型

多数病牛缺乏明显的全身性反应，主要表现为结膜充血、水肿，表面形成灰色的颗粒状坏死膜。角膜轻度混浊，眼和鼻流浆液性或脓性分泌物。该型有时与呼吸道型同时出现，很少引起死亡。

（五）流产型

可在怀孕的任何时候发生，多发生于妊娠第五至第八个月。流产前常无前驱症状，也无胎衣滞留现象。主要表现为突然发病、厌食、体温升高、结膜发炎、流鼻液，有的大量流涎、咳嗽、呼吸困难，病程约为 5 d。

二、病理变化

特征性病变见于呼吸道感染的严重病牛，呼吸道黏膜高度发炎，有浅溃疡，内脏器官可见化脓性肺炎、脾脓肿，肝表面和肾包膜下具有灰白色或灰黄色的坏死灶，第四胃黏膜发炎、溃疡，大小肠出现卡他性肠炎。生殖道感染型则可见局部黏膜表面形成小的脓疱。流产的胎儿肝、脾有局部坏死，有时皮肤水肿。组织学检查可在呼吸道上皮细胞中见有核内包涵体。脑膜脑炎型病例可见淋巴细胞性脑膜炎和以单核细胞为主的血管套。肺、肾、肝、脾以及胸腺、淋巴结等出现弥漫性的坏死灶。

第四节　实验室诊断

一、病原学诊断

（一）BoHV-1 分离鉴定

多种细胞，包括原代或次代牛肾、肺或睾丸细胞，可用于本病毒的分离鉴定。由牛胎儿的肺、鼻甲或气管等组织制备的细胞株及已建立的传代细胞系，如牛肾传代细胞和牛气管细胞都可用于病毒分离。病毒接种细胞后，逐日观察细胞病变。一般接种 3 d 后出现细胞病变。若 7 d 还不出现细胞病变，需再盲传 1 代，仍无细胞病变则判定为阴性。出现细胞病变后采用中和试验鉴定病毒，也可利用标记的特异性抗血清或单克隆抗体通过免疫荧光或免疫过氧化物酶试验鉴定。

（二）BoHV-1 抗原检测

鼻、眼或生殖道拭子可直接涂抹盖玻片，或离心后将细胞点在盖玻片上，进行直接或间接荧光抗体试验、免疫组织化学试验鉴定病毒。取临床上有发热、流涎和严重流鼻液的病牛，多取几头病牛样品，将制作的抹片风干并在 24 h 内用丙酮固定进行检测。

（三）包涵体检查

BoHV-1 可在牛胚肾、睾丸、肺和皮肤的培养细胞中生长，并形成核内包涵体，故可用感染的单层细胞涂片，用 Lendrum 染色法染色，镜检细胞核内包涵体。细胞核染成蓝色，包涵体染成红色，胶原为黄色。也可采集病牛病变部的上皮组织（上呼吸道、眼结膜、角膜等组织）制成切片后染色、镜检。

（四）分子诊断技术

常用的 PCR 扩增的靶标基因有 TK、gB、gC、gD 等，这些基因相对保守。采用该技术可在 1~2 d 得出结果，可以检出感染早期感觉神经节中的病毒，主要用于检测人工感染或自然感染精液样品中的 DNA。

二、血清学诊断

（一）病毒中和试验

该方法是世界动物卫生组织指定的国际贸易试验方法之一，用于检测血清是否具有中和病毒的能力，是 IBRV 抗体检测最经典、最标准的方法。由于 BoHV-1 只有一个血清型，通过标准免疫血清，可实现所有 BoHV-1 的检测。

（二）酶联免疫吸附试验

该方法是世界动物卫生组织指定的国际贸易试验方法之一，逐渐取代病毒中和试验成为抗体检测的标准方法，其中间接 ELISA 应用最为广泛，且适用于牛奶中的抗体。此方法以适合细胞系培养病毒，经超速离心纯化病毒，再经超声破碎处理后作为诊断抗原，或应用大肠杆菌表达的 BoHV-1gD 蛋白、gE 蛋白、纯化后作为包被抗原，建立 ELISA。

第五节　防控措施

一、预防措施

由于本病病毒导致的持续性感染，防治本病最重要的措施是必须实行严格检疫，防止引入传染源和带入病毒（如带毒精液）。有证据表明，抗体阳性牛实际上就是本病的带毒者，因此具有抗本病病毒抗体的任何动物都应视为危险的传染源，应采取措施对其严格管理。关于本病的疫苗，目前有弱毒疫苗、灭活疫苗和亚单位苗（用囊膜糖蛋白制备）3 类。研究表明，用疫苗免疫过的牛并不能阻止野毒感染，也不能阻止潜伏病毒的持续性感染，只能起到防御临床发病的效果。因此，采用敏感的检测方法（如 PCR 技术）检出阳性牛并予以扑杀是目前根除本病的唯一有效途径。

二、控制措施

发生本病时,应采取隔离、封锁、消毒等综合性措施,由于本病尚无特效疗法,病畜应及时严格隔离,最好予以扑杀或根据具体情况逐渐将其淘汰。

第八章　牛恶性卡他热

牛恶性卡他热(Malignant catarrhal fever,MCF)又名恶性头卡他或坏疽性鼻卡他,是由恶性卡他热病毒(Malignant catarrhal fever virus,MCFV)引起牛的一种急性、热性、非接触性传染病,以高热及呼吸道、消化道黏膜的粘脓性、坏死性炎症为特征,并经常伴有角膜混浊和神经症状。本病多为散发,冬春季发生较多。发病率低,但病死率可达60%~90%。我国将牛恶性卡他热病列为三类动物疫病。

第一节　病原

一、分类地位

按照2005年国际病毒分类委员会第八次报告，恶性卡他热病毒在分类上属疱疹病毒科、疱疹病毒丙亚科、猴病毒属。该病病原有2种:一种是猖羚属疱疹病毒I型，其自然宿主为猖羚；另一种是作为亚临床感染在绵羊中流行的绵羊疱疹病毒2型。猴病毒属除这2个成员外,还包括人疱疹病毒8型等。

二、分型

该病毒可分为2个型,即非洲型(猖羚相关型)和北美型(绵羊相关型)。非洲型主要传染源是猖羚,北美型主要传染源是绵羊。牛恶性卡他热不会通过直接接触在易感牛群中传播,主要通过猖羚或绵羊传播于牛。

三、基因组和蛋白质组

该病毒有2种病原,即狷羚属疱疹病毒Ⅰ型和绵羊疱疹病毒2型,基因组为双股线状DNA分子。目前已成功获取狷羚属疱疹病毒Ⅰ型的WC11分离株以及强毒C500株基因序列。WC11分离株为基因组部分序列，强毒C500则是完整基因组,约130 608 bp,预测有多个蛋白编码区,占基因组的60%以上。绵羊疱疹病毒2型基因组约130 930 bp，含有73个开放阅读框架,G+C含量平均为52%。基因组两端重复序列长达4 205 bp。在这一区域,G+C含量平均为72%。目前建立的PCR方法多数针对病毒保守的TK、gB、gC、gD和gE等基因。

四、生物学特性

病毒对外界环境的抵抗力不强,是疱疹病毒中最为脆弱的病毒成员,不能抵抗冷冻和干燥。含病毒的血液在室温中24 h则失去活力,冰点以下可使病毒失去活性。对乙醚和氯仿敏感。

第二节 流行病学

非洲是狷羚属疱疹病毒Ⅰ型恶性卡他热病毒的起源地,并且该型主要集中于非洲。自1959年以来,在我国华东各地不断有该病的散发流行。1974年在新疆,2010年在青海门源县先后发现该病。狷羚属疱疹病毒Ⅰ型引起的牛恶性卡他热病毒在我国只零星散发。美洲是绵羊疱疹病毒2型恶性卡他热病毒的起源地,欧洲、非洲、亚洲和大洋洲等许多国家和地区都有本病的发生,尤其是在世界各地养牛地区都有散发,常见于牛和绵羊混饲的地区。自1959年以来,在我国华东各地不断有该病散发流行的报道,但流行范围较小。

一、传染源

病牛不能接触传染健康牛,主要通过绵羊、角马以及吸血昆虫传播。病牛都有与绵羊接触史,如同群放牧或同栏喂养,特别是在绵羊产羔期最易传播本病。本病可通过胎盘感染犊牛。

二、传播途径

牛多经呼吸道感染，该病的发生主要是牛与绵羊、角马接触而感染，病牛的血液、分泌物和排泄物中含有病毒，但病毒在牛与牛之间并不传播。

三、易感动物

主要感染黄牛、水牛、奶牛等，多发生于 2~5 岁的牛，老龄牛及 1 岁以下的牛发病较少。绵羊及非洲角马是本病毒的贮主，仅传播疾病，本身不发病。

第三节　临床症状和病理变化

一、临床症状

（一）*猬羚属疱疹病毒 I 型*

猬羚是猬羚属疱疹病毒 I 型引起牛恶性卡他热的主要传染源，其感染呈隐性经过。该病主要通过呼吸道传染，黄牛、水牛和奶牛易感，多发生于 2~5 岁的牛，老龄牛和 1 岁以下的牛发病少。病牛不会通过接触传染给健康牛，主要通过猬羚和吸血昆虫传播。

（二）*绵羊疱疹病毒 2 型*

隐性感染的绵羊和山羊是绵羊疱疹病毒 2 型引起牛恶性卡他热的主要传染源。病牛与健康牛之间不会通过接触而传染，主要通过绵羊经呼吸道传播。最急性型病初体温升高、稽留不退，肌肉震颤、寒战，精神萎靡，被毛松乱，眼结膜潮红，病程短至 1~3 d。鼻腔干热，食欲和反刍减少，饮欲增加，泌乳停止，呼吸、心跳加快，严重病牛可死亡。头眼型主要表现为眼结膜发炎，畏光流泪、后角膜混浊，眼球萎缩、溃疡及失明。鼻腔、喉头、气管、支气管及颌窦卡他性及伪膜性炎症，呼吸困难，炎症可蔓延到鼻窦、颌窦、角窦，角根发热，严重者两角脱落。鼻镜及鼻黏膜先充血，后坏死、糜烂、结痂。口腔黏膜潮红、肿胀，出现灰白色丘疹或糜烂，病死率高。消化道型除与头眼型相似外，有明显的腹泻、恶臭味。皮肤型为颈部、肩胛、背部、乳房、阴囊等处皮肤出现丘疹、水疱，结痂后脱落，有时形成脓肿。温和型表现为暂时热，口鼻黏膜轻微损害，通常能恢复。

二、病理变化

（一）大体解剖病变

恶性卡他热发病牛大体剖检可见鼻窦、喉、气管及支气管黏膜充血、肿胀，有伪膜及溃疡。口、咽、食管糜烂、溃疡，第四胃充血、水肿、斑状出血及溃疡，整个小肠充血、出血。肝、肾和心肌严重变性。头颈部淋巴结充血和水肿。脑、肺充血、水肿，脑膜充血、水肿，呈非化脓性脑炎变化，头部各窦呈急性卡他性炎症，有黄白色黏液脓性渗出物。肾皮质有白色病灶是本病的特征性病变。

（二）病理组织学病变

在脑、肝、肾、心、肾上腺和小血管周围有淋巴细胞浸润。身体各部的血管有坏死性血管炎变化，黏膜上皮细胞变性、坏死，淋巴细胞浸润，非化脓性脑炎，病灶部的神经细胞有核内包涵体。非淋巴器官间质广泛分布淋巴细胞是其特征性病变。

第四节　实验室诊断

一、狷羚属疱疹病毒Ⅰ型牛恶性卡他热诊断

（一）病原学诊断

1. 病毒分离鉴定

由于来源于狷羚的毒株初代即容易在健康犊牛的甲状腺细胞培养物内增殖，将获取的样品接种于牛甲状腺原代细胞进行病毒分离。病毒接种细胞后通常 3~10 d 可见细胞病变（主要表现为多核巨噬细胞的出现），之后采用免疫荧光试验进行鉴定。

2. 抗原检测

选用恶性卡他热病毒抗原制备特异性高亲和力的多克隆抗体或单克隆

抗体,将荧光素标记在相应的抗体上,直接与相应抗原反应,建立直接免疫荧光试验。该方法可在脑、脾等剖检病变明显的组织样品中检出恶性卡他热病毒抗原。

3. 分子诊断技术

针对狷羚属疱疹病毒I型基因组的保守区域设计引物可建立多种分子检测技术，如针对编码转录激活蛋白的ORF50建立的PCR和巢式PCR,针对编码囊膜蛋白的ORF3建立的实时荧光PCR等。这些技术可用于狷羚属疱疹病毒I型的流行病学调查和临床感染诊断。

(二)血清学诊断

1. 免疫过氧化物酶试验(IPMA)

本试验利用恶性卡他热病毒敏感细胞系增殖病毒制备抗原，进而检测待检血清中的狷羚属疱疹病毒I型抗体。本方法的缺点是需肉眼判定,主观性强,且细胞批次间差异大,不适合大规模抗体水平检测。

2. 酶联免疫吸附试验

以全病毒基因作为包被抗原，从甲状腺原代细胞的病毒培养物中纯化制备包被抗原,用于检测狷羚属疱疹病毒I型恶性卡他热病毒抗体。在临床上此方法适合感染动物和自然宿主的检测。获得的抗原针对所有狷羚属疱疹病毒I型保守表位的单抗15A。

二、绵羊疱疹病毒2型牛恶性卡他热诊断

对于绵羊疱疹病毒2型牛恶性卡他热，目前尚无有效的病毒分离培养方法,主要采用PCR的方法鉴定病毒。

(一)病原学诊断

分子生物学诊断通常选用绵羊疱疹病毒2型恶性卡他热病毒基因组中比较保守的序列作为检测靶标,如TK、gB、gC、gD是常用的靶基因,可用于感染的早期诊断。该技术既可检测病牛血液或组织中的病毒DNA,又可检测细胞培养物中的病毒DNA。

(二)血清学诊断

在绵羊疱疹病毒2型恶性卡他热病毒血清学诊断时，可采用间接荧光抗体试验、免疫过氧化物酶试验、免疫印迹法及ELISA进行检测。其中免疫过氧化物酶试验和间接荧光抗体试验目前只能用狷羚属疱疹病毒I型作为抗原;免疫印迹法是将绵羊疱疹病毒2型结构蛋白转移到膜上,然后利用抗体绵羊血清进行检测。

第五节　防控措施

目前,关于本病无特效治疗方法,也无免疫预防的疫苗,主要是加强饲养管理和牛舍卫生,平时注意搞好消毒。在流行地区应避免牛与绵羊接触。对患畜实施对症治疗，如头部冷敷；用0.1%高锰酸钾冲洗病牛的眼睛和鼻腔;用磺胺类药物或抗生素,防止继发感染;用强心补液等。临床上发现本病,治愈率低,死亡率高。

第九章　牛白血病

牛白血病(Bovine leukosis,BL)又称地方流行性牛白血病、牛淋巴瘤病、牛恶性肿瘤病、牛淋巴肉瘤,是由牛白血病病毒(Bovine leukosis Virus,BLV)引起牛、绵羊等动物的一种慢性肿瘤性疾病,以淋巴样细胞恶性增生、进行性恶病质和高病死率为主要特征。该病几乎遍及世界所有养牛国家,造成严重的危害。世界动物卫生组织将其列为法定报告的动物疫病,我国将牛白血病列为三类动物疫病。

第一节　病原

一、分类地位

按照2005年国际病毒分类委员会第八次报告,牛白血病病毒在分类上属逆转录病毒科、正逆转录病毒亚科、δ逆转录病毒属。该属除牛白血病病毒外,还包括人嗜T细胞病毒I型、人嗜T细胞病毒Ⅱ型和猴嗜T细胞病毒。

二、分型

牛白血病病毒目前只有一个血清型。

三、基因组

该病病毒基因组为单股正链RNA,由2个完全相同的单体组成二聚体,在5'端由氢键倒置连接起来。基因组除含有群特异性抗原基因(gag)、聚合酶基因(pol)、囊膜基因(env)外,还含有tax和rex 2个辅助基因。其基因组顺序为5'-LTR-gag-pol-env-pXBL-LTR-3'LTR,为长末端重复序列。牛白血病病毒没有肉瘤基因(src)和肿瘤基因(onc)。

四、蛋白质组

包括基质蛋白（MA,15kD)、核衣壳蛋白（CA,24kD)、核蛋白(NC,12kD)、反转录酶(RT,70kD)、穿膜蛋白(TM,30kD)、囊膜糖蛋白(SU,51kD)、2个调节蛋白Tax(38kD)和Rex(18kD),另有一种10 kD的蛋白质也来自gag的蛋白前体。囊膜上的糖基化蛋白主要有gp35、gp45、gp51、gp55、gp60、gp69,芯髓内的非糖基化蛋白主要有P10、P12、P15、P19、P24、P80。在这些蛋白中,以gp51和P24的抗原活性最高,用这2种蛋白作为抗原进行血清学试验,可以检出特异性抗体。其中抗gp51抗体不但具有沉淀、补体结合反应等抗体活性,而且还有中和病毒感染性的能力,抗体在动物机体产生早、滴度高;而P24抗体虽然也有沉淀抗体的活性,但却不能中和病毒,抗体产生晚、滴度低。

五、生物学特性

该病毒的抵抗力较弱,在实验中,超速离心或一次冻融等常规处理都能使病毒的毒力大大减弱。病毒可56℃ 30min完全灭活,奶中的病毒也可被巴氏消毒温度灭活,所以在实验室里无法进行病毒的冻干保存。病毒对各种有机溶剂敏感。

第二节 流行病学

本病于1974年首次在上海被发现,继而在安徽、江苏、陕西、新疆、北京、黑龙江、辽宁、云南、湖南和江西等地出现。在某些地区的牛群中,血清阳性率达30%~50%,成为牛的重要传染病之一,严重威胁我国养牛业的发展。

一、传染源

病畜和带毒畜是本病的传染源。

二、传播途径

本病可水平传播,也可垂直传播,或经初乳传给新生犊牛。吸血昆虫是传播本病的重要媒介，病毒存在于B淋巴细胞内，吸血昆虫吸吮带毒牛血液后，再去蜇刺健康牛引起传播。被污染的医疗器械（如注射器、针头）可以机械传播本病。

三、易感动物

自然感染仅发生于牛、绵羊，人工接种除牛外，绵羊和山羊均能感染。本病主要发生于成年牛，尤以4~8岁的牛常见。病牛或隐性感染牛是本病的传染源，病毒长期存在于牛体内，在外周血淋巴细胞和肿瘤细胞中，以前病毒的方式整合在细胞DNA中，病毒存在于各种体液（鼻液、气管液、唾液和乳汁）的细胞碎片中，健康牛群发病往往是由于引进了感染的病牛，但一般要经过数年（平均4年）才出现肿瘤病例。

第三节　临床症状和病理变化

一、临床症状

病牛主要表现为生长缓慢，体重减轻，消瘦，贫血。体温一般正常，体表淋巴结一侧或对称性增大。腮淋巴结、股前淋巴结显著增大。

二、病理变化

腮淋巴结、肩前淋巴结、乳房上淋巴结和腰下淋巴结常肿大，被膜紧张，呈均匀灰色，切面突出。心脏、皱胃、脊髓常发生浸润。脊髓被膜外壳里的肿瘤结节使脊髓受压、变形和萎缩。皱胃壁由于肿瘤浸润而增厚。肾、肝、肌肉、神经干和其他器官也可受损，但脑的病变较少见。病理组织学病变可见肿瘤含有致密的基质和2种细胞，即淋巴细胞和成淋巴细胞，淋巴细胞具有一个中心核和簇集的染色质，成淋巴细胞核中至少有一个明显的核仁。在各病变器官里均有肿瘤细胞浸润，破坏并代替许多正常细胞，并常见核分裂现象。

第四节　实验室诊断

一、病原学诊断

（一）病毒的分离培养

牛白血病病毒是一种外源性反转录病毒，在结构和功能上与人 T 淋巴细胞白血病病毒有亲缘关系。感染病样在体外与淋巴细胞及一种指示细胞系共同培养时，经促细胞分裂素刺激，会产生感染性病毒。病毒分离鉴定是诊断牛白血病最基础的方法，但牛白血病病毒分离鉴定费时、费力，一般需 3~4 d。

（二）电子显微镜检测

将牛白血病病毒感染牛的淋巴细胞在 37℃条件下培养 48~72 h，制作超薄切片标本，在电镜下观察，可见从细胞质的空泡内和细胞膜上有游离的和正在出芽的病毒颗粒。

（三）动物试验

通过接种易感动物判定是否感染牛白血病，一般是将病牛的血液或经处理的病料腹腔注射绵羊，可在 2~3 周出现血清阳转，在 6 周后检测特异性抗体做感染判断。接毒绵羊不出现持久性淋巴细胞增多症，但肿瘤发生率较高且出现得较早。

（四）抗原检测

牛白血病病毒的细胞培养物可通过 ELISA、琼脂免疫扩散试验等方法检测 P24 抗原和 gp51 抗原以检测牛白血病病毒。

（五）分子诊断技术

目前，牛白血病毒的分子诊断技术中常用的有 PCR 方法、套式 PCR 和荧光定量 PCR，通常针对病毒基因组 gag、pol 和 env 区设计引物。世界动物卫生组织推荐的套式 PCR 方法是以 env 基因、编码的 gp51 的区域设计的引物为基础。这个基因高度保守，而且基因和抗原通常存在于所有感染动物并贯穿整个感染过程，很多 PCR 方法的建立都是针对该段基因。

二、血清学诊断

牛感染 BLV 后可终生带毒，产生持续性抗体反应，通常感染后 3~16 周可检测到抗体。犊牛在吸食母乳后获得被动抗体会干扰对感染抗体的检测，母源抗体在 6~7 个月后消失。目前应用最多的血清学检测技术是琼脂免疫扩散试验和 ELISA 试验，这也是国际贸易中指定的检测方法。

（一）琼脂免疫扩散试验

本试验是牛白血病病毒感染诊断中运用最多的血清学方法之一，也是国际贸易中指定的检测方法。检测主要针对牛白血病病毒结构蛋白（gp51、gp60、P24 等）的抗体，特异性强但敏感性低。母牛在临产前抗体被转移到初乳中，此时用本试验可能检测不到血清抗体，母牛在临产前 2~6 周和产后 1~2 周的血清用本试验检测抗体呈阴性时，不可作结论。

（二）酶联免疫吸附试验

是国际贸易中指定的检测方法，在自然感染的动物体内，只能检测到 4 种牛白血病病毒抗体（抗 gp51、gp30、P24 和 p51 抗体），但以 gp51 和 P24 抗体为主，目前建立的 ELISA 检测方法都是针对这 2 种抗体。

第五节　防控措施

一、预防措施

本病尚无特效疗法。根据本病的发生呈慢性持续性感染的特点，防制本病应采取以严格检疫、淘汰阳性牛为中心，包括定期消毒，驱除吸血昆虫，杜绝因手术、注射可能引起的交互传染等在内的综合性措施。无病地区应严格防止引入病牛和带毒牛。引进新牛必须进行认真检疫，发现阳性牛立即淘汰，但不得出售，阴性牛也必须隔离 3~6 月方能混群。疫场每年应进行 3~4 次临床、血液和血清学检查，不断剔除阳性牛。

二、控制措施

对感染不严重的牛群，可借此净化牛群，若感染牛只较多或牛群长期处于感染状态,应采取全群扑杀的坚决措施。对检出的阳性牛,若因其他原因暂时不能扑杀时,应隔离饲养,控制利用;肉牛可在肥育后屠宰。阳性母牛可用来培养健康后代。犊牛在出生后立即检疫,阴性者单独饲养,喂健康牛乳或消毒乳,阳性牛的后代均不可做种用。

第二篇

细 菌 病

第一章　炭疽

炭疽(Anthrax)是由炭疽芽孢杆菌(Bacillus anthracis)引起的一种烈性、热性、败血性的自然疫源性人畜共患传染病。牛、羊、骆驼、马等草食性动物是炭疽病感染的主要易感宿主。临床上以突然高热和死亡,可视黏膜发绀,皮肤坏死、溃疡,天然孔流出煤焦油样血液为特征。世界动物卫生组织将该病列为必须报告的动物疫病。我国将炭疽列为二类动物疫病,《中华人民共和国传染病防治法》规定的乙类传染病,其中肺炭疽按照甲类传染病管理处置。

第一节　病原

一、分类地位

按照《伯吉氏系统细菌手册》第二版第三册(2009 年),炭疽芽孢杆菌在分类上属厚壁菌门、芽孢杆菌纲、芽孢杆菌目、芽孢杆菌科、芽孢杆菌属,与植物炭疽无关。

二、形态学特点和培养特性

(一)形态学特点

炭疽杆菌的繁殖型是致病菌中最大的细菌,长 4~8 μm,宽 0.1~1.5 μm,两端平切,在动物或人体内常单个或呈短链状存在。人工培养基上常呈竹节状长链,是一种革兰氏阳性大杆菌,无鞭毛,不能运动。在机体内或含有血清的培养基上可形成荚膜,荚膜与致病力有密切关系。在氧气充足、温度适宜

(25~30℃)的外界环境中，或人工培养基上，易形成芽孢，在活的机体或未经剖检的尸体内不易形成芽孢，芽孢位于菌体中央或稍偏一端，呈椭圆形或圆形。

(二)培养特性

本菌需氧和兼性需氧。最适生长温度为37℃，最适pH为6.2~7.4。营养要求不高，在普通琼脂平板上培养24 h，可形成灰白色、不透明、扁平、边缘不整齐、表面粗糙的菌落，低倍镜下呈卷发状。在血琼脂平板上，早期无溶血环，培养24 h后有轻微溶血。有毒株在碳酸氢钠琼脂平板上，置5% CO_2环境中孵育48 h，由于产生荚膜形成黏液型菌落。荚膜多肽抗原由D-谷氨酸多肽组成，具有抗吞噬作用，与毒力有关。取菌落在10%兔血清盐水中做涂片，火焰固定，用碱性美蓝染色，菌体呈蓝色，荚膜呈粉红色。无毒炭疽杆菌在上述培养环境中丧失荚膜，仍形成粗糙型菌落，可依此做致病性鉴定。在含青霉素的琼脂平板上不生长。用半固体高层穿刺培养，呈倒树状生长。接种于普通肉汤培养基中不形成菌膜，呈絮状卷绕成团的沉淀生长，上层液体澄清，无菌膜，有别于本属其他菌种。

(三)生化特性

暖黄反应和VP反应阳性。分解葡萄糖、麦芽糖和蔗糖，产酸不产气。不分解淀粉、甘露醇、阿拉伯糖和木糖。能在沙氏琼脂上生长，强毒株不能在7%NaCl琼脂上生长，弱毒株可不同程度地生长。

(四)芽孢

芽孢是处于代谢相对静止的休眠状态，以维持细菌生存的持久体，炭疽菌营养缺乏时可形成芽孢。其结构具有多层厚而致密的胞膜，芽孢壳无通透性，能阻止化学品渗入，其核心的皮质层中含有大量DPA(吡啶二羧酸)，可使其具有高度耐热性。芽孢含水量少，蛋白质受热不易变性。抵抗力极强，在土壤中可存活数十年甚至上百年。对热力、干燥、辐射、化学消毒剂等理化因素均有强大的抵抗力，一般方法不易将其杀死。有的芽孢可耐100℃沸水煮沸数小时。杀灭芽孢最可靠的方法是高压蒸汽灭菌。在合适的营养和温度条件下，芽孢的核心向外生长成繁殖体，具有致病性。芽孢含水量少(约40%)，蛋白质受热不易变性。芽孢具有多层厚而致密的胞膜，由内向外依次为核心、内膜、芽孢壁、皮质、外膜、芽孢壳和芽孢外衣。特别是芽孢壳，无通透性，有保护作用，能阻止化学品渗入。芽孢形成时能合成一些特殊的酶，这些酶较之繁殖体中的酶具有更强的耐热性。芽孢核心和皮质层中含有大量吡啶二羧酸(Dipicolinic acid，DPA)，占芽孢干重的5%~15%，是芽孢所特有的成分，在细菌繁殖体和其他生物细胞中都没有。DPA能以一种不明原因的方式使芽孢的酶类具有很高的稳定性。芽孢在形成过程中很快合成DPA，同时也获得耐热性。芽孢呈圆形或椭圆形，其直径和在菌体内的位置随菌种不同而不同。炭疽杆菌的芽孢为卵圆形，比菌体小，位于菌体中央。

三、分型

炭疽杆菌基因型有80多个，按遗传学距离可归纳为2个群：A群和B群。Keim等对全世界各地所分离的400多株炭疽杆菌进行了分析，鉴定出6个组，分别为A1、A2、A3、A4、B1、B2。

四、基因组

炭疽杆菌基因组分为主基因组和质粒2部分，质粒包括pXO1质粒和pXO2质粒。炭疽芽孢杆菌蛋白质是利用蛋白质技术研究炭疽生长过程中的蛋白变化，其产生是蛋白质组学与炭疽杆菌病原学交叉渗透的结果。炭疽杆菌蛋白质主要有表达蛋白质、比较蛋白质、免疫蛋白质、炭疽杆菌感染宿主蛋白质。

五、生物学特性

炭疽杆菌对外界理化因素抵抗力不强，常规消毒方法即可灭活，但其芽孢的抵抗力极强，干燥状态下可存活若干年。炭疽杆菌的芽孢对碘敏感，1:2 500碘液10 min即可杀死芽孢。120℃高压蒸汽灭菌10 min，140℃干热3 h可破坏芽孢。20%漂白粉和20%石灰乳浸泡2 d，3%过氧化氢1 h，0.5%过氧乙酸10 min，均可将炭疽芽孢杀死。

第二节　流行病学

我国是一个养殖大国，很多地区的牛羊养殖仍以放养为主，而在北方牧区和南方丘陵地区均有炭疽自然疫源地，使得动物炭疽难以消灭。一是西部高风险区，即青藏高原中部大部分地区，覆盖青海东部、四川西北部、甘肃西南部，西藏中部；二是西南高风险区，即云南，贵州西部和广西；三是西北高风险区，即西部和新疆西北部；四是东北高风险区，即内蒙古中东部、黑龙江、吉林和辽宁部分地区。2007—2017 年，全国共报告动物炭疽疫情 253 起，高发季节是 6—10 月，疫情占全年的 65%，以牛、羊疫情为主，累计患病动物 2 080 头，病死动物 1 453 头，病死率达 69.9%，另外还同群扑杀 1 810 头，患病、死亡动物以黄牛和奶牛等大家畜为主，给农业和畜牧业造成重大经济损失。

一、传染源

主要传染源是病牛，当病牛为菌血症时，细菌可随分泌物、排泄物、破溃的肿胀部渗出液及濒死期天然孔的溢血排出。病死牛尸体中含有大量炭疽杆菌，若处理不当，大量病菌散播于周围环境，污染土壤、水源或牧场，尤其是形成芽孢，则可成为持久的疫源地。病牛死前 1~2 d，可从乳汁排菌。康复牛乳仍持续排菌一段时间，亦可成为传染源。

二、传播途径

本病主要以消化道感染为主，常因摄入污染的草料、饮水而感染。如果口腔和胃肠黏膜有损伤，则更易感染。通过损伤的皮肤和经呼吸道吸入带有炭疽芽孢的空气和尘埃也可感染。本病的传播方式较多，主要借助尸肉和饲料、牛只调运、皮毛等工业原料和工业废弃物传播，也可经吸血昆虫和食腐的鸟类传播。

人类炭疽以接触感染为主。与污染的畜产品、土壤和用具接触而感染较多见。呼吸道感染多见于毛皮厂。消化道感染常因进食未煮熟的病畜肉类、奶或污染的食物所致。吸血昆虫叮咬病畜后再叮咬人群也可引起感染，但不多见。

三、易感动物

各个品种的牛均易感。人的易感性仅次于草食动物。肉食动物和杂食动物也有易感性。猪、犬、猫易感性最低，家禽一般不感染。在野生动物中，野牛、羚羊最易感，角马、象、长颈鹿、河马也可感染发病。鸟类一般不引起感染。肉食和杂食动物，如狼、狐、豹、狮、虎、山猫、熊等常因吞食动物尸体而感染发病。

四、流行特点

全年均可发生，但有明显的季节性，常集中于炎热季节，6—9 月为发病高峰期。幼龄牛只较老龄牛只易发。本病多呈地方性流行，也可散发。自然灾害是牛炭疽高发的主要诱因，常在干旱或洪涝等灾害之后暴发流行。环境卫生差、使役过重、长途运输、饥饿、营养缺乏甚至换齿等降低畜体抵抗力的因素均是本病的诱因。

第三节　临床症状和病理变化

一、临床症状

本病在动物中的潜伏期一般为 20 d。主要呈急性经过，多以突然死亡、天然孔出血、血液呈酱油色且不易凝固、尸僵不全、腹部膨胀为特征。典型症状病牛表现为体温升高到 41℃以上，可视黏膜呈暗紫色，心动过速，呼吸困难。呈慢性经过的病牛，在颈、胸前、肩胛、腹下或外阴部常见水肿；皮肤病灶温度升高，坚硬，有压痛，也可发生坏死，有时形成溃疡；颈部水肿常与咽炎和喉头水肿相伴发生，致使呼吸困难加重。急性病例一般 24~36 h 死亡，亚急性病例一般 2~5 d 死亡。

二、病理变化

患病死亡牛只可视黏膜发绀、出血。血液呈暗紫红色，凝固不良，黏稠似煤焦油状。皮下、肌间、咽喉等部位有浆液性渗出及出血。淋巴结肿大、充血，切面潮红。脾脏高度肿胀，可达正常的数倍，脾髓呈黑紫色。

第四节 实验室诊断

疑为炭疽死亡的牛只尸体通常禁止解剖，应先从末梢血管采血涂片镜检做初步诊断。尸体可做局部解剖,取小块脾脏,然后将切口用浸透了浓漂白粉液的棉花或纱布堵塞,妥善包装后送检。实验室病原分离需要在生物安全三级以上的实验室进行。

一、快速检验

炭疽杆菌在病牛体内有形成荚膜的特征,其他需氧芽孢杆菌少见。取病畜濒死时或刚死亡动物的血液做涂片标本,用瑞氏染色或吉姆萨染色。牛炭疽可常见到数量很多的有荚膜炭疽杆菌,单个或成对存在,偶有短链,菌端平切,荚膜呈深紫红色,镜检结果结合临床症状一般可做出确诊。

二、噬菌体裂解试验

用铂金耳钓取普通营养肉汤培养物或制备的标本乳剂涂于普通营养琼脂平板上。在培养物中央出现明显而清亮的噬菌斑者为裂解阳性反应;在培养物中不出现或只出现不明显的斑点者为阴性反应。

三、Ascoli 试验

1911 年,Ascoli 建立了以兔抗炭疽杆菌血清检测炭疽杆菌的方法。当抗血清与热稳定性炭疽杆菌抗原混合时可发生沉淀反应。该方法用来检测病牛组织中的炭疽杆菌。因为炭疽杆菌热稳定性抗原与其他杆菌抗原有交叉性,故该反应特异性不强,使用较少。

四、分子诊断技术

目前针对炭疽芽孢杆菌及其芽孢的核酸检测多数靠聚合酶链式反应，有定性和定量 PCR，目前只有 Hutson 等评价了针对致病相关基因 pag、lef、cya 设计的系列寡核苷酸探针在炭疽芽孢杆菌检测中的应用。多数报道是利用纯培养物或纯芽孢进行试验,有少量报道检测了土壤、感染组织或模拟标本。

第五节　防控措施

一、预防措施

在疫区或2~3年发生过疫情的地区，每年春季或秋季对易感牛只进行1次预防注射。常用的疫苗是无毒炭疽芽孢苗，接种14 d后产生免疫力，免疫期为1年。另外对于本病的防控，主要是加强检疫和进行广泛的宣传报道，主要是对本病的危害性及防控措施要大力宣传，特别是告诫广大群众不可食用死于本病的病畜肉品。

二、扑灭措施

发生本病时，应尽快逐级上报疫情，划定疫点、疫区，采取隔离封锁等措施，禁止动物及动物产品和草料出入疫区，禁止食用病牛的乳、肉等产品，严格按照《动物炭疽防治技术规范》的要求，妥善处理患病牛只及其尸体。

第六节　公共卫生影响

本病遍及世界各地，不但直接影响畜牧业生产和野生动物群体安全，而且威胁人类健康与生命安全。炭疽是我国人乙类传染病，其中肺炭疽按照甲类传染病处理。炭疽主要感染草食动物，也可感染某些鸟类，本病对食草动物致病力和致死性都很强。

我国的炭疽自然疫源地分布广泛，家畜和人炭疽病例时有发生。近几年，全国每年发病数波动在400~1 000人，主要集中在贵州、新疆、甘肃、四川、广西、云南等西部地区。

人和多种动物对本病易感，草食动物比肉食动物易感，猪对本病有抵抗力，所以猪常呈慢性经过或隐性经过。实验动物常用小白鼠、家兔和豚鼠。家畜是本病的重要传染源。病畜的血液、分泌物、排泄物含有大量炭疽杆菌。病畜尸体处理不当，在外界环境条件适宜时，可形成芽孢，污染土壤和水源，成为炭疽的长久疫源地。经消化道感染是本病的主要感染途径。动物采食污染的饲料、饮水,或在污染的场地放牧,会受到感染,此外炭疽杆菌或其芽孢也可由伤口侵入,人则是因食用病畜的肉、奶,或通过污染食物、饮水而感染。另外,屠宰病畜,加工毛皮,或接触污染的水、土壤,或被病畜咬伤等,造成皮肤黏膜感染。95%的人型炭疽是皮肤型,是由于处理感染动物的尸体、皮毛、肉或骨而引发感染。人被带菌昆虫叮咬、吸入含有炭疽芽孢的粉尘或气溶胶都有感染本病的可能。根据军事兽医科学院炭疽病参考实验室的相关数据显示,当前我国有 6 380 万农村贫困养殖农民生活在炭疽高风险区,11 亿家畜处于炭疽感染高风险地区。

第二章　布鲁氏菌病

布鲁氏菌病(Brucellosis)又称布病,是由布鲁氏菌属(Brucellosis)细菌引起的人与动物共患的变态反应性传染病。陆地或海洋中的所有哺乳动物均容易受到感染,但牛、羊等家畜和野生动物最易感。布鲁氏菌是一种在细胞内寄生的病原菌,对人和哺乳动物具有高度感染性和致病性。在临床上,动物以流产、胎衣不下、睾丸炎、附睾炎、关节炎等为特征。人感染后表现为长期发热、多汗、生殖系统疾病、关节痛、肝脾肿大、肌肉-骨骼系统和中枢神经系统的严重并发症等,至今尚无根治方法,因此成为一个严重的公共卫生安全问题。世界动物卫生组织将该病列为必须报告的动物疫病,我国将该病列为二类动物疫病,同时该病也是《中华人民共和国传染病防治法》规定的35种法定传染病中的乙类传染病、《中华人民共和国职业病防治法》中规定的细菌性职业病之一。

第一节　病原

一、分类地位

按照《伯吉氏系统细菌学手册》第二版第二册(2005年),布鲁氏菌在分类上属根瘤菌目、布鲁氏菌科、布鲁氏菌属。布鲁氏菌属有9个生物种,即马耳他布鲁氏菌(羊种布鲁氏菌含3个生物型)、流产布鲁氏菌(牛种布鲁氏菌含8个生物型)、猪种布鲁氏菌(含5个生物型)、绵羊附睾种布鲁氏菌、沙林鼠种布鲁氏菌、犬种布鲁氏菌、鲸种布鲁氏菌、鳍足种布鲁氏菌和田鼠种布鲁氏菌。临床上以羊种、牛种、猪种3种布鲁氏菌的意义最大,羊种布鲁氏菌的致病力最强。牛种布鲁氏菌、羊种布鲁氏菌和猪种布鲁氏菌对人均有很强的致病性,且大约80%的感染由羊型布鲁氏菌引起,所以必须在有相适应的生物安全控制条件下处理所有感染组织、培养物和可能污染的材料。

二、形态学特征和培养特性

(一)形态学特征

本菌为长0.6~1.5 μm、宽0.5~0.7 μm的球杆菌或短杆菌。菌体多单在,很少成对或成团。无鞭毛,无质粒,无荚膜。初次分离培养时,菌体多呈小球杆状,毒力菌株有微荚膜。布鲁氏菌形态稳定,但在老龄培养物中有多晶体形态存在。革兰氏染色阴性,一般不发生两极着染。抗酸性不强,可以抵抗弱酸的脱色作用而染成红色,吉姆萨染色呈紫色。

(二)培养特性

布鲁氏菌对营养要求高,目前实验室多用牛、羊的新鲜胎盘加10%兔血清制作培养基,效果较好。可用布鲁氏菌基础培养基、胰化酪蛋白大豆胨琼脂(TSA)作为基础培养基,也可加入多黏菌素B、杆菌肽、那他霉素、萘啶酸、制霉菌素、万古霉素等作为选择培养基。但即使在良好培养条件下,该菌生长仍较缓慢,在不良环境中,若有抗生素的影响,易发生变异。在5%~10% CO_2 环境中才能生长,对营养要求高,需硫胺素、烟草酸和生物素、泛酸钙等营养物质,传代培养菌体呈杆状。

(三)生化特性

过氧化氢酶、氧化酶反应阳性,但沙林鼠种和绵羊附睾种布鲁氏菌为阴性,一般不能还原硝酸盐(绵羊附睾种布鲁氏菌除外),产生 H_2S 和水解尿素的程度较稳定,不产生吲哚,不液化明胶,不凝固牛乳,可产生靛基质,MR和VP试验阴性,不利用柠檬酸盐,不能从O-硝基酸-B-D-半乳糖苷中释放O-硝基酸,不改变石蕊牛奶或使之呈碱性。

布鲁氏菌分光滑型(S型)和粗糙型(R型)2种,区别在于布鲁氏菌的脂多糖(LPS)分子结构中是否存在O-多聚糖,具有O-多聚糖为光滑型,其下面覆盖大量与毒力相关的抗原，如外膜蛋白（OMP）；粗糙型布鲁氏菌的 OMP 暴露在外膜表面。除绵羊附睾种、犬种和猪种第五生物型以稳定的粗糙型菌存在于自然界外，其余种均为光滑型菌。当布鲁氏菌壁的脂多糖受损时，菌落由光滑型变为粗糙型。由于粗糙型布鲁氏菌表面缺乏光滑型菌的脂多糖，光滑型布鲁氏菌的毒力明显高于粗糙型布鲁氏菌。

三、分型

（一）生物型

根据布鲁氏菌单基因的多样性，可分为 9 个生物种、22 个生物型，其中我国已分离出 15 个生物型，分别为羊种布鲁氏菌的 3 个型、牛种布鲁氏菌的 8 个型、猪种布鲁氏菌的 2 个型、绵羊附睾种布鲁氏菌和犬种布鲁氏菌各 1 个型。

（二）抗原型

布鲁氏菌有 A、M、G 3 种抗原成分，共同抗原为 G，且与 30 多种微生物有共同抗原，存在不同血清交叉反应。A 对牛种生物型 1 有特异性，M 对羊种生物型 1 有特异性。羊种生物型 1 含表面抗原 M 成分多于 A，牛种生物型 1 含表面抗原成分 A 多于 M，猪种生物型 1 含表面抗原成分 A 比 M 约多出 1 倍。

四、基因组

布鲁氏菌代表株的 DNA 分子量为 $(2.37\sim2.82)\times10^9$，G+C 含量为 55%~58%。布鲁氏菌对宿主的亲和性、毒力、感染力的功能基因都位于 DNA 保守区，不同种布鲁氏菌的 DNA 间有明显的相关性。它们在免疫原性、毒力、形态表征、氧化代谢、生化特性以及噬菌体裂解反应方面存在一定差异，而这些种间差异仅仅体现在基因序列的微小差异上。

五、生物学特性

布鲁氏菌对外界环境因素的抵抗力较强，如对干燥有较强抵抗力，在干燥土壤中可存活 2 个月；在干的胎膜内可存活 4 个月；在污染粪水中可存活 4 个月以上；在衣服、皮毛上可存活 5 个月。在流产胎儿中可活 75 d，在子宫渗出物中可存活 200 d，在乳、肉食品中可存活 2 个月。对寒冷抵抗力强，在冷乳中可存活 40 d 以上，在冷暗处的胎儿体内可活 6 个月。但对热很敏感，60℃

30 min、70℃ 5~10 min 死亡，煮沸立即死亡。对消毒药的抵抗力不强，常用的一般消毒药，如 3%石炭酸、来苏儿、5%漂白粉、2%甲醛液、5%石灰水、0.5%洗必泰、0.1%新洁尔灭、消毒净等，都能在较短时间内将其杀死。

第二节　流行病学

在我国，近年本病疫情与 20 世纪 90 年代疫情基本控制期相比有以下特点：疫情持续快速上升，疫情波及范围较广，新发疫区逐年增多，老疫区死灰复燃，新疫区范围不断扩大，大规模暴发流行逐渐减少，小规模、分散、多点流行较常见，典型病例增多。

在我国，1952—1981 年动物布鲁氏菌病阳性检出率高达 41.27%，而 1982—1998 年动物布鲁氏菌病得到了有效且显著的控制，1999—2000 年布鲁氏菌病疫点和发病数也趋于稳定。但随着畜牧业的发展及牛羊饲养量的急剧增加，动物布鲁氏菌病也呈上升趋势。布鲁氏菌病阳性检出率从 2000 年的 0.11%上升到 2004 年的 0.63%。2006 年，全国报告畜间布鲁氏菌病疫点 1 178 个，发病牲畜总数为 7 123 头(只)。2009 年动物布鲁氏菌病发病数比 2008 年又增加了49.12%，2010 年 1—7 月动物布鲁氏菌病发病数比 2009 年同期增加了 22.79%。近年来，我国动物布鲁氏菌病呈逐年上升的趋势。同时，人布鲁氏菌病发病数与动物布鲁氏菌病发病数具有一定的线性关系，动物布鲁氏菌病发病数增多，人布鲁氏菌病发病数也随之增高。

一、传染源

本病的传染源是病牛及带菌牛，尤其是被感染的妊娠母牛。在流产或分娩时，大量布鲁氏菌随胎水和胎衣排出。流产后的阴道分泌物和乳汁中都含有布鲁氏菌。布鲁氏菌感染的睾丸和精囊中也有布鲁氏菌。

二、传播途径

本病主要经过消化道感染，此外也可经吸入或皮肤、结膜、交配等接触感染。吸血昆虫也可传播本病。

三、易感动物

牛的易感性随性成熟而增高。牛布鲁氏菌对黄牛、水牛、牦牛、马的致病力较强；牛型、羊型和猪型 3 种布鲁氏菌均能感染人，但以羊布鲁氏菌感染后病情最重，猪型次之，牛型最轻。母畜较公畜易感，幼畜对本病具有抵抗力，随着年龄的增长，这种抵抗力逐渐减弱，性成熟后对本病最为易感。

四、流行特点

本病一年四季均可发生，但产仔季节多发，牧区发病率明显高于农区。老疫区大范围流行较少，但新疫区会突发急性病例，并使病原菌的毒力增强，造成在牛群中暴发流行。流行区在发病高峰季节（春末夏初）可呈点状暴发。人患病与职业有密切关系，畜牧兽医人员、屠宰工人、皮毛工等发病率明显高于一般人群。

第三节　临床症状和病理变化

一、临床症状

发病的潜伏期为 2 周至 6 个月，未怀孕的母牛感染布鲁氏菌通常无临床症状。怀孕母牛感染牛种布鲁氏菌或羊种布鲁氏菌后，会引发胎盘炎，常导致怀孕后 5~9 个月流产，在胎盘、胎液和阴道排泄物中也有大量病原。乳腺可被感染，并经乳汁排菌。急性感染时，大多数体表淋巴结都有细菌。成年公牛可发生睾丸炎。因此，布鲁氏菌是引起家畜不孕的一个重要原因。

二、病理变化

呈亚急性或慢性时，病牛病理特征主要为妊娠子宫和胎盘发生化脓-坏死性炎、睾丸炎、单核-巨噬细胞系统增生和形成肉芽肿。病理变化广泛，受损组织为肝、脾、骨髓、淋巴结、骨、关节、血管、神经、内分泌及生殖系统，不仅损伤间质细胞，而且损伤器官的实质细胞，主要以单核巨噬细胞系统的病变最为明显。病变以浆液性炎性渗出为主，伴随增生性改变，慢性病例可形成肉芽肿。剖检可见胎衣呈黄色胶冻样浸润，有些部位覆有纤维蛋白絮片和脓液，有的增厚且有出血点。子宫绒毛叶部分或全部贫血，呈黄白色，或覆有脂肪状渗出物。胎儿胃中有淡黄色或白色黏液絮状物。

第四节 实验室诊断

鉴于布鲁氏菌对人的致病性，处理病原时必须在生物安全三级以上的实验室条件中进行。

一、病原分离鉴定

采集流产胎衣、绒毛膜水肿液、肝、脾、淋巴结、胎儿胃内容物等组织，制成抹片，用柯兹罗夫斯基染色法染色，镜检，若发现有红色球杆状而其他菌为蓝色时，可做出初步疑似诊断。也可将未污染的样品接种于含 10%马血清的马丁琼脂斜面，若病料有污染，可以用选择性培养基，如 Farrell 氏培养基进行分离培养。根据其特异性单向血清 A、M 凝集试验及菌体粗糙程度，分离物的性状、生化特性，对某些染料的抑制作用和对 Tb 噬菌体裂解作用的感受性、糖发酵试验或单基因多样性等进行鉴定。也可采集血液、乳汁、胎儿组织或胎盘组织乳剂、阴道洗液等做接种材料，豚鼠皮下接种 1~3 mL，接种后 3~5 周剖杀，取淋巴结或脾脏进行细菌培养和鉴定，可提高分离率。

二、检测布鲁氏菌抗原

A 抗原和 M 抗原在不同种的布鲁氏菌中含量不同，依此可对菌种进行区别。牛种布鲁氏菌含 A 抗原多，故又称为牛种布鲁氏菌抗原；羊种布鲁氏菌含 M 抗原多，故又称为羊种布鲁氏菌抗原。其中牛种布鲁氏菌 A:M 为 20:1，羊种布鲁氏菌 A:M 为 1:20，用 A 与 M 因子血清进行凝集试验可鉴别 3 种布鲁氏菌。

三、分子诊断技术

目前，最常用的布鲁氏菌病的分子生物学诊断技术是常规 PCR、AMOS-PCR、荧光 PCR 等。这些诊断技术不仅提高了检测的特异性，而且增加了检测的灵敏度,也适用于一般条件的实验室,其中 AMOS-PCR、多重荧光 PCR 等技术可同时实现不同布鲁氏菌生物种的检测和生物型的鉴定，有助于诊断和检测效率的提高。

四、变态反应

临床上用布鲁氏菌水解素 0.2 mL 注射于动物尾根皱褶处,24 h 及 48 h 各观察 1 次,若注射部位发红、肿胀,即判断为阳性反应。此方法对慢性病检出率较高,并且注射水解素后无抗体产生,不妨碍之后的血清学检查。

五、血清学诊断

是布鲁氏菌病诊断(检疫、监测)的主要手段,尤其对群体筛查有意义。在未免疫的情况下,血清学诊断主要检测是否感染布鲁氏菌病,而且可根据其抗体滴度的不同判断病程的长短。但是在免疫的情况下,无法区别免疫抗体和感染抗体。

血清学诊断方法很多,且多为国际贸易和国家标准方法,主要包括缓冲布鲁氏菌抗原试验、试管凝集试验、补体结合试验、酶联免疫吸附试验和全乳环状试验。血清学检测方法以抗原抗体反应为基础,抗原和参考血清的制备是此方法的关键,诊断抗原多使用牛种布鲁氏菌菌株(光滑型菌落)的纯培养物,绵羊种布鲁氏菌菌株用粗糙型菌落。

(一)缓冲布鲁氏菌抗原凝集试验(BBAT)

包括虎红平板凝集试验(RBT)和缓冲平板凝集试验(BPAT)。这些方法的优点是高敏感性,试剂廉价,操作简便,适合于现场操作,并且可用于本病的大面积检疫及流行病学调查,主要用于本病的初筛。缺点是不能鉴别疫苗免疫和野毒感染的动物,容易形成假阳性结果。尽管如此,缓冲布鲁氏菌抗原凝集试验通常是现场检测的唯一方法。在国际贸易中,缓冲布鲁氏菌抗原凝集试验是诊断牛、羊、猪种布鲁氏菌病的指定筛选试验。

(二)试管凝集试验

检测血清中的布鲁氏菌 IgG、IgM、IgA 3 类免疫球蛋白，主要是 IgM 和 IgG2 型抗体,且检测 IgM 的敏感性显著高于 IgG,可用于布鲁氏菌病的早期诊断。此种检测方法的优点是可以定量检测,由于检测的是IgM抗体的敏感性高,可用作本病的早期诊断。本方法的缺点是反应时间长,判定结果存在一定的主观性,当感染动物的抗体滴度达不到检测水平时,可能出现误判和漏判。

(三)补体结合试验(CFT)

检测的抗体属IgG型,出现较晚,且保持时间长,对诊断慢性布鲁氏菌病意义大。此方法特异性好,敏感性差,是个体诊断的金标准,官方普遍采用此方法作为本病的确诊试验。但补体结合试验不适用于猪的个体诊断,因为猪的补体会干扰豚鼠补体而使补体结合试验的敏感性降低,但是在猪群体的监测中,此方法仍然有应用价值。本方法需大量试剂及各种对照组,试验步骤繁杂,结果判定具有主观性,对实验室要求高。本方法是国际贸易中指定用于牛、羊布鲁氏菌病的确诊方法,在很多国家的布鲁氏菌病控制和消除项目中作为确诊试验。

(四)酶联免疫吸附试验(ELISA)

具有敏感、特异、简单、快速、稳定、安全及污染少、易于自动化操作等特点,主要检测IgG抗体,是一种与补体结合试验效果相当的检测方法,操作方便,既可作为确诊检测,又可用作筛选和鉴别,适合大规模检测。本检测技术方法关键在于抗原的选择,现在标准化的ELISA诊断试剂中,主要使用了S-LPS抗原,检测最低抗原浓度0.05~0.1 mg/mL。

(五)全乳环状试验

是用已知全乳四氯唑染色环状抗原检测新鲜的全脂乳中的未知抗体,在乳样与稀释抗原液面出现乳白色沉淀环,按照乳脂和乳柱的颜色进行判定,可进行定性或半定量试验。此方法操作简便,灵敏度高,但对乳样要求苛刻,存在非特异性反应,可用于本病的初筛。

第五节 防控措施

严格按照《布鲁氏菌病防治技术规范》的要求实施。本病的传播途径多，在防控工作中必须采取综合性防控措施，尽早发现病畜，彻底消灭传染源，切断传播途径，防止疫情扩散。

没有本病的牛场应通过严格的牛只检疫防止带菌牛被调入，加强牛群的各项保护措施，坚持自繁自养，减少外调牛只，加强检疫，防患于未然。对发生本病的牛群，要采取行之有效的措施控制其流行，对牛群2~3个月进行1次检疫，检出的阳性牛要及时清除淘汰，直至全群牛只都获得2次以上阴性结果。如果牛群在检疫后阳性率较高，可用菌苗进行预防接种。

一、预防措施

采用菌苗接种，提高牛群免疫力是综合性防控措施中最重要的工作之一。目前各类牛场主要注射A19菌苗防控本病。采用的免疫程序主要是6月龄犊牛接种1次，18个月后再接种1次。由于该菌苗属于弱毒菌苗，因此各类防疫人员在使用时要注意做好自身防护，防止人员感染。

二、控制措施

在引种或调入牛群时，要严格检疫，调入牛只要隔离饲养2个月，同时开展布鲁氏菌病血清学或病原学检测，检测阴性者隔离期到期后方可与原牛群混群饲养。有条件的牛场可开展本病的控制净化工作。根据畜群的情况，每年检疫次数应有所区别，健康畜群（牛、羊群），每年至少检疫1次。对污染群，每年检疫2~3次，连年检疫直至无病畜出现时再减少检疫次数。在不同畜群中，对所检出的阳性畜及临时发现的病畜，均需隔离饲养管理。病畜所生的仔畜，应另设群以培育健康幼畜。所检出的阳性病畜，若数量不多，宜采取淘汰办法处理；若数量较大，应成立病畜群，严格控制与健康畜群等直接或间接接触，并制定相应的消毒制度，防止疫病外传。污染畜群及病畜群所生的仔畜，犊牛出生后喂健康乳或消毒乳，分别设群培育，每2~3个月检疫 1 次，连续 1 年呈阴性反应的，即可认为健康。

杜绝污染群、病牛群与清净地区的牛群接触，人员往来、工具使用、牧区划分和水源管理等必须严加控制。购入牛只时，应选自非疫区，虽呈阴性反应的动物，也应隔离观察 2~3 个月方可混群。因布鲁氏菌病流产的牲畜，除立即隔离处理外，所有流产物、胎儿等应深埋或烧毁。对污染的环境、用具均应彻底消毒（屠宰处理病畜所造成的污染同样处理），用 10%石灰乳、10%漂白粉或 3%~5%来苏儿。病畜的肉、乳采取加热消毒的方法处理，皮、毛在自然干燥条件下存放 3~4 个月，使布鲁氏菌自然死亡。病畜的粪便应堆放在安全地带，用泥土封盖，发酵后利用。

第六节　公共卫生影响

人类可感染布鲁氏菌病，患病的牛、羊、猪、犬是主要传染源。传染途径是食入、吸入或接触皮肤和黏膜的伤口。动物流产和分娩时是感染机会最多的时期。

人类布鲁氏菌病的流行特点是患病与职业有密切关系，凡是与病畜、染菌畜产品接触多的，如畜牧兽医人员、屠宰工人、皮毛工等，其感染和发病率显著高于其他职业。一般来说，感染率是牧区高于农区，农村高于城镇，主要原因与生产、生活特点，家畜数量以及人们的活动有关。本病虽然一年四季各月均有发生，但有明显的季节性。夏季由于剪羊毛、挤奶，有吃生奶者，可出现一个小的发病高峰。人对布鲁氏菌的易感性主要取决于接触传染机会，与年龄、性别关系不明显。羊种布鲁氏菌对人有较强的侵袭力和致病性，易引起暴发流行，疫情重，且大多数病例出现典型临床症状；牛种布鲁氏菌病疫区，感染率高而发病率低，呈散在发病。

第三章　牛结核病

牛结核病（Bovine tuberculosis）是由牛型结核分枝杆菌(Mycobacterium bovis)引起的一种危害严重的人畜共患慢性传染病,以病牛贫血、消瘦、体虚乏力、精神萎靡不振和生产力下降等为特征,在牛的多种器官上形成结核结节和干酪样钙化病灶。按临床表现的不同,牛结核病有肺结核、淋巴结核、乳房结核、生殖器官结核、肠结核和脑膜结核 6 种类型。该病是世界动物卫生组织规定的必须上报的动物疫病，我国将其列为二类动物疫病。

第一节　病原

一、分类地位

按照《伯吉氏系统细菌学手册》第二版第五册,牛分枝杆菌在分类上属放线菌门、放线菌纲、放线菌亚纲(Actinobacteridae)、放线菌目、棒杆菌亚目、分枝杆菌科、分枝杆菌属。该属菌在自然界广泛分布,许多是人和多种动物的病原菌。主要包括 3 个型:牛型分枝杆菌(M. bovis)、结核分枝杆菌(人型,M. tuberculosis)、禽型分枝杆菌(M. avium)。对牛有致病性的主要是牛型分枝杆菌,人型和禽型分枝杆菌也可引起牛结核病。

二、形态学特征与培养特性

(一)形态与染色

牛分枝杆菌为较粗短、直或微弯曲的杆菌,单在、少数成丛,无芽孢,无鞭毛,无荚膜,大小为(0.3~0.6)μm×(1.0~4.0)μm。与一般革兰氏阳性菌不同,本菌细胞壁不仅有肽聚糖，而且有特殊的糖脂，含量超过菌体重量的10%，远远超过其他细菌类脂的含量。糖脂包括阿拉伯半乳糖复合物及分枝菌酸。由于糖脂的存在，革兰氏染色不易着色，齐尼（Ziehl-Neelsen）抗酸染色呈红色，因其具有抗酸染色特性，故又称为抗酸性分枝杆菌。

（二）培养特性

牛分枝杆菌对营养要求高，专性需氧。最适温度为37℃，低于30℃或高于42℃不生长，pH以6.4~7.0为宜。常用的培养基有罗杰二氏（Lowenstein-Jensen）固体培养基（内含蛋黄、甘油、马铃薯、无机盐和孔雀绿）、改良罗杰二氏培养基、丙酮酸培养基和小川培养基。孔雀绿可抑制杂菌生长，便于分离和长期培养。蛋黄含脂质生长因子能刺激生长。牛分枝杆菌细胞壁的脂质含量较高，影响营养物质的吸收，故生长缓慢，在固体培养基上，2~4周才可见菌落生长。典型菌落为粗糙型，呈颗粒、结节或花菜状，乳白色或米黄色，不透明。在液体培养基中，由于细菌含脂质量多，具疏水性，并有需氧要求，易形成有皱褶的菌膜浮于液面。有毒力菌株在液体培养基中可呈索状生长，无毒菌株则无此现象。

（三）生化特性

牛分枝杆菌不发酵糖类，也不能合成烟酸和还原硝酸盐；牛分枝杆菌酶试验阳性，热触酶试验阴性。

三、分型

目前暂无关于牛结核分枝杆菌分型的研究资料。

四、变异性

该菌可发生形态、菌落、毒力、免疫原性和耐药性等变异。卡介苗（BCG）是Calmette和Guerin 2人将牛结核分枝杆菌，在含甘油、胆汁、马铃薯的培养基中，经13年230多次传代而获得的减毒活疫苗株，现广泛用于结核病的预防接种。

牛分枝杆菌易发生耐药性。在固体培养基中，常用的含一定浓度的异烟肼、链霉素、利福平能生长的牛分枝杆菌为耐药菌，耐药菌株毒力有所减弱。

异烟肼可影响细胞壁中分枝菌酸的合成，诱导牛分枝杆菌成为 L 型，目前治疗多主张异烟肼和利福平或吡嗪酰胺联合用药，以减少耐药性的产生、增强疗效，但 L 型有恢复的特性，未经彻底治疗可导致复发。

五、基因组

牛结核分枝杆菌大不列颠强毒株 AF2122/97 是 1997 年从一头肺部和支气管纵隔淋巴结发生干酪样病变的病牛身上分离得到的。该基因组全长 4 345 492 bp，其中 G+C 含量为 65.63%，含有 3952 个编码蛋白的基因，包括 1 个原噬菌体和 42 个 IS 序列。与结核分枝杆菌 H37Rv 株相比，核酸序列相似性超过 99.95%，仅有 0.05%的基因差异。这种差异来源于基因组序列变异，是进化和适应环境的必然结果。而基因变异导致基因多态性，主要表现为单核苷酸多态性。单核苷酸多态性具有分布广泛、高密度、突变率低和相对稳定的特点，表现为共线性和不明显易位、重复或倒位。在牛分枝杆菌基因组中，有 11 处基因缺失，缺失基因大小范围为 1~12.7 kb，这可由其序列数据得到证实。牛分枝杆菌基因序列仅有一个基因组，它在现有的大多数结核分枝杆菌菌株中均不存在，因此缺失是形成牛分枝杆菌基因组的主要机制。

六、蛋白质组

牛分枝杆菌的蛋白质组成非常复杂，直接对其进行蛋白质组分析会丢掉很多信息，近年来对其亚细胞蛋白质组学的研究成为重点。它一方面可降低样品的复杂度，使分析简化；另一方面可以相对富集相应亚细胞结构的低丰度蛋白，而且可部分提示蛋白质的定位和功能信息。因牛分枝杆菌与结核分枝杆菌的核酸序列相似性超过 99.95%，目前对分枝杆菌属成员蛋白质组的研究只针对结核杆菌。

七、生物学特性

牛结核分枝杆菌细胞壁中含有脂质，故对乙醇敏感，在 70%乙醇中 2 min 死亡。此外，脂质可防止菌体水分丢失，故对干燥的抵抗力特别强。黏附在尘埃上可保持传染性 8~10 d，在干燥痰内可存活 6~8 个月。牛结核分枝杆菌对湿热敏感，在液体中加热至 62~63℃ 15 min 即被杀死。牛结核分枝杆菌对紫外线敏感,直接日光照射数小时可被杀死,可对结核患者衣服、用品等消毒。

牛结核分枝杆菌的抵抗力与环境中有机物的存在有密切关系，如痰液可增强结核分枝杆菌的抵抗力。因为大多数消毒剂可使痰中的蛋白质凝固，包在细菌周围,使细菌不易被杀死。5%石炭酸在无痰时 30 min 可杀死结核分枝杆菌，有痰时需要 24 h;5%来苏儿无痰时 5 min 可杀死结核分枝杆菌，有痰时需要 1~2 h。牛结核分枝杆菌对酸（3% HCl 或 6% H_2SO_4）或碱(4% NaOH）有抵抗力,15 min 不受影响。可在分离培养时用于处理有杂菌污染的标本和消化标本中的黏稠物质。结核分枝杆菌对 1:13 000 孔雀绿有抵抗力，加在培养基中可抑制杂菌生长。

第二节　流行病学

20 世纪 40 年代以后,由于我国从国外大量引进奶牛,致使很多结核病牛输入，使牛结核病的流行变得更加广泛。20 世纪中叶到 70 年代的 20 年间,我国牛结核病的发生一直呈缓慢上升态势。70 年代以后,随着奶牛业的发展及养殖规模的不断扩大,牛结核病的发生达到我国的历史高峰,在个别地区,检出阳性感染率高达 67.4%。虽然在 80 年代牛结核病的流行开始有所缓解,但感染率仍然很高。1985 年和 1987 年进行的 2 次全国奶牛抽样调查结果显示,牛结核病患病率分别为 5.83%与 5.43%。1979 年、1985 年和 1990 年 3 次全国结核病流行病学调查结果显示，由牛分枝杆菌导致的牛结核病所占的比例分别为 3.8%、4.2%和 6.4%。此后虽未有全国性的调查统计数据见诸报道,然而地方性的疫情不容乐观。2001 年对 26 个省份的统计表明,个别省牛结核病阳性率高达 10.18%。2002 年对 16 个省的统计调查表明,家畜结核病阳性率超过 1%的省有 10 个,个别省份高达 7%。查阅相关文献资料，2010—2019 年,全国奶牛结核病整体流行率为 2.4%,规模化奶牛场流行率为 1.7%~3.7%。2020 年 1 月至 2021 年 5 月,全国有 14 个省(市、区)均报告了牛结核病疫情,共报告发生疫情 79 起,发病 807 例,扑杀 286 例,疫情分布地区主要以北方为主，其次是西部地区，疫情分布与养牛优势区分布一致。

结核病给我国养牛业造成了严重的经济损失，对奶牛的危害尤其严重。患结核病的奶牛寿命缩短，产奶量下降，牛奶品质下降，母牛不孕。使役牛感染后逐渐消瘦，劳动能力减弱。牛结核病已成为影响我国奶牛和肉牛业健康发展的重要障碍，伴随着耐药结核菌株的产生及个体养牛户的增多，结核病的阳性检出率也逐渐升高。在我国，牛结核病作为一个危害极大的细菌性传染病，再次引起人们的关注。

一、传染源

病牛和病人，特别是开放型病畜是主要的传染源，其粪尿、乳汁、生殖道分泌物及痰液中均含有病菌，污染饲料、饮水、空气和环境而传播蔓延。

二、传播途径

本病主要通过呼吸道和消化道感染，也可通过交配感染，饲草饲料或乳汁巴氏灭菌不彻底均可经消化道途径感染。成年牛多是与病牛、病人直接接触而感染。

三、易感动物

主要侵害牛，也可感染灵长类动物、绵羊、山羊、猪及犬、猫等动物，其中以奶牛的易感性最高，病人与牛互相感染的情况在本病的防治中要做重点考虑。

第三节　临床症状和病理变化

一、临床症状

本病潜伏期一般为 10~15 d，有时达数月。病程呈慢性经过，表现为进行性消瘦，咳嗽、呼吸困难，体温一般正常。因病菌侵入机体后，因毒力、机体抵抗力和受害器官不同，症状亦不相同。在牛中，本菌多侵害肺、乳房、肠和淋巴结等。

（一）肺结核

病牛呈进行性消瘦，病初有短促干咳，渐变为湿性咳嗽。听诊肺区有啰音，胸膜结核时可听到摩擦音，叩诊有实音区并有痛感。

（二）乳房结核

临床主要表现为乳量减少或停乳，乳汁稀薄，有时混有脓块。乳房淋巴结硬肿，但无热痛。

（三）淋巴结核

不是一个独立病型，各种结核病的附近淋巴结都可能发生病变。淋巴结肿大，无热痛，常见于下颌、咽颈及腹股沟等淋巴结。

（四）肠结核

多见于犊牛，以便秘与下痢交替出现或顽固性下痢为特征。

（五）膜脑结核

主要是中枢神经系统受侵害时，在脑和脑膜等出现粟粒状或干酪样结核，常引起神经症状，如癫痫样发作、运动障碍等。

二、病理变化

特征病变是在肺脏及其他被侵害的组织器官形成白色的结核结节。呈粟粒大至豌豆大，灰白色、半透明状，较坚硬，多为散在。在胸膜和腹膜的结节密集似珍珠，俗称“珍珠病”。病期较久的，结节中心发生干酪样坏死、钙化，或形成脓腔和空洞。病理组织学检查，在结节病灶内可见到大量结核分枝杆菌。

第四节 实验室诊断

一、病原学诊断

（一）显微镜检查

采集病牛的病灶、痰、尿、粪便、乳及其他分泌物样品，做抹片或集菌处理后做抹片，用萋-尼氏抗酸染色法染色镜检，抗酸杆菌呈特征性红色，而其他细菌和细胞呈蓝色。其中痰涂片抗酸染色法快速、灵敏度低、特异性差，需要观察者有丰富的经验积累，至少需要有大于 5×10⁶/L 的细菌才能检测到阳性结果。

（二）牛结核分枝杆菌的培养

先将组织样品在研钵或匀浆器中匀浆，后用酸或碱（常用 5%草酸或 2%~4%氢氧化钠）去除污染。混合物于室温条件下作用 10 min，用无菌生理盐水反复离心洗涤沉淀 2 次后，沉淀物用于培养和显微镜检查。将采集的痰液、尿液、乳汁及其他分泌物等或组织病料处理沉淀物，接种于含鸡蛋 2 份罗杰二氏培养基、2 份 Petragnane 培养基、2 份 Stonebrink 氏培养基中培养，置于 37℃条件下最少培养 8~10 周。培养基加塞密封或放入密封管中以防干燥。培养期间定期观察其生长情况，牛结核杆菌一般在培养 3~6 周后出现菌落。挑取菌落制备涂片，用萋–尼氏抗酸染色法染色。在不加丙酮酸的罗氏培养基中生长良好，但加入甘油后生长不良。将牛分枝杆菌与引起结核病的其他成员区分开十分重要。根据其特征性菌落和形态可以做出初步诊断，确诊需做生化鉴定（烟肼和硝酸化）。分离菌的鉴定可通过测定其培养特性和生化特性进行，在丙酮酸盐罗氏固体培养上，牛分枝杆菌属光滑型菌落，菌落呈灰白色。

（三）核酸检测方法

牛结核病 PCR 检测对本病的早期诊断具有独特的优势。目前检测牛分枝杆菌的引物已经在人医和兽医领域广泛应用，包括 16S~23S rDNA 的扩增序列、IS6110 和 IS1081 的插入序列以及编码特异性结核杆菌复合体蛋白的基因，如 MPB64 和 38kD 抗原。

（四）DNA 分析技术

目前，国内外应用于结核分枝杆菌复合群的基因分型方法主要分为 2 类：一类是以限制性片断长度多态性为基础的方法，是将整个基因组用限制性内切酶切片 DNA 片断，再用脉冲场凝胶电流将 DNA 片段分离开，电泳完毕用探针进行杂交，最后形成 DNA 指纹图谱，用于牛分枝杆菌的鉴定。另一类是以基因组特定多态性区域序列进行 PCR 扩增为基础的方法。此方法操作简单迅速，不需要特殊仪器，且需菌量少，分辨率高，结果可以数字化，成为继限制性片断长度多态性方法之后更被广泛应用的分型方法。目前国际上普遍应用的是数目可变串联重复序列方法和间隔寡核苷酸定型 Spoligotyping 2 种分型方法，它是基于识别 H37Rv 基因组的 11 个串联重复区而建立的方法。

二、免疫学诊断

牛结核病免疫学诊断的主要目的是监测牛群中牛结核病的感染状态，其次是评估新引进牛的牛结核病感染状态，最后是预测牛群的牛结核病未来发展态势。目前，牛结核菌素纯化蛋白衍生物（PPD）皮内变态反应试验、γ–干扰素（IFN–γ）诊断法、ELISA 等是检测牛结核病的常用方法，另外免疫胶体金、琼脂扩散试验、淋巴细胞增生试验等也可用于牛结核病的检测，但应用较少。

（一）结核菌素试验

结核菌素试验是世界动物卫生组织唯一推荐，并被世界各国广泛使用的牛结核病诊断方法。英国和欧盟的诸多国家就是采用了该方法消灭或控制了牛结核病。澳大利亚、新西兰、加拿大和美国等国家均以比较变态反应作为牛结核活畜检疫的确认试验。该试验是测定牛结核病的标准方法，即皮内接种牛结核菌素纯化蛋白衍生物（PPD），并于 72~96 h 后测量接种部位肿胀的程度。由于 PPD 皮肤试验个体差异较大，注射剂量和 PPD 批号对牛个体反应均有差异，呈现出不同的皮肤反应，结果以皮肤厚度增加数为准，易造成人为误差。当动物发生某些细菌或病毒感染，或使用某些药物治疗，均可能造成假阳性或假阴性结果。

（二）γ–干扰素诊断法（IFN–γ）

该方法是 1990 年由 Wood 等建立的。此方法已在许多国家完成了田间试验，并在澳大利亚、爱尔兰和新西兰被批准为正式试验。IFN–γ 诊断法的原理是致敏的淋巴细胞在体外培养的条件下，接受特异性抗原（如 PPD、ESAT–

6 等）刺激而活化，表达并分泌 IFN-γ，再以 ELISA 方法对培养上清液中的 IFN-γ 进行定量测定。此方法敏感性高，能鉴别出早期感染牛分枝杆菌的牛，降低了传染的风险。该方法检测成本高，采血 8 h 内必须进行检测，对样品要求高。

第五节　防控措施

严格按照《牛结核病防治技术规范》要求实施。综合性防控措施主要包括加强引进牛的检疫，防止带菌牛调入；净化污染群，培育健康牛群；加强饲养管理和环境消毒，增强牛的抗病能力，消灭环境中存在的病原菌。

①引进牛应进行严格的隔离检疫，经结核菌素变态反应确认为阴性时方可调入、混群饲养。

②每年对全群牛进行多次反复普检，淘汰变态反应阳性牛。通常牛群每隔 3 个月进行 1 次检疫，连续 3 次检疫均为阴性者确认为健康牛群，检出的阳性牛应及时淘汰处理，其所在的牛群应定期实施检疫和临诊检查，必要时开展病原学检测，以期尽早发现阳性病牛。

③每年定期进行 4~6 次环境彻底消毒，发现阳性病牛时要及时开展 1 次临时大消毒。

④患病阳性牛按照技术规范要求进行无害化处理。

第六节　公共卫生影响

结核病是一种危害严重的慢性人畜共患传染病，该病由牛结核分枝杆菌引起，奶牛是家畜中最易感染该病的动物。近年来，因奶制品的社会需求量大幅增加、奶牛饲养规模扩大、交易频繁、动物结核病防治滞后等原因，该病在人、畜间的感染率提高，且人类患者中的耐药性病例增加，对人类健康构成威胁，已成为严重的公共卫生问题。据资料显示，全国每年新发活动性肺结核患者145万人,80%集中在农村，其中传染性肺结核患者65万人,结核病耐药率高达28%,约有13万人死于结核病。控制和消灭动物结核病是预防和减少人类结核病的重要措施。

第四章　副结核病

副结核病(Paratuberculosis),又称约内氏病(Johne's disease JD),是由副结核分枝杆菌(Mycobacterium paratuberculosis)引起的,以顽固性腹泻、渐进性消瘦、肠黏膜增厚并形成皱褶为特征的人与牛羊等共患的慢性消化道疾病。本病无明显的季节性,一年四季均可发生,以春秋两季多发,世界动物卫生组织将其列为必须报告的动物疫病,我国将其列为三类动物疫病。

第一节　病原

一、分类地位

按照《伯吉氏系统细菌学手册》第二版第五册,副结核分枝杆菌在分类上属放线菌门、放线菌纲、放线菌亚纲、放线菌目、棒杆菌亚目、分枝杆菌科、分枝杆菌属。本属菌种类多,属内除结核分枝杆菌复合群(包括结核分枝杆菌、牛分枝杆菌、非洲分枝杆菌、田鼠分枝杆菌)和麻风分枝杆菌外,统称为非结核分枝杆菌。该属菌在自然界广泛分布,许多是人和多种动物的病原菌。对动物有致病性的主要是结核分枝杆菌、牛分枝杆菌、禽分枝杆菌和副结核分枝杆菌。

二、形态学基本特征与培养特性

(一)形态与染色

副结核分枝杆菌是一种短杆菌,有的呈短棒状,有的呈球杆状,大小为(0.2~0.5)μm×(0.5~1.5)μm,不形成芽孢、荚膜、鞭毛。在病料和培养基中成丛排列，革兰氏染色阳性，抗酸染色阳性。

（二）培养特性

副结核分枝杆菌为需氧菌，最适温度为 37.5℃，最适宜 pH 6.8~7.2，属于慢生长种。初代分离极为困难，需在培养基中添加草分枝杆菌提取物，一般需要 6~8 周，长者达 6 个月才能发现长出针尖大小的白色、坚硬、粗糙的菜花样小菌落。粪便分离率低，而病变肠段及淋巴结分离率较高。

（三）生化特性

副结核分枝杆菌在生化上不活跃，只有少数菌株产异烟酰胺酶，加热后保持过氧化氢酶活性，所有菌株在 37℃条件下生长最佳，30℃条件下少量生长，42℃条件下不生长。

三、分型

目前世界上已鉴定出 3 种副结核分枝杆菌的菌株型，在自然条件下有一定程度的宿主特异性。一是典型的牛型菌株，在自然条件下只对牛有致病性，对羊无致病性；二是绵羊型菌株，对羊有致病性，对牛也有致病性，对人工培养基条件的要求比牛型更苛刻，很难培养；三是色素型，其特点是在有病的组织和培养基上都产生深橙色的色素，该型菌株对牛的致病力较低。

四、基因型

2005 年，国外学者发表了副结核分枝杆菌 K-10 株的全基因序列，其基因组为双股环状 DNA，包含 4 829 781 个碱基对。

五、蛋白质组

一是分泌抗原，研究较多的分泌抗原是从早期培养物中分离、纯化的，是诱导免疫应答的主要抗原。抗原 85 复合物为副结核分枝杆菌的主要分泌蛋白。

六、生物学特性

本菌对外界环境抵抗力较强，在泥土、粪便、沟水中能存活数月，在牛乳和甘油盐水中可保存 10 个月。但对热较敏感，60℃ 30min、80℃ 1~5min 可被杀死。对消毒药的抵抗力和结核杆菌相似。

第二节　流行病学

在我国,本病于 1955 年在内蒙古自治区呼盟谢尔塔拉牧场被首次发现并被北京农业大学确诊。1958 年,吉林农业大学报道长春市奶牛场一例副结核病牛。此后辽宁、黑龙江、内蒙古、贵州、陕西、河北等许多地区相继对本病进行了报道,本病几乎遍及东北、西北、华北等地区。

一、传染源

病牛和带菌牛是最重要的传染源。

二、传播途径

病畜主要通过粪便、尿液和乳汁大量排出病原菌,污染牛舍、饲料、饮水和牧场,经消化道感染,也可在子宫内感染。

三、易感动物

牛、羊、骆驼及鹿对本病均易感,主要是奶牛发病,乳牛尤其是 6 月龄以内的犊牛最易感。但因潜伏期长,牛只多在 2~5 岁才出现症状,特别当牛怀孕、分娩或泌乳时易出现症状。高产奶牛比低产奶牛严重。

第三节　临床症状与病理变化

一、临床症状

本病为典型的慢性传染病,潜伏期长,达 6~12 个月甚至数年,以体温不升高、顽固性腹泻、高度消瘦为临床特征。起初是间歇性下痢,后发展到经常性顽固性下痢。粪便稀薄恶臭,带泡沫、黏液或血凝块。食欲起初正常,精神良好,之后食欲有所减退,随着病程的发展,病畜消瘦,眼窝下陷,经常躺卧,泌乳减少,营养高度不良,皮肤粗糙,被毛松乱,下颌可见水肿,最后因全身衰竭而死亡。

二、病理变化

主要病变见于肠道和肠系膜淋巴结。肠腔狭窄，内容物很少，肠黏膜增厚3~20倍，色苍白，有时呈灰黄色，质地似食管。增厚的肠黏膜形成皱襞，这些变化在小肠的后段，空肠和回肠更为显著。大肠前段变化不明显。肠系膜淋巴结肿大，切面色灰白或灰红，湿润，均质，呈髓样变，有时仅皮质局部呈灰白色。

第四节　实验室诊断

本病的诊断主要包括细菌学检查、血清学检查、分子生物学检测以及变态反应等。

一、细菌学检查

无菌条件下取肠黏膜或者肠系膜淋巴结作为病料，制成涂片后采取抗酸性染色法染色，后镜检。可见被染成红色的小杆菌，而细胞浆质以及其他细菌等被染成蓝色，菌体大小0.5~1.5 μm，往往呈单个散在或者呈分枝状排列。细菌分离培养需要较长的鉴定周期，且接种于培养基后生长缓慢，通常需要几周至几个月才可长出大量细菌。

二、血清学检查

主要包括补体结合试验（CFT）、免疫琼脂扩散试验（AGID）以及酶联免疫吸附试验（ELISA）等。补体结合试验是诊断该病最早的方法，也是国际上常用的诊断该病的一种血清学方法，但该法检测结果可能存在假阳性，加之操作复杂，在大规模检疫中较少应用。免疫琼脂扩散试验是一种经典的免疫学实验方法，但普遍认为该法用于诊断羊副结核病具有较高的敏感性，且特异性也较高，而诊断牛副结核病则容易出现假阳性。酶联免疫吸附试验是近几年较为广泛使用的方法，相比于补体结合试验，具有更好的敏感性和特异性，且二者配合检测可使检出率明显提高，加之操作简单，适合在大规模检疫中应用。

三、分子生物学检测

主要包括常规PCR检测、多重PCR以及荧光探针PCR，都能够在分子水平上特异地、快速地检测出病变组织中是否存在病菌。

四、变态反应

是检查牛是否感染该病的一种良好的方法，常用副结核菌素或者禽结核菌素进行变态反应实验，即在牛颈侧皮内注射 0.2 mL 副结核菌素，48 h 后观察。只要皮肤增厚 2 倍以上，呈现热痛、弥漫性肿胀，即可判定为阳性。对于怀疑感染病菌的阴性牛，可在同处再次注射同样剂量的结核菌素，24 h 后再进行 1 次检查。

第五节　防控措施

一、疫情处理

在该病暴发的地区，必须按时对牛群进行定期检疫，对于感染发病且经济价值低下的牛，立即淘汰处理。同时，对牛栏、牛舍以及牧场要进行全面消毒，及时清除污染的垫草以及粪尿。由于该菌具有较强的抵抗外界环境的能力，牛舍消毒后需要空置至少 1 年才可再次使用。

对于具有较高经济价值的病牛，要采取隔离治疗，同时供给品质优良的青草，并补充适量的矿物质，提高机体免疫力，加速恢复。

二、疫苗免疫

预防该病的疫苗主要包括弱毒疫苗、灭活苗。但要注意，牛接种疫苗后无法被彻底保护其不感染发病，且少数会由于接种弱毒苗而引起感染。另外，疫苗接种后会对临床诊断产生干扰，并在进行牛副结核的皮试检测时可能出现交叉反应，因此需要继续研发免疫效果更好的新型疫苗。

三、加强饲养管理

禁止到疫区引进牛，且引种牛必须经过严格检疫和隔离观察，确认健康无病后才可混群。该病的发生与牛营养状况紧密相关，因此要给牛群饲喂营养丰富的饲料，保持牛舍干燥、干净卫生以及通风良好，增加阳光照射，提供足够的食盐及磷酸氢钙，确保饮水卫生，保持牛适量运行，提高机体抵抗力。

第五章　魏氏梭菌病

魏氏梭菌病(Clostridiosis welchii)是由产气荚膜梭菌(旧称魏氏梭菌)引起的多种动物的一类传染病的总称,包括牛肠毒血症、猪梭菌性肠炎、家畜A型魏氏梭菌病、羊肠毒血症、羊猝狙、羔羊痢疾、兔梭菌性腹泻、鸡坏死性肠炎等。本菌广泛存在于土壤、污水、饲料、食物、人与动物粪便及肠道中,属典型的条件性致病菌,可引起地区性流行,也有散发的报道。本病发病急、死亡快、死亡率高,以排出褪色带血的稀粪、全身实质器官出血、小肠坏死为主要特征。我国将其列为三类动物疫病。

第一节　病原

一、分类地位

按照《伯吉氏系统细菌学手册》,魏氏梭菌在分类上属厚壁菌门、梭菌纲、梭菌目、梭菌科、梭菌属。本属细菌有80多种,多为非病原菌,常见致病菌有11种,多为人与动物共患病原。常见的有产气荚膜梭菌、肉毒梭菌、气肿疽梭菌、腐败梭菌、诺维梭菌、破伤风梭菌等。

二、形态学基本特征与培养特性

(一)形态与染色

产气荚膜梭菌为两端平切的革兰氏阳性粗大杆菌, 宽0.6~2.4 μm,长1.3~19.0 μm,单在或成双,偶尔呈短链状。芽孢大,呈卵圆形,位于菌体中央或近端,不大于菌体,但在组织和普通培养基中上很少形成。无鞭毛、不运动,多数菌株可形成荚膜。

(二)培养特性

本菌对厌氧程度要求不高,对营养要求也不苛刻,在普通培养基上就可生长,加葡萄糖或血液则生长更好。多数菌株的可生长温度范围为20~25℃。在绵羊血琼脂平板上,可形成直径2~5 mm、圆形、边缘整齐、灰色至灰黄色、表面光滑、半透明、圆屋顶状的大菌落。菌落周围有溶血环,一般可产生双溶血环,内环为由θ毒素引起的完全溶血,外环为由α毒素引起的不完全溶血环。在蛋黄琼脂平板上,菌落周围出现乳白色浑浊圈,若在培养基中加入α毒素的抗血清,则不出现浑浊,此现象称为Nagler反应,为本菌的特点。前者是由细菌产生的卵磷脂酶(α毒素)分解蛋黄中卵磷脂所致;后者因α毒素被抗毒素中和。在厌氧肉肝汤中生长迅速,5~6 h出现浑浊,产生大量气体。

(三)生化特性

本菌代谢十分活跃,可分解多种常见的糖类,产酸产气。在庖肉培养基中,可分解肉渣中的糖类而产生大量气体。在牛奶培养基中能分解乳糖产酸,使其中的酪蛋白凝固,同时产生大量气体(H_2和CO_2),可将凝固的酪蛋白冲成蜂窝状,将液面封固的凡士林层上推,甚至冲走试管口棉塞,气势凶猛,称为“汹涌发酵”(Stormy fermentation)。

三、分型

根据主要致死性毒素与其抗毒素的中和试验,可将产气荚膜梭菌分为A、B、C、D、E 5个型,其致病作用主要在于它所产生的毒素,它是病原菌在生长繁殖过程中所产生的对宿主细胞有毒性毒素,有α、β、ε、ι等共计12种,但起主要作用的是以上这4种主要毒素。

(一)A型菌

主要产生α毒素,是人与动物气性坏疽病及人食物中毒的主要原因,可引起牛、羔羊、仔猪、家兔等的肠毒血症。

(二)B型菌

主要产生α、β、ε 3种外毒素,可导致羔羊痢疾和畜禽的肠毒血症或坏死性肠炎。

（三）C 型菌

主要产生 α、β 2 种外毒素，可引起多种畜禽的肠炎和肠毒血症。

（四）D 型菌

主要产生 α、ε 外毒素，可引起绵羊的肠毒血症，又称为软肾病，各种年龄的绵羊都可发生。

（五）E 型菌

主要产生 α、ι 毒素，可引起犊牛和羔羊的肠毒症。

第二节 流行病学

我国于 1964 年由湖北畜牧特产研究所首次从患红痢的仔猪中分离出产气荚膜梭菌。该病于 20 世纪 80 年代末期在豫东地区零星发生，当时以犊牛发病为主，很少涉及其他家畜。1994 年之后，本病流行日趋严重，患病畜种和数量增加，除黄牛发病外，奶牛、山羊、绵羊、猪、鸡、兔等发病增多，同时流行地区也不断扩大，河南、山东、广东、宁夏、云南、甘肃、青海、北京、广西、吉林、辽宁、湖南、安徽、福建、四川、陕西、江苏、上海、海南、天津、贵州、重庆、河北、内蒙古、新疆 25 个省、自治区、直辖市均有本病的报道。由于本病发病超急性，死亡快并且死亡率高，人们根据其发病快的特征定名为“猝死症”（Sudden death syndrome，SDS）。

20 世纪 80 年代中期以来，在全国大部分地区的畜禽和野生动物中，产气荚膜梭菌是家畜猝死症报道最多、分离频率最高的病原（A 型占优势，少数为 B、C 和 D 型）。多数与多杀性巴氏杆菌混合感染造成猝死，还有与其他菌混合感染的，如腐败梭菌、肺炎克雷伯菌，也有单独感染。

一、传染源

病牛和带菌牛是本病的主要传染源。

二、传播途径

产气荚膜梭菌广泛存在于土壤、污水、饲料、人与动物粪便及肠道中，健康牛只采食被病原菌污染的饲草、饲料、饮水后，病原菌进入胃肠道。

三、易感动物

产气荚膜梭菌感染宿主谱较广泛。能使不同年龄、不同品种的牛，包括黄牛、奶牛、水牛等发病。本病发病率低，病死率高，发病牛多为体格强壮、膘情较好者，奶牛多为高产牛。

第三节　临床症状与病理变化

一、临床症状

（一）最急性型

病牛无任何前期症状，几分钟或 1~2 h 突然死亡，发病牛体温 39.0~39.5℃。有的牛头天晚上正常，第二天突然死亡。病牛死前头颈呈角弓反张，口鼻中流出带血色泡沫的液体，死后舌头脱出口外，腹部膨大，肛门、阴门突出。

（二）急性型

病牛体温表现正常或增高，病程稍长，食欲不佳，呼吸迫促，口鼻流出红色或白色泡沫，步态不稳，全身肌肉震颤，腹痛，四肢划动，狂叫倒地。病情发展很快，不久死亡。

（三）亚急性型

病牛呈阵发性不安，发作时精神高度紧张，两眼圆睁，两耳竖立，之后转为安静，如此周期性发作，最终死亡。有的病牛甚至出现水样腹泻或排出有腥臭味酱紫色粪便。

二、病理变化

牛感染产气荚膜梭菌后，其病理变化主要表现为肺气肿，心肌出血及小肠黏膜出血、坏死脱落。水牛偶见肺膜增厚、水肿。黄牛、水牛小肠以及黏膜偶见无明显病变，但肺、心、小肠至少有一种出现特征性病理变化，这对诊断本病具有参考价值。发病牛多以全身实质器官广泛性出血为主要特征。病变以瓣胃、肠管最为明显。A 型菌所致的牛“猝死症”主要病变为胃黏膜脱落，瓣胃最为明显。A、B、C、D 型菌均可致牛肠毒血症，常见严重的为小肠炎，肠管大面积出血，特别是空肠段呈红褐色，肠内有大量红棕色黏稠液体，肠黏膜脱落，呈弥散性出血，肠系膜呈树枝状出血；肝脏肿大，呈紫黑色，表面有出血斑；胆囊肿大；肺气肿，呈鲜红色，有出血斑；淋巴结肿大，呈大理石样，切面黑褐色；脾脏肿大、出血，呈紫黑色；肾脏肿大，有出血点等。

第四节　实验室诊断

一、病料采集

采集病死牛的心、肝、肺、小肠和淋巴结等组织脏器。

二、抹片染色镜检

病料新鲜切面直接抹片，革兰氏染色，光镜观察，可见革兰氏阳性大杆菌，菌端较齐，多单个存在，少数 2 个相连或成链排列。

三、细菌分离培养

将病料接种于含有 1%葡萄糖的鲜血琼脂平板，37℃条件下培养 24 h，可见灰色、中央隆起、圆盘状、湿润的大菌落，表面有放射状条纹，边缘呈锯齿状，周围呈现双重溶血。将单个菌落接种于厌氧肉肝汤培养液中，37℃条件下培养 24 h，肉肝汤浑浊并有大量气泡产生。挑取典型菌落和取肉肝汤培养物，涂片，革兰氏染色，镜检，均可见革兰氏阳性、两端较齐的大杆菌。

四、毒素检查

取病死动物回肠内容物，视其浓度，用灭菌生理盐水做 1~3 倍稀释（若肠内容物很稀则不用稀释），经离心沉淀（3 000 r/min、15 min）后，取上清液通过除菌滤器过滤。将滤液分成 2 份，1 份不加热，1 份加热（60℃ 30 min），分别静脉注射小鼠 0.1~0.3 mL 或家兔 1~3 mL，注射后至少观察 24 h。如果有毒素存在，不加热组动物常于 4~6 h 死亡。如果肠毒素含量高，动物可于 10 min 内死亡。如果肠毒素含量低，动物可能于注射后一定时间内呈轻度昏迷，呼吸快速，经 1 h 左右可能恢复。加热组动物不发病、不死亡。

五、生化试验

一是糖发酵试验，可发酵葡萄糖、蔗糖、麦芽糖、乳糖和果糖；二是牛乳培养呈现“暴烈发酵”。

第五节 防控措施

一、预防措施

牛产气荚膜梭菌病的发病率低，但死亡率高，一旦发生，往往来不及治疗即死亡，因此采取综合防制措施尤为重要。预防以提高动物的抵抗力和改善饲养环境为主。

近年来，国内各地发生的产气荚膜梭菌病以 A 型为主要病原菌，但 B、C、D、E 型产气荚膜梭菌也是病原菌之一。在预防牛猝死症时，各地都根据当地病原菌的情况选择适宜的疫苗进行预防。可疫苗免疫注射 A 型产气荚膜梭菌灭活苗或产气荚膜梭菌多价苗。

二、治疗措施

由于产气荚膜梭菌病常呈急性散发，目前尚无有效的治疗措施，一般遵循强心补液、解毒、镇静、调理肠胃的原则进行对症治疗。给予强心剂、肠道消毒药、抗生素等药物，如青霉素、四环素、安痛定、甘露醇等。采用同型的高免血清治疗，对症加减，也可收到一定的效果。中药治疗法，采用能增加胃肠蠕动、清热解毒、凉血止痢、阻止瘟疫热毒进入机体的中药，如黄芩和黄连解毒汤加减，煎水灌服，2 次/d，连用 3~5 d，可收到良好的效果。另有研究发现，服用益生菌对该病也可以起到一定的防治作用。

第六章　出血性败血症

牛出血性败血症(Bovine hemorrhagic septicemia)又称牛巴氏杆菌病，简称牛出败，是由多杀性巴氏杆菌(Pasteurrella multocida)引起的主要感染牛(包括黄牛、水牛和牦牛)的急性、高度致死性、败血性传染病。按临床表现的不同，可分为败血型、浮肿型和肺炎型，以高热、肺炎或急性胃肠炎和内脏的广泛出血为主要特征。该病多呈散发或地方性流行，对养牛业危害严重。世界动物卫生组织将该病列为必须报告的动物疫病，我国将其列为三类动物疫病。

第一节　病原

一、分类地位

按照《伯吉氏系统细菌学手册》第二版第二册(2005 年)，多杀性巴氏杆菌在分类上属巴氏杆菌目、巴氏杆菌科、巴氏杆菌属。巴氏杆菌科包括 6 个属，依次为巴氏杆菌属、放线杆菌属、嗜血杆菌属、曼氏杆菌属、隆派恩杆菌属、海豚杆菌属。

二、形态特点及培养特性

(一)形态特点

多杀性巴氏杆菌是一种两段钝圆，中央微突的短杆菌或球杆菌，长 0.6~2.5 μm，宽 0.25~0.6 μm，常单个存在，较少成对或呈短链状，革兰氏染色阴性，不形成芽孢，无鞭毛，不运动，有荚膜。病料组织或体液制成的涂片用瑞氏、吉姆萨或美蓝染色后镜检，可见两极深染的短杆菌。但陈旧或多次继代的培养物两极染色不明显。

(二)培养特性

本菌为需氧或兼性厌氧菌，最适生长温度为37℃，pH 7.2~7.4。在普通培养基中加蛋白胨、酪蛋白水解物、血液、血清或微量血红蛋白时可促进生长。在血清琼脂上生成淡灰白色、露珠状小菌落，边缘整齐，表面光滑。血液琼脂平板上可生长出湿润的水滴样小菌落，周围不溶血。本菌在琼脂上生长的菌落可分为黏液型(M 型)、光滑型(S 型)、粗糙型(R 型)3 类，其中 R 型菌落的菌株无荚膜，而 S、M 型菌落有荚膜。

(三)生化特性

本菌可分解葡萄糖、蔗糖、果糖、甘露糖和半乳糖，产酸不产气。多数菌株可发酵甘露醇，不发酵乳糖、鼠李糖、水杨苷、肌醇、菊糖。

三、分型

本菌按菌间抗原成分的差异，可分为若干血清型。用荚膜(K)抗原吸附于红细胞上做被动血凝试验，可将本菌分为 A、B、D、E、F 5 个荚膜血清型。用菌体(O)抗原做凝集反应，可将本菌分为 12 个菌体血清型。利用热浸出菌体抗原做琼脂扩散试验，可将本菌分为 16 个菌体血清型。一般将 K 抗原用英文大写字母表示，将 O 抗原和耐热抗原用阿拉伯数字表示。

引起牛出血性败血症的病原主要是 B、E 型多杀性巴氏杆菌。B 型菌株通常引起亚洲牛和水牛的出血性败血症，E 型菌株只在非洲患出血性败血症的牛身上分离到。我国牛出血性败血症的病原有 A、B、D 3 个荚膜血清型，没有 E 型。若与 O 抗原鉴定结果互相配合，牛羊以 6、B 最多，若用耐热抗原做琼脂扩散试验，感染牛羊的主要为 2、5 型。

四、基因组

该细菌基因组 16S rRNA 在细菌的进化过程中高度保守，被称为细菌的“分子化石”。但 16S rRNA 的保守性又具有相对性，在保守区之间存在 9 或 10 个变异区，不同细菌的科、属、种间都有不同程度的差异。故 16S rRNA 既可作为多杀性巴氏杆菌分类的标志，又可作为临床多杀性巴氏杆菌检测和鉴定的靶分子。

五、蛋白质组

多杀性巴氏杆菌的主要蛋白有外膜蛋白、脂多糖和荚膜。外膜蛋白主要有外膜蛋白 H、外膜蛋白 A 和铁调节蛋白等。脂多糖是革兰氏阴性菌细胞壁最外层的一层较厚的类脂多糖类物质，其结构的变化决定革兰氏阴性菌细胞壁表面抗原决定簇的多样性。脂多糖具有免疫原性,但较弱,所产生的免疫应答不足以中和毒性,常引起体液免疫;荚膜具有保护细菌的功能,可以抵抗动物吞噬细胞的吞噬和抗体的中和作用，是多杀性巴氏杆菌重要的毒力因子。

六、生物学特性

本菌的抵抗力不强,在直射阳光和干燥的情况下迅速死亡。60℃ 10 min 可杀死。一般消毒药在几分钟或十几分钟内可杀死。3%石炭酸和 0.1%升汞水在 1 min 内可杀菌。10%石灰乳及常用的甲醛溶液 3~4 min 可使之死亡。在无菌蒸馏水和生理盐水中迅速死亡。但在尸体内可存活 1~3 个月,在厩肥中亦可存活1 个月。

第二节　流行病学

本病在全国范围内的牛群中均可发生,呈地方性流行,具体起源不明,牛出血性败血症在我国的流行以荚膜血清 B 型为主，有些地区也曾发现荚膜血清 A 型。

一、传染源

带菌牛是主要传染源。病牛的分泌物、排泄物及污染的饲料、饮水、用具和外界环境均含有病菌。

二、传播途径

病菌通过消化道传染给健康牛。或由咳嗽、喷嚏排出病菌,通过飞沫经呼吸道传染。吸血昆虫媒介和皮肤黏膜的伤口也可发生传染。牛群在不良环境中，由于受冷、拥挤、闷热、圈舍通风不良、营养缺乏、饲料突变、寄生虫病等，机体抵抗力降低时即可致病。

三、易感动物

水牛比黄牛易感，奶牛也易感。在地方性流行区，老龄牛和青年牛常死亡，呈高发病率和高死亡率趋势。

第三节　临床症状和病理变化

一、临床症状

本病潜伏期为2~5 d，临床上主要有败血型、浮肿型和肺炎型。

（一）败血型

多见于犊牛，表现为高热（41~42℃），精神沉郁，脉搏加快，食欲减退或废绝，奶牛泌乳减少，反刍停止，结膜潮红，鼻镜干燥，腹痛下痢，粪初为粥状，后呈液状并混有黏液、黏膜片和血液，具有恶臭，常于12~24 h死亡。

（二）浮肿型

多见于水牛与犊牛。除表现全身症状外，病牛头、颈、咽喉及胸前部的皮下结缔组织出现炎性水肿，手指按压初热、硬、痛，后变凉，疼痛也减轻，舌及周围组织高度肿胀，流涎，呼吸困难，眼红肿、流泪，黏膜发绀，常因窒息和下痢而死，病程多为12~36 h。

（三）肺炎型

较为多见，主要症状为咳嗽，流泡沫样鼻液，后呈脓性。病牛表现为急性纤维素性胸膜炎，肺炎症状。后期有的发生腹泻，便中带血，有的尿血，数天至2周死亡，有的转为慢性型。

二、病理变化

（一）败血型

主要呈全身性急性败血症变化，内脏器官出血，在浆膜、黏膜以及肺、舌、皮下组织、肌肉出血。

(二)浮肿型

主要表现为咽喉部急性炎性水肿，病牛尸检可见咽喉部、下颌间、颈部与胸前皮下发生明显的凹陷性水肿，手按时出现明显压痕，有时舌体肿大并伸出口腔。切开水肿部位，会流出微混浊的淡黄色液体。上呼吸道黏膜呈急性卡他性炎。胃肠呈急性卡他性或出血性炎。颌下、咽背与纵隔淋巴结呈急性浆液出血性炎。

(三)肺炎型

主要表现为纤维素性肺炎和浆液纤维素性胸膜炎。肺组织颜色从暗红、炭红到灰白，切面呈大理石样病变。胸腔积聚大量有絮状纤维素的渗出液。此外，常伴有纤维素性心包炎和腹膜炎。

第四节　实验室诊断

一、病原分离培养

可取病畜的组织，心血、肝、脾等组织器官，体液、分泌物及局部病灶的渗出液做涂片，用瑞氏或美蓝染色，镜检。本菌为两极着色有荚膜的球杆菌。分离培养一般是无菌取以上组织及分泌物等划线接种于鲜血琼脂平板上，37℃条件下培养 24 h，见光滑、灰色光泽的半透明菌落，直径约 1 mm，在折光下检查时，现蓝绿色或橘红色荧光，在麦康凯琼脂上不生长。根据牛多杀性巴氏杆菌的生化特性，做进一步鉴定。可将培养物接种到实验动物体内，常用的试验动物有小鼠和家兔。实验动物死亡后立即剖检，并取心血和实质脏器分离、涂片染色镜检，见大量两极浓染的细菌即可确诊。

二、分子诊断技术

利用多杀性巴氏杆菌分离菌株的 16S rRNA 序列，建立的 PCR 方法可以鉴定牛感染多杀性巴氏杆菌。这种检测方法可用于不同动物感染多杀性巴氏杆菌的鉴定。

第五节 防控措施

一、预防措施

改善舍内通风条件和加强饲养管理，避免各种应激，增强抵抗力，及时清除粪尿，以减少舍内湿度，这是预防本病最有效的措施。目前，主要使用牛巴氏杆菌弱毒菌苗或死菌苗2种作为预防疫苗。牛通常在接种菌苗14 d后出现免疫效果，能够持续保护6~9个月。在疫病流行地区，要分别在每年春冬季节进行1次免疫接种，如有需要，可使用血清进行紧急预防接种。

二、治疗措施

对病牛立即隔离治疗。由于该病症状严重，要求增加治疗药物的用量，尽快减轻症状。该病以镇痛、抗菌、消炎为治疗原则。可选用敏感抗生素注射病牛，如氧氟沙星，肌肉注射，每千克体重3~5 mg，连用2~3 d；恩诺沙星，肌肉注射，每千克体重2.5 mg，连用2~3 d。消毒圈舍，每日2~3次。未发病牛紧急注射牛出败疫苗。病牛可采取耳静脉注射药物，每天1次，分成4组一次性给药。第一组使用4支10 mL双抗（也叫菌毒双抗或者复方利巴韦林，主要含乳酸环丙沙星）和500 mL 10%葡萄糖液；第二组使用3支5 mL地塞米松和500 mL 10%葡萄糖液；第三组使用6支1 g氨苄青霉素和500 mL 10%葡萄糖液；第四组使用5支10 mL磺胺和500 mL 10%葡萄糖液，均采取静脉注射给药，连续使用3 d。

第七章 大肠杆菌病

牛大肠杆菌病（Colibacillosis）一般主要发生于犊牛，犊牛大肠杆菌病又称犊白痢，是由一定血清型的致病性大肠埃希氏菌及其毒素引起的急性肠道传染病的总称。引起病牛严重腹泻、肠毒血症和败血症，造成大批死亡。人也可感染发病。

第一节 病原

一、分类地位

大肠埃希氏菌，俗称大肠杆菌，属于肠杆菌科、埃希氏菌属成员。其大多数为非致病性，在人或动物出生后数小时，即可经口进入并定居于消化道后段，构成肠道正常菌群的一部分，并具有重要的生理机能。但也有一部分细菌在进化过程中获得了致病力，可引起人和动物的传染病。根据该菌的分子遗传学、致病机理和所致疾病的症状差异，可将病原性大肠杆菌分为 6 类，即肠产毒性大肠杆菌（ETEC）、肠出血性大肠杆菌（EHEC）、肠集聚性大肠杆菌（EAEC）、肠致病性大肠杆菌（EPEC）、肠弥漫性大肠杆菌（DAEC）和肠侵袭性大肠杆菌。

二、形态学和培养特性

大肠杆菌为革兰氏阴性的直杆菌，兼性厌氧，大小为（1.1~1.5）μm×（2.0~6.0）μm，大多数有荚膜和鞭毛，以周身鞭毛运动。在培养琼脂上的菌落为光滑型、低凸起、湿润、灰白色、表面有光泽、边缘整齐，也可为粗糙型或中间型菌落，有的为黏液型菌落。最适生长温度为 37℃。

三、血清型

大肠杆菌有173种菌体抗原(O)类型，表面抗原(K)有103种，鞭毛抗原(H)有60种，它们相互组合，构成数量繁多的血清型。最新的研究表明，菌毛抗原(F)被用于血清学鉴定。一般使犊牛和羔羊致病的多带有K99抗原。致病性大肠杆菌各血清型之间缺乏交叉免疫性。不同地区的优势血清型不尽相同，同一地区不同牧场的优势血清型也彼此有别，这是造成本病免疫防治比较困难的主要原因。

四、毒力因子

致病性大肠杆菌的毒力因子比较多：一是定植因子，又称菌毛、黏附素或F抗原。它可与肠黏膜上皮细胞的特异性受体结合而定植于黏膜，抵御肠道的清除，这是致病的先决条件。具有K88的大肠杆菌可在全段小肠中定植，而K99或987P的大肠杆菌主要在空肠和回肠定植。二是内毒素。致病性大肠杆菌的脂多糖是一种毒力因子，菌体崩解时被释放，其中的类脂A具有内毒素功能，在引起败血症的过程中作用明显，可导致发热、白细胞减少、低血糖、血压下降、重要器官供血不足，激活C3及补体连锁反应，引起DIC、休克和死亡。三是外毒素，包括不耐热肠毒素(LT)和耐热肠毒素(ST)，均由肠产毒性大肠杆菌(ETEC)产生，由质粒编码。不耐热肠毒素有抗原性，分子量大，可激活肠黏膜上皮细胞的腺苷环化酶，促进细胞对氯、钠与水的分泌，同时减少对水分的吸收，引发腹泻和脱水。耐热肠毒素无抗原性，分子量小，其作用是激活回肠上皮细胞刷状缘上的鸟苷环化酶，促进水、氯化钠、钾、碳酸氢钠的分泌，协同不耐热肠毒素引起分泌性腹泻。由于水和电解质大量丧失，机体脱水、酸中毒、循环衰竭，导致休克和死亡。

五、生物学特性

该菌对热的抵抗力较其他肠道杆菌强，55℃ 60 min或60℃ 15 min仍有部分细菌存活。在自然界的水中可存活数周至数月，在温度较低的粪便中存活更久。胆盐、煌绿等对大肠杆菌有抑制作用。对磺胺类、链霉素、氯霉素等敏感，但易耐药，是由带有R因子的质粒转移而获得的。

第二节　流行病学

一、传染源

病牛和带菌牛是主要传染源。感染的病人通过粪便排菌，并污染外界环境。因此，感染病人的粪便也可成为传染源。

二、传播途径

通过污染的水和饲料传播，经消化道感染。多数病例是饲喂了被污染的饲料引起本病的发生。

三、易感动物

主要由 O_8、O_{78}、O_{101} 等血清型引起，以 10 日龄内犊牛最易感。临诊上分为败血型、肠毒血症型和肠炎型。

第三节　临床症状与病理变化

一、临床症状

（一）败血型

多见于未及时吃上初乳的犊牛。临诊表现为突然发病，体温升高，精神不振，腹泻，常于症状出现后数小时至 1 d 内死亡。

（二）肠炎型

粪便初为粥样、黄白色，混有未消化的凝乳块、凝血块及泡沫，后期大便失禁、腹痛。耐过者发育迟滞，并常发生脐炎、关节炎或肺炎。

（三）人出血性大肠杆菌 0157 感染

国外俗称“汉堡病”、出血性结肠炎（HC），是新近发现的一种食物源性人的传染病，临诊特征为急性出血性腹泻。首次病例由 Riley 等于 1983 年报道，其特点是剧烈的痉挛性腹痛，水样便，继而血便，轻微发烧或不发烧。健康家畜特别是反刍动物可以携带大肠杆菌 0157，但不致病。国内外均从牛羊等动物粪便中分离到该菌,也从受到细菌污染的肉制品、蔬菜和水源中分离到该菌,因此目前普遍认为受污染的食物是本病的主要传染源。我国相继有 10 多个省份在食品、腹泻病患者、家畜家禽等样本中分离到肠出血性大肠杆菌 0157:H7。

出血性大肠杆菌 0157:H7 的致病性取决于它所携带的毒力因子。因此,具有致病性的出血性大肠杆菌 0157 应该携带肠细胞脱落位点（LEE 致病岛)、志贺毒素 1(Stx1）或志贺毒素 2(Stx2）等主要毒力基因群。

出血性大肠杆菌 0157 感染并引发疾病仅限于人。目前的研究表明,在自然条件下,任何动物都不感染发病。某些幼龄动物可能会发生隐性感染。

二、病理变化

(一)败血型

病牛消瘦,眼球下陷,肝、脾急性炎症,心、肾变性,各组织器官及浆膜出血,肺脏、脑膜急性充血和水肿。肠毒血症型较少见,病例常突然死亡。病程稍长的病例表现出典型的中毒性神经症状,随后昏迷、死亡,死前往往有腹泻。

(二)肠炎型

皱胃黏膜潮红、肿胀、出血,覆有胶状黏液。瘤胃有灰色水样液体。肠内容物混有血液和气泡,恶臭。肝、肾土黄,有散在的出血点,胆囊内充满黏稠状暗绿色胆汁。镜下变化为急性卡他性或出血性胃肠炎,变质性肝炎。

(三)人出血性大肠杆菌 0157 感染

为弥漫性出血性肠炎。

第四节　实验室诊断

一、人出血性大肠杆菌 0157

(一)疑似病例诊断条件

有鲜血便、低烧或不发烧、痉挛性腹痛的腹泻病例;腹泻若干天后继发少尿或无尿等急性肾衰竭病例;腹泻病人粪便标本 0157 抗原免疫胶体经检测阳性者。符合其中一个条件者,即为疑似病例。

(二)确诊病例诊断条件

粪便标本中检出产生志贺毒素的肠出血性大肠杆菌 0157:H7;经蛋白印记试验，证实血清标本含抗肠出血性大肠杆菌溶血素或志贺毒素的特异性抗体;腹泻病例粪便中分离出肠出血性大肠杆菌 0157:H7 变种的。符合其中一个条件者,即为确诊病例。

二、患病牛只

用无菌棉签取病牛的粪样、血液等,病死牛可取心血、肝、脾、肠内容物等直接做涂片镜检。分离培养可用普通培养基,也可用麦康凯或伊红美蓝平板。败血型大肠杆菌病可从组织器官或血液中分离出一定的血清型致病性大肠杆菌;肠毒血症型可在肠道内检出上述血清型大肠杆菌。

第五节 防控措施

一、治疗措施

本病的治疗原则是抗菌、补液、调节胃肠机能和调整肠道微生态平衡。

(一)抗菌

可用土霉素、链霉素或新霉素。内服的初次剂量为每千克体重 30~50 mg。12 h 后剂量可减半，连服 3~5 d。或以每千克体重 10~30 mg 的剂量肌肉注射,每天 2 次。

(二)补液

将补液的药液加温,使之接近体温。补液量以脱水程度而定,原则上失多少水补多少水。当有食欲或能自吮时,可用口服补液盐。口服补液盐处方为氯化钠 1.5 g、氯化钾 1.5 g、碳酸氢钠 2.5 g、葡萄糖粉 20 g、温水 1 000 mL。不能自吮时，可用 5%葡萄糖生理盐水或复方氯化钠液 1 000~1 500 mL,静脉注射。发生酸中毒时,可用 5%碳酸氢钠液 80~100 mL。注射时速度宜慢。若能配合适量母牛血液更好，皮下注射或静脉注射,1 次注射 150~200 mL,

可增强抗病能力。

（三）调节胃肠机能

可用乳酸 2 g、鱼石脂 20 g、加水 90 mL 调匀，每次灌服 5 mL，每天 2~3 次。也可内服保护剂和吸附剂，如次硝酸铋 5~10 g、白陶土 50~100 g、活性炭 10~20 g 等，以保护肠黏膜，减少毒素吸收，促进康复。有的用复方新诺明，每千克体重 0.06 g，乳酸菌素片 5~10 片，食母生 5~10 片，混合后一次性内服，每天 2 次，连用 2~3 d，疗效良好。

（四）调整肠道微生态平衡

待病情有所好转时可停止应用抗菌药，内服调整肠道微生态平衡的生态制剂。例如，促菌生 6~12 片，配合乳酶生 5~10 片，每天 2 次；健复生 1~2 包，每天 2 次；其他乳杆菌制剂。使肠道正常菌群早日恢复生态平衡，有利于早日康复。

二、预防措施

（一）养好妊娠母牛

改善妊娠母牛的饲养管理，保证胎儿正常发育，产后能分泌良好的乳汁，以满足新生犊牛的生理需要。

（二）及时饲喂初乳

为使犊牛尽早获得抗病的母源抗体，在产后 30 min 内（至少不迟于 1 h）喂上初乳，第一次喂量应稍多。在常发病的牛场，凡出生犊牛在饲喂初乳前，皮下注射母牛血液 30~50 mL，并及早喂上初乳，对预防犊牛大肠杆菌病具有重要作用。

（三）保持清洁卫生

产房要彻底消毒。接产时，母畜外阴部及助产人员手臂用 1%~2%来苏儿液清洗消毒。严格处理脐带，应距腹壁 5 cm 处剪断，断端用 10%碘酚浸泡 1 min 或灌注，防止因脐带感染而发生败血症。要经常擦洗母牛乳头。

第六节　公共卫生影响

感染的家畜和被病菌污染的肉类产品是人类肠出血性大肠杆菌 O157:H7 疫情的重要源头。2007 年 8 月，苏格兰发现 7 例大肠杆菌 O157:H7 人感染病例。流行病学调查发现，该感染源是当地 Morrisons 超市的冷冻熟牛肉片。2007 年 10 月，美国东部 8 个州也因为批号为“Est.9748”牛肉馅饼的污染，致 40 多人发病。普通流行病学调查发现，这些病人吃了这个批号的牛肉馅饼，分子流行病学显示同一批开包和没有开包的牛肉馅饼所污染的肠出血性大肠杆菌 O157:H7，与病人感染的肠出血性大肠杆菌 O157:H7 在 DNA 指纹上完全一致。

任何年龄的人都可被感染，婴幼儿和老人发生严重症状的可能性更大。该病潜伏期为 1~10 d，多为 3~4 d。通常由轻微腹疼或无便血的腹泻开始，症状逐渐加重。若发生溶血性尿毒综合征，一般是在出现症状约 7 d 时才出现，此时腹泻症状已经加重。

肠出血性大肠杆菌 O157:H7 可在反刍动物(牛、羊、鹿)的消化道繁殖。人感染的主要来源是牛，其他动物，如猪、鸟从环境中食入此病原，可能也会感染并传播这种病原。

肠出血性大肠杆菌 O157:H7 是通过粪-口方式传播的，感染动物的粪便污染了食品或人的手，通过食入方式进入人体。专家估计，美国每年约有 7 万人感染肠出血性大肠杆菌 O157:H7。

病人粪便也含有大量的此致病细菌。一般随着疾病的康复，粪便中的病原菌逐渐消失。但有些病人康复后几周，其粪便仍继续含有此致病细菌。儿童携带此致病菌时间通常长于成人。

第八章 沙门氏菌病

牛沙门氏菌病(Salmonellosis)是由鼠伤寒沙门氏菌、都柏林沙门氏菌等主要引起犊牛发病的一种传染病。犊牛以下痢为主要症状,故又称为犊牛副伤寒。成年牛症状多不明显,表现出高热、昏迷、食欲废绝、呼吸困难等症状,发病后很快出现下痢。孕牛可发生流产。本病流行于世界各地,给母牛的繁殖和幼犊的健康带来严重威胁。许多种血清型的沙门氏菌也可使人感染和发生食物中毒。

第一节 病原

一、分类地位

按照《伯吉氏系统细菌学手册》第二版第二册(2005 年),沙门氏菌在分类上属于肠杆菌科(Enterobacteriaceae)、沙门氏菌属(Salmonella)。沙门氏菌属的细菌依据其对宿主的感染范围, 可分为宿主适应血清型和非宿主适应血清型两大类。前者只对其适应的宿主有致病性,包括马流产沙门氏菌、羊流产沙门氏菌、鸡沙门氏菌、副伤寒沙门氏菌(A.C)、鸡白痢沙门氏菌、伤寒沙门氏菌;后者则对多种宿主有致病性,包括鼠伤寒沙门氏菌、鸭沙门氏菌、德尔俾沙门氏菌、肠炎沙门氏菌、纽波特沙门氏菌、田纳西沙门氏菌等。

二、形态学特征及培养特性

(一)形态与染色

本菌为两端钝圆的革兰氏阴性短杆菌(比大肠杆菌细),多散在。菌体大小(0.7~1.5)μm×(1~3)μm,无芽孢,无荚膜,除鸡白痢沙门氏菌和鸡伤寒沙门氏菌外,都有周身鞭毛,能运动。沙门氏菌不产生外毒素,但能产生内毒素,常引起急性败血症、胃肠炎以及其他局部炎症。

(二)培养特性

本菌为需氧及兼性厌氧菌,营养要求不高,分离培养常采用肠道选择鉴别培养基。在普通琼脂培养基上生长良好,培养 24 h 后,形成中等大小、圆形、表面光滑、无色半透明、边缘整齐的菌落,其菌落特征与大肠杆菌相似(无粪臭味)。在麦康凯、SS、伊红美蓝等培养基中呈无色菌落。

(三)生化特性

本菌发酵葡萄糖、麦芽糖、甘露醇和山梨醇,产气;不发酵乳糖、蔗糖和侧金盏花醇;不产吲哚,V-P 反应阴性;不水解尿素和对苯丙氨酸不脱氨。伤寒沙门氏菌、鸡伤寒沙门氏菌及一部分鸡白痢沙门氏菌发酵糖不产气,大多数鸡白痢沙门氏菌不发酵麦芽糖;除鸡白痢沙门氏菌、猪伤寒沙门氏菌、甲型副伤寒沙门氏菌、伤寒沙门氏菌和仙台沙门氏菌等外,均能利用枸橼酸盐。

三、分型

沙门氏菌属依据不同的 O(菌体)抗原、Vi(荚膜)抗原和 H(鞭毛)抗原,可分为许多血清型。迄今,沙门氏菌有 A~Z 和 O51~O67 共 42 个 O 群、58 种 O 抗原、63 种 H 抗原,已有 2 500 种以上的血清型,除了不到 10 个罕见的血清型属于邦戈尔沙门氏菌外,其余血清型都属于肠道沙门氏菌。沙门氏菌的血清型虽然很多,但常见的危害人畜的非宿主适应血清型只有 20 多种,加上宿主适应血清型,也不过 30 多种。沙门氏菌属分为 5 个亚属,亚属下为血清型。兽医上重要的沙门氏菌血清型几乎都在亚属 I 中。我国发现的血清型约有 200 个。许多血清型沙门氏菌具有产生毒素的能力,尤其是肠炎沙门氏菌、鼠伤寒沙门氏菌和猪霍乱沙门氏菌。

四、致病性

引起猪沙门氏菌病的血清型相当复杂。猪霍乱沙门氏菌是主要的病原菌，可引起败血性传染和肠炎。鼠伤寒沙门氏菌和德尔俾沙门氏菌引起急性或慢性肠炎，并伴有高热。都柏林沙门氏菌引起猪散发性败血型传染和脑膜炎。猪伤寒沙门氏菌引起溃疡性小肠结肠炎以及坏死性扁桃体炎、淋巴结炎。引起鸡沙门氏菌病的主要病原菌是鸡伤寒沙门氏菌和鸡白痢沙门氏菌。牛沙门氏菌病主要由鼠伤寒沙门氏菌、都柏林沙门氏菌等引起。羊沙门氏菌病主要由鼠伤寒沙门氏菌、羊流产沙门氏菌、都柏林沙门氏菌引起。

五、理化特性

本菌对低温有较强的抵抗力，在琼脂培养基上-10℃经 115 d 尚能存活。在干燥的沙土中可生存 2~3 个月，在干燥的排泄物中可保存 4 年之久，在含 29%食盐的腌肉中，6~12℃条件下可存活 4~8 个月。在 0.1%升汞溶液、0.2%甲醛溶液、3%石炭酸溶液中，15~20 min 可被杀死。

第二节　流行病学

一、传染源

病牛和带菌牛是主要传染源。病牛和带菌牛从粪、尿、乳、流产胎儿、胎衣、羊水排出细菌，污染环境。

二、传播途径

病牛主要经消化道、交配、子宫内感染，犊牛在出生后 1 个月内最易感，而成年牛容易在夏季放牧时发病。带菌牛在外界不良环境中，也可发生内源性传染。饲料不足、管理不善、卫生不良、饮用污水以及患有其他疾病时，均能导致本病的发生和传播。犊牛往往呈流行性发生，成年牛散发。

三、易感动物

本病主要侵害 10~30 日龄的幼犊牛。

第三节　临床症状与病理变化

一、临床症状

本病潜伏期平均为1~2周。幼犊发病后多呈急性经过。病初体温升高到40~41℃,脉搏加快,呼吸加快,呈腹式呼吸,并发生结膜炎和鼻炎。常在发病后3 d下痢,粪便呈灰黄色液状,混有黏液和血液,具有恶臭。病情严重时出现肾盂肾炎的症状,即排尿频繁,疼痛,尿呈酸性反应并含有蛋白。病牛多因脱水和酸中毒而迅速衰竭,卧地不起,高热不退,于发病后5~10 d死亡。未死亡者可能发生关节肿或支气管肺炎。成年牛症状多不明显或隐性经过,少数表现为严重下痢、粪便带血、剧烈腹痛,并很快死亡。孕牛流产,即使症状消失,仍带菌,随粪便排菌,污染环境造成新的感染。

二、病理变化

急性病例剖检时在胃肠黏膜出现炎性病变,全身黏膜、浆膜及心膜可见大量出血点。淋巴结、脾、肝及肾肿大。肝及脾散布灰色小坏死灶。亚急性和慢性病例,由于病原菌在大肠黏膜和淋巴滤泡中繁殖,以及肠壁形成广泛的血栓,引起黏膜和淋巴滤泡坏死,导致本病的特征性变化,即副伤寒性淋巴滤泡溃疡及固膜性肠炎。

第四节　实验室诊断

根据本病的流行特点、临床症状和尸体剖检变化可做出初步诊断。确诊应进行细菌学检查。对急性死亡病例可采集脾、肝、淋巴结等组织脏器进行沙门氏菌的分离培养和鉴定。

一、病原分离鉴定

将新鲜的病料接种于增菌培养基(普通琼脂、肉汤、鲜血琼脂、亚硒酸盐煌绿增菌培养基、四硫黄酸钠煌绿增菌培养基)和选择性培养基(麦康凯琼脂、SS 琼脂、亮绿琼脂培养基)进行病原分离。通过培养基的增殖分离得到病原后，将菌落涂片革兰氏染色后镜检。本菌为两端钝圆的革兰氏阴性小杆菌,无荚膜和芽孢。沙门氏菌为需氧及兼性厌氧菌,在普通琼脂培养基上培养 24~48 h,形成圆形、有光泽、隆起、光滑的菌落,直径 1~2 mm。当样品被污染时则需用可抑制外源性细菌生长的选择性培养基,同时接种普通培养基。麦康凯和 SS 琼脂培养基对非肠道菌有抑制作用,可将发酵乳糖的细菌(呈粉红色菌落)和不发酵乳糖的细菌(呈无色菌落)区分开,将分离的纯培养物再进行生化特性检查。

沙门氏菌属的诊断血清包括 A-F 多价 O 血清、O_9 因子血清、O_{12} 因子血清、H-a 因子血清、H-d 因子血清、H-g.m 因子血清和 H-g.p 因子血清。先用 A-F 多价 O 血清与培养物进行平板凝集反应,若呈阳性反应,再分别用 O_9、O_{12}、H-a、H-d、H-g.m 等单价因子血清依次进行平板凝集反应，根据分型鉴定标准进行鉴定。

二、分子生物学诊断技术

沙门氏菌脂多糖(LPS)是大多数革兰氏阴性菌的主要毒力决定因素,根据编码沙门氏菌脂多糖 O 抗原的 rfb 基因序列进行相关分子生物学诊断,根据不同病原保守基因设计引物,建立 PCR 方法。

第五节　防控措施

一、预防措施

主要是加强对犊牛和妊娠母牛的饲养管理，以增强抵抗力。对新生犊牛,在分娩后 2~3 h,注射抗菌血清紧急预防,并于 10~14 d 后再注射。防止犊牛吃污染的垫草或饮用污水。牛舍、用具保持清洁,定期消毒。病死牛应深埋或焚烧。也可使用牛副伤寒氢氧化铝菌苗进行预防接种。

二、控制措施

发生本病后逐头检查,将病畜和可疑病畜隔离治疗。口服复方新诺明,每千克体重 70 mg，首量加倍，每天 2 次。沙门氏菌易产生抗药性，如用一种药无效，可换另一种，如土霉素、氟哌酸、诺氟沙星、环丙沙星、恩诺沙星等。也可采用畜毒清、氨苄青霉素混合肌肉注射。下痢较重时，应对症治疗，如及时输液，以防脱水等。用 5%碳酸氢钠防止酸中毒，心力衰弱者给予强心剂。

第六节　公共卫生影响

沙门氏菌病是公共卫生学上具有重要意义的人畜共患病之一，其病原沙门氏菌属肠道细菌科，包括引起食物中毒，导致胃肠炎、伤寒和副伤寒的细菌。它们除可感染人外，还可感染很多动物，包括哺乳类、鸟类、爬行类、鱼类、两栖类及昆虫。人畜感染后可呈无症状带菌状态，也可表现为有临床症状的致死疾病。它可能加重病情或提高死亡率，或者降低动物的繁殖生产力。

沙门氏菌是常见的肠道致病菌。沙门氏菌的属的种类很多，其中最常见的引起食物中毒的沙门氏菌有鼠伤寒沙门氏菌、猪霍乱沙门氏菌、肠炎沙门氏菌等。这种细菌在外环境中的生存能力较强，在水、牛乳及肉类食品中能生存几个月，其繁殖的最适温度为 37℃。乳和乳制品中的沙门氏菌经巴氏消毒或煮沸会迅速死亡。人体一旦感染，可引起伤寒、腹泻、呕吐甚至败血症，人类一般由食用不洁肉制品感染。由于很多民众喜欢生食蔬菜和鸡蛋，或个人卫生习惯不佳，美国每年约有 4 万人感染沙门氏菌病。肉及其制品的沙门氏菌检出率，美国为 20%~25%，英国为 9.9%，日本为 10.3%。国内肉类沙门氏菌检出率在 1.1%~39.5%，蛋及其制品沙门氏菌检出率为 3.9%~43.7%，吃蛋引起鼠伤寒病的病例报告有增加趋势。环境污染主要是食品在加工、运输、出售过程中被沙门氏菌污染。沙门氏菌在粪便、土壤、食品、水中可生存 5 个月至 2 年之久。

第九章 李氏杆菌病

李氏杆菌病（Listeriosis）是由单核细胞增多性李氏（也称为李斯特）杆菌引起的一种可以引起多种动物和人共患的传染病。家畜主要以脑膜炎、败血症、流产为临床特征。人主要表现为脑膜炎。由于患畜神经系统紊乱，表现为转圈运动，也称为“转圈病”。感染家畜病死率达 20%~70%，危害严重，我国将其列为三类动物疫病。

第一节 病原

一、分类地位

按照《伯吉氏系统细菌学手册》第二版第三册（2009 年），单核细胞增多性李斯特菌属厚壁菌门（Firmicutes）、芽孢杆菌纲（Bacilli）、芽孢杆菌目（Bacillrales）、李斯特菌科（Listeriaceae）、李斯特菌属（Listeria）。李斯特菌属有 7 个种，分别是单核细胞增多性李斯特菌、伊氏李斯特菌、无害李斯特菌、威氏李斯特菌、塞氏李斯特菌、格氏李斯特菌和莫氏李斯特菌，其中致病的主要是单核细胞增多性李斯特菌和伊氏李斯特菌。

二、形态学特征与培养特性

（一）形态与染色

本菌为短小的革兰氏阳性杆菌，兼性厌氧，无芽孢，长 1~3 μm，宽 0.5 μm，两端钝圆，多单在，有时也常成对并呈“V”字形排列。在 20~25℃条件下培养时，表面能形成 4 根小鞭毛，有动力。在 37℃条件下培养时，无鞭毛，动力消失。在血清葡萄糖蛋白胨中能形成黏多糖荚膜，在纯培养物中呈短小杆菌，在幼龄培养物中呈球杆菌状，在老龄培养物中呈长丝的长杆菌状。

（二）培养特性

本菌为需氧或兼性厌氧，对环境耐受性强，可在较高的盐浓度（10% NaCl）及宽泛的 pH（pH 4.5~9）和温度范围（0~45℃）内生长，并可形成荚膜。营养要求不高，在普通营养琼脂平板上呈细小、半透明、微带珠光的露水样菌落，直径 0.2~0.4 mm。适合在含有血清、葡萄糖及甘油的平板上生长。在血平板上培养可形成细小、圆形、光滑而有狭窄 β 溶血圈的菌落，在中性或弱碱性条件下生长最好。

（三）生化特性

本菌可发酵多种糖类，37℃条件下培养 24 h 能迅速发酵葡萄糖、海藻糖、水杨苷、果糖、七叶苷，产酸不产气；培养 3~10 d 可发酵阿拉伯糖、乳糖、蔗糖、糊精、山梨醇和甘油。不分解棉籽糖、木糖和甘露醇。触酶试验、甲基红与 V-P 试验均为阳性；吲哚、脲酶试验为阴性。

三、分型

李氏杆菌属具有菌体抗原（O 抗原）和鞭毛抗原（H 抗原）。O 抗原用阿拉伯数字表示，H 抗原用小写的英文字母表示。不同 O 抗原和 H 抗原的组合构成李斯特菌属各种血清型。单核细胞增多性李斯特菌有 13 个血清型，分别为 1/2a、1/2b、1/2c、3a、3b、3c、4a、4ab、4b、4c、4d 和 7 型。单核细胞增多性李斯特菌的所有菌株都具有致病性，但是各血清型对人的致病力并不相同，致病的主要血清型有 1/2a、1/2b、1/2c、3a、3b、3c、4b。人临床分离株中 95%属于 1/2a、1/2b、4b，而食品和环境中最常见的分离株却为 1/2a、1/2b 和 1/2c。在所有的血清型中，4b 型具有最高的致死率。

四、基因组

2000 年 4 月法国巴斯德研究所宣布，单核细胞增多性李斯特菌的基因组已被完全破译。2001 年，Glaser 等对单核细胞增多性李斯特菌 EGD-e 株（ACC.NO.AL591824）和无害李斯特菌 CLIP11262 株（ACC.NO.AL592022）的全序列进行了比较基因组学分析,发现大量与毒力因子相关的预测基因。单核细胞增多性李斯特菌基因组为一条环状 DNA 分子，由 2 944 528 bp 组成,平均 G+C 含量为 39%,编码 2 853 种蛋白。

五、蛋白质组

本菌进入牛体后侵入吞噬细胞和其他宿主细胞内繁殖，至少与细菌基因组中的 50 多种基因有关。本菌的感染是各种毒力因子协同作用的结果，主要的有环境耐受相关毒力因子、细胞黏附侵袭相关毒力因子、细胞内感染相关毒力因子及其他毒力因子等。

六、生物学特性

本菌的抵抗力较强,在土壤、粪便、青贮饲料和干草中能长期存活,对酸和碱耐受性强大,在 pH 5.0~9.6 和 10%盐溶液中仍能生长,在 20%盐溶液中经久不死,可生长温度范围广,4℃条件下也能缓慢生长,对热有一定的抵抗力,100℃ 15 min、70℃ 30 min 才能将其杀死。因此经巴氏消毒的羊乳中仍有病菌存活,将脑组织浸泡于 50%甘油中保存于冰箱,病菌可存活 6 个月。5%克辽林或来苏儿 10 min,2.5%氢氧化钠或福尔马林 20 min,0.1%升汞 5 min 均能杀死本菌。

第二节　流行病学

一、传染源

主要是病牛和带菌牛。从患病动物的粪便、尿液、乳汁、精液、眼鼻和生殖道分泌物,均能分离到本病病原。污染的饲料和饮水可能是主要的传播媒介。此外饲喂污染本菌的青贮饲料引发李氏杆菌病的实例亦有不少报导。

二、传播途径

自然感染主要是通过消化道、呼吸道、眼结膜和破损的皮肤。自然感染潜伏期为 2~3 周,短的仅几天,长的可达 2 个月。本病发病季节主要在 3—5 月,本病多呈散发,偶呈地方性流行。

三、易感动物

动物是重要储存宿主，迄今已在42种哺乳动物、22种禽类、甲壳类动物、鱼类以及土壤、垃圾、污水中分离到本菌。牛羊均易感。

第三节　临床症状与病理变化

一、临床症状

患病家畜食欲消退，精神沉郁，眼睛发炎，运动失常（转圈、盲目进退、抵物不动），口吐白沫，四肢乱爬，做游泳状运动，神志不清，神经症状呈间歇性发作。发作时无目的地向前冲撞或转圈，最后倒地、角弓反张、抽搐而亡。一般1~7 d死亡，死亡率有时高至10%。怀孕母畜常出现流产症状。

二、病理变化

脑膜和脑组织充血、水肿，脑膜可见针尖大小、灰白色坏死灶。脑脊液增量、浑浊。肝肿大，表面有灰白色坏死灶。脾肿大，表面有纤维蛋白渗出。

第四节　实验室诊断

病牛若出现特殊神经症状，妊牛流产，血液中单核细胞增多，可疑为本病，但必须通过实验室检测才能确诊。

一、病原学诊断

（一）单核细胞增多性李斯特菌分离鉴定

样品在进行选择性增菌或冷增菌后，接种于选择性鉴别培养基上，选择典型菌落进行革兰氏染色、运动性检查、溶血检查、协同溶血、生化特性和动物试验等常规微生物学鉴定及免疫学鉴定、分子生物学鉴定。

取病料研磨，加入胰蛋白胨肉汤中，37℃条件下24 h增菌，再移植到胰蛋白胨琼脂平板或5%绵羊红细胞的胰蛋白胨琼脂平板上或亚硝酸钾血琼脂培养基上。在血平板上形成β溶血；在胰蛋白胨琼脂平板上为灰绿色，周围有棕黑色水解环的圆形菌落；在亚硝酸钾血琼脂平板上形成黑色、细小β溶血菌落。

世界动物卫生组织推荐动物剖检材料的分离培养过程为，取10~25 g(mL)样品接种至225 mL李斯特菌增菌肉汤中(李斯特增菌肉汤为大豆蛋白胨30 g、酵母提取物6 g、水1 L。选择因子为吖啶黄2.3 mg、萘啶酸9.2 mg、放线菌酮11.5 mg,将选择因子加入225 mL增菌肉汤中)。30℃条件下培养48 h,取0.1 mL培养物接种至牛津琼脂平板上培养,37℃条件下培养24 h和48 h后观察细菌的生长情况。检测5个李斯特菌菌落的典型外观和形态,革兰氏染色,血琼脂溶血活性,20℃的动力检查,发酵葡萄糖,鼠李糖(阳性)和木糖(阴性),水解七叶苷和产生过氧化氢酶。如果是食品和污染严重的样品,一般选用李斯特菌选择性培养基。

李斯特菌生化鉴定：李斯特菌三糖铁上为上下2层均产酸,H_2S阴性,SIM动力培养基上为伞状生长。过氧化氢酶、硝酸盐、VP、七叶苷、鼠李糖、木糖、甘露醇分解反应阴性。

(二)检测单核细胞增多性李斯特菌抗原

选用本菌或鞭毛抗原制备特异性、高亲和力的单克隆抗体,建立免疫荧光技术、夹心ELISA、免疫酶技术、ELISA和胶体金等方法检测本菌。以抗单核细胞增多性李斯特菌特异性单克隆抗体EM-7G1，建立的夹心ELISA方法能于20~40 h检测出8~10 CFU/g，并且可把单核细胞李斯特菌与非病原性李斯特菌区分开。

(三)核酸检测技术

本菌的毒力因子hlyA、iap、inlAB、Dth-18基因是进行单核细胞增多性李斯特菌PCR检测的主要靶序列，另外也可以单核细胞增多性李斯特菌16S rRNA、16S/23S rRNA中间保守区域为靶序列。

1. 核酸探针

基于hlyA、16S rRNA序列合成特异性寡核苷酸探针，用^{32}P标记或HERP标记,用于食品中单核细胞增多性李斯特菌的检测。探针杂交技术检

测极限为每毫升 10^5~10^6 个细菌。由于食品样品中单核细胞增多性李斯特菌含量很少,不能直接应用于探针检测,所以对单核细胞增多性李斯特菌的检出仍需一系列的培养、纯化等附加试验。因此使用这种原理制备的试剂盒和检测试剂至少需要 28 h 才能完成检测,因而核酸探针逐渐被 PCR 方法所取代。

2. 常规 PCR

主要针对单一的毒力因子和核糖体 DNA 序列设计特异性引物,用于食品中单核细胞增多性李斯特菌的检测。使用过的靶序列有 hlyA、plcA、plcAB、ipa、inlAB、actA、prfA、dth18、fbp、flaA、pepC、16S rRNA、23S rRNA 及 16S/23S rRNA 中间保守区域,检测极限可达 1~2 CFU/L 牛奶样品。但由于某些单核细胞增多性李斯特菌可能因突变或其他原因造成一个或多个毒力因子基因的缺失,导致依靠该毒力因子为标记的检测方法失去作用,从而出现假阴性的结果。采用 PCR 技术对本菌进行检测,重点在样品前处理方面,尽可能除去对 PCR 扩增的抑制因素,尽量避免培养增菌过程。

二、血清学诊断

在单核细胞增多性李斯特菌感染后的康复期,血清抗体效价明显升高,可借助凝集反应进行测定,患病牛、羊、猪血清效价可达 1:250~500,患病马可达 1:1 000~2 500。但由于与葡萄球菌、链球菌、肺炎球菌等有共同抗原,易引起交叉反应,因此对本病的诊断意义不大。

第五节　防控措施

预防本病目前还没有很好疫苗,主要应注意饲养管理和清洁卫生,提高牛只的抵抗力。

一、预防措施

应注意饲养管理和清洁卫生,提高牛的抵抗力。尤其在冬季舍饲期间,应供给富含蛋白质、维生素及矿物质的饲料,经常供给青绿饲草和优质青贮料。夏秋季节应注意消灭蜱、蚤、蝇等外寄生虫。在用青贮料做牛只饲料时,应注意在堆放时避免土壤污染，用添加剂降低青贮的 pH，不要饲喂明显发霉的青贮料。另外平时应大力灭鼠，消灭疫源，因为本病的地方性暴发与啮齿动物的数量有密切关系。

二、扑灭措施

牛群中一旦发生本病，应采取以下扑灭措施，防止疫病扩散。一是及时发现和隔离病牛与疑似病牛。对病牛圈舍应用 5%克辽林、3%来苏儿、5%漂白粉、2.5%~3%石炭酸或 2%~2.5%苛性钠进行彻底消毒。二是对受威胁的牛群采取预防性治疗，可在饲料或饮水中加入土霉素，剂量为每千克体重 20~30 mg，每天 1~2 次，持续 5~7 d，可使发病率显著下降。可对全部牛只用 20%磺胺噻唑钠肌肉注射，成年牛每次 15 mL，每日 1~2 次，连用 3 d，还可用0.1%高锰酸钾水做胃肠消毒，经 20 d，可控制牛只感染。三是护理病牛或与病牛接触的人应特别注意，防止受到传染，尤其不可吃未经充分煮熟的病牛肉。

第六节　公共卫生影响

本病的传染源为患病动物和带菌动物。患病动物的粪、尿、乳汁、精液，以及眼、鼻、生殖道的分泌物都可分离到病菌。本病经消化道、呼吸道、眼结膜及皮肤损伤等途径感染，饲料和饮水是主要的传染媒介。动物感染谱非常广泛，已查明有 42 种哺乳动物和 22 种鸟类易感。家畜中以绵羊、猪、家兔多发病，牛、山羊次之，马、犬、猫很少。家禽以鸡、火鸡、鹅发病较多，鸭极少。野禽、野兽和啮齿动物也易感，尤以鼠类易感性最高，是本菌的自然贮存宿主。本病多为散发，有时呈地方性流行，发病率低，但致死率高。

第十章　牛生殖道弯曲杆菌病

牛生殖道弯曲杆菌病(Bovine genital campylobacteriosis)又名弧菌病,是一种由胎儿弯曲杆菌(Campylobacter fetus)引起牛以不育、胚胎早死、流产为主要特征的传染病。该病对畜牧业危害较大,是世界动物卫生组织规定必须报告的动物疫病,我国将其列为三类动物疫病。

第一节　病原

一、分类地位

按照《伯吉氏系统细菌学手册》第二版第二册(2005 年),胎儿弯曲杆菌在分类上属弯曲杆菌科、弯曲杆菌属成员。本属有胎儿弯曲杆菌、唾液弯曲杆菌、空肠弯曲杆菌、结肠弯曲杆菌、简明弯曲杆菌、粪弯曲杆菌等,其中胎儿弯曲杆菌现分为胎儿亚种和性病亚种。胎儿亚种可感染人、牛、羊,并引起牛、羊的流产,而且可以从不同宿主的不同器官中分离出来。性病亚种主要寄生在牛的生殖道,是引起牛生殖道弯曲杆菌病的主要病原。

二、形态学特征和培养特性

(一)形态与染色

胎儿弯曲杆菌革兰氏染色阴性,无芽孢和荚膜,一端或两端有鞭毛,能运动。在感染组织中呈弧形或"S"形,偶尔呈长螺旋状。在幼龄培养物中菌体大小为(0.3~0.4)μm×(0.5~8)μm,在老龄培养基上呈球形。

（二）培养特性

本菌微需氧，在厌氧环境下不生长，最适宜生长温度37℃。营养要求高，在普通培养基上不能生长，需要加血液或血清才能生长。经2~5 d培养，在琼脂培养基上可见浅灰粉色、光滑、圆形、微隆起、有光泽、边缘整齐、直径1~3 mm的菌落。

（三）生化特性

本菌生化特性不活泼，不分解糖类，不液化明胶，不分解尿素，V-P和甲基红试验均为阴性，氧化酶为阳性。胎儿亚种磷酸酶阴性，有25%的菌株芳香基硫酸酯酶阳性，可还原亚硒酸盐。性病亚种不还原亚硒酸盐，磷酸酶和芳香基硫酸酯酶阴性，在含1%甘氨酸的培养基中不生长。

三、分型

本菌经100℃ 2 h热处理后，胎儿弯曲杆菌脂多糖结构中含有A和B 2个不同的热稳定表面抗原，由此可将该菌属分为A和B 2个血清型。A血清型中包括胎儿和性病2个亚种，B血清型中却只有胎儿亚种，而有些胎儿亚种的菌株则同时包含A、B 2个血清型。

四、基因组

胎儿弯曲杆菌性病亚种菌株基因组大小约1.8 Mb，有1 474个开放阅读框。胎儿弯曲杆菌性病亚种22个特异且毗连序列长约80 kb，位于其特定的毒力因子上，另外部分潜在毒力因子的基因序列也是鉴别胎儿弯曲杆菌性病亚种和胎儿亚种的靶序列。再有编码碳饥饿蛋白的基因和parA基因同簇体，已作为分子诊断的靶基因加以应用。

五、蛋白质组

是胎儿弯曲杆菌的野型菌株表现，覆盖一层高分子的表面蛋白。这层蛋白分子量为97~149 ku，由Sap基因族编码，主要由Ⅳ型分泌系统分泌和运输，由其中的SapA基因编码蛋白可用作胎儿弯曲杆菌抗体的制备和ELISA诊断方法的建立。

六、生物学特性

本菌具有耐热的菌体抗原(O 抗原)和不耐热的鞭毛抗原(H 抗原),有的菌株有荚膜抗原(K 抗原)。各地血清型分布无规律,都有其流行的优势菌型。本菌抵抗力不强,易被干燥、直射阳光及一般消毒药杀死,58℃ 5 min 死亡。在干草、厩肥和土壤中,20℃条件下可存活 10 d,6℃条件下可存活 20 d。在冷冻精液(-79℃)中可存活。对红霉素、氯霉素高度敏感。黄连、大黄、板蓝根和大蒜等都有较好的抑菌作用。

第二节　流行病学

一、传染源

病母牛、康复后的母牛和带菌的公牛是主要传染源。病菌存在于母牛生殖道、流产胎盘和胎儿组织中,寄生于公牛的阴茎上皮和包皮的穹隆部。公牛可带菌数月甚至数年,带菌时间往往与年龄有关,一般 5 岁以上的公牛带菌时间较长。母牛感染后 1 周即可从子宫颈、阴道黏液中分离到病菌,但感染后 3 周至 3 个月的含菌数最多,3~6 个月后多数母牛能自愈, 但有些母牛整个妊娠期甚至产后都可能带菌。

二、传播途径

本病经交配和人工授精传染,也可由于采食污染的饲料、饮水等而经消化道感染。

三、易感动物

多数成年母牛和公牛有易感性,未成年者稍有抵抗力,羊、犬、人也可感染本病。

第三节　临床症状和病理变化

一、临床症状

公牛一般没有明显的临床症状，精液也正常。母牛在感染后，病原菌一般在10~14 d侵入子宫和输卵管，并在其中繁殖，引起发炎。初期阴道呈卡他性炎，黏膜发红，黏液分泌增多，有时可持续3~4个月。此时母牛因为胚胎早期死亡并被吸收，或因早期流产而不育，多数牛发情周期不规则，至感染后6个月，可能再次受孕。有些感染母牛妊娠5~7个月时，仍能引起胎儿死亡和流产，流产率5%~10%。康复牛能获得免疫，对再感染有一定的抵抗力，即使与带菌公牛交配仍能受孕。

二、病理变化

病死母牛可见子宫内膜炎、轻度子宫颈炎和输卵管炎。子宫潮红，流出黏液和脓性分泌物，并流入阴道。流产胎儿的肝脏可见大量圆形坏死病灶。子宫内膜有轻微的颗粒增生，颗粒消散时，可见少数囊腺周围有轻度的纤维素变性。有轻度子宫内膜炎时，在基质内有浆细胞浸润，形成淋巴细胞灶。公牛在黏膜固有层有弥漫性单核细胞浸润。

第四节　实验室诊断

一、病原学诊断

病原的分离鉴定是国际贸易中规定的检测方法，生化试验也是可以准确区分胎儿亚种和性病亚种的手段。另外近年来不断发展的分子方法也可用来检测胎儿弯曲杆菌，也适合做不同亚种的鉴定。

（一）病原分离鉴定

将新鲜病料涂片革兰氏染色镜检，若见到逗号形、“S”形和螺旋形的彼此分离的弯曲杆状细菌，可做出初步诊断。典型的胎儿弯曲杆菌两端有鞭毛,可以向两极运动,不过此种特性在多次传代培养中消失。也可将样品接种于培养基上。可用的培养基有基础培养基、脑-心-血琼脂培养基和选择培养基。接种后的培养基置37℃,5% O_2、10% CO_2和85% N_2的混合气体环境中培养5~7 d。胎儿弯曲杆菌生长缓慢,特别是样品中有杂菌污染时。培养5 d后,菌落直径一般为1~3 mm,通常呈粉红色、圆形、凸起、表面光滑、发亮、边缘规则。对照胎儿弯曲杆菌生化特性特点进一步进行鉴定。

(二)分子诊断技术

选用胎儿弯曲杆菌2个亚种兼备的编码碳饥饿蛋白基因和性病亚种特有编码parA同簇体基因作为靶基因,建立多重PCR和荧光PCR,可作为对胎儿弯曲杆菌菌种的诊断和性病亚种的鉴别诊断。国内报道的是以自己设计的引物和荧光素标记的探针检测SapA基因建立的荧光PCR。

胎儿弯曲杆菌的血清学诊断包括ELISA、阴道黏液凝集试验。2种方法都可以用于监测牛群中胎儿弯曲杆菌的感染状况。

二、血清学诊断

(一)ELISA试验

用于监测IgA的ELISA方法是世界动物卫生组织列出的唯一血清学诊断方法。将胎儿弯曲杆菌性病亚种在血琼脂上培养后,用PBS离心洗涤进行纯化,以碳酸盐缓冲液悬浮,再包被聚苯乙烯微量滴定板,用于检测由性病亚种引起流产家畜阴道黏液中的IgA抗体。这种抗体在阴道黏液中可持续存在数月之久。IgA ELISA只适用于家畜群体中抗体水平的监测,并不适用于感染动物个体的确诊,也不能用于不同亚种的鉴别。

(二)阴道黏液凝集试验

阴道黏液中的抗体一般可持续存在3~4个月,有些母牛阳性反应可持续数年,然而大约有50%的阳性母牛在6个月内转为阴性,通常在感染后37~70 d采阴道黏液进行检测。阴道黏液稀释后,与胎儿弯曲杆菌性病亚种制备的抗原一并反应。一般认为黏液试验对诊断胎儿弯曲杆菌病是有价值的,但试验结果的解释必须结合畜群的情况,发病畜群中幸免感染的家畜和发情的感染家畜都会影响试验结果,所以本试验适用于畜群感染情况普查,并不适用于感染动物个体确诊。

第五节　防控措施

目前,有效果较好的菌苗可有效预防和控制本病,如用胎儿弯曲杆菌病亚种的无菌提取物或死菌苗给小母牛接种。淘汰有病的种公牛,严防本病通过交配传播。牛群暴发本病时,应暂停配种 3 个月,同时用抗生素治疗病牛。流产母牛可按子宫内膜炎治疗,向宫腔内投放链霉素或四环素、宫炎丸等。

第十一章 放线菌病

放线菌病(Actnomycosis)是由多种放线菌引起人与动物共患的一种慢性化脓性、肉芽肿性、亚急性至慢性感染性疾病。主要侵犯头颈部、腹部和肺部,以局部扩散、化脓,或肉芽肿性炎症、多发脓肿和窦道瘘管为特征。放线菌病是畜类慢性传染病之一,其中牛发病最为常见,绵羊及山羊较少发病。本病散发,很少呈流行性。

第一节 病原

一、分类地位

参照《伯吉氏系统细菌学手册》第二版第五册,放线菌在分类上属放线菌门(Actino bacteria)、放线菌纲(Actinobacteria)、放线菌目(Actinomycetales)、放线菌科(Actinomycetaceae)、放线菌属(Actinomyces)。放线菌属包括36个种,对人和动物有致病性的放线菌有牛型放线菌、衣氏放线菌、内氏放线菌、龋齿放线菌、黏放线菌、化脓放线菌、齿垢放线菌、豪氏放线菌、受损大麦放线菌、麦尔放线菌和腐殖放线菌。

二、形态学特征与培养特性

(一)形态与染色

放线菌种类很多,多数放线菌具有发育良好的分支状菌丝体,少数为杆状或原始丝状的简单形态。不产生芽孢和分生孢子。菌丝大多无隔膜,其粗细与杆状细菌相似,直径为1 μm左右。细胞中具核质而无真正的细胞核,细胞壁含有胞壁酸与二氨基庚二酸，而不含几丁质和纤维素。革兰氏染色阳性，在病灶中形成肉眼可见的针头大黄白色小菌块，呈硫黄颗粒状。此颗粒在载玻片上压平后镜检呈菊花状，菌丝末端膨大，呈放射状排列。

(二)培养特性与生化特性

培养前选出的硫黄颗粒放在灭菌生理盐水中浸洗 3 次，以除去表面污染的杂菌，利用以下各种培养基，在厌氧条件下，于 37℃或室温条件下培养，为了提高分离培养率，需采集新鲜标本。在血液琼脂、脑心浸液葡萄糖血液琼脂等培养基中，在厌氧条件下生长良好，菌落呈白色或乳白色，表面粗糙不平，无溶血性。

三、分型

放线菌种类繁多，分布广泛，但多数没有致病性，只有牛放线菌、衣氏放线菌等少数几种放线菌具有致病性。牛放线菌和衣氏放线菌是牛骨骼和猪乳房放线菌的主要病原，伊氏放线菌是人放线菌病的主要病原。

第二节　流行病学

Langenbeek 在 1845 年首先报道了放线菌病，1911 年首次报告人颜面部放线菌病。该病在世界各个国家均有发病。动物的发病率各地区不同，与当地的饲养管理水平有关，一般散发，在美国和苏联地区的沼泽地曾出现小规模暴发。我国 1904 年首次在宜昌发现牛放线菌病，散发。1965 年，根据临渔县的调查，当地耕牛中发生了由林氏放线菌引起的放线菌病，也称“硬舌病”，其患病率和病死率均很高。全县发病牛 444 头，死亡牛 329 头，病死率达 89.7%。从牛发病年龄看，10 岁以上者少见，3 岁以下者未见，多在 4~9 岁，特别是 7~9 岁最多。

一、传染源

病牛和带菌牛是主要传染源。

二、传播途径

放线菌主要分布于污染的土壤、饮水以及饲料中，并存在于机体的口腔和上呼吸道中，只要口腔黏膜发生损伤（如食入带刺饲草），就会导致自行感染发病。

三、易感动物

放线菌病属于一种人畜共患传染病，不仅牛、马、猪等家畜能感染发病，而且人类也能发病。通常是牛容易发病，尤其是2~5岁幼龄牛更易发病，往往呈散发性流行。

第三节　临床症状及病理变化

一、临床症状

以形成肉芽肿、瘘管和流出一种含灰黄色干酪状颗粒的脓液为主要特征。牛多发于颌骨、唇、舌、咽、齿龈、头部的皮肤和皮下组织。以颌骨放线菌病最多见，常在第三、第四臼齿处发生肿块，坚硬、界限明显，初期疼痛，后期无痛，破溃后形成瘘管，长久不愈。头、颈、颌下等部位软组织也常形成硬结，不热不痛。可见舌高度肿大，常垂于口外，并可波及咽喉部。病牛流涎，咀嚼吞咽困难，通常称为“木舌病”。乳房患病时，呈弥漫性肿大或有局灶性硬结，乳汁黏稠，混有脓汁。

二、病理变化

在受害器官的个别部位有扁豆粒至豌豆粒大的结节样生成物，这些小结节逐渐聚集形成大结节，最后变为脓肿。这种肿胀由化脓性微生物增殖引起，脓肿中含有乳黄色脓液，其中有放线菌丝。当细菌侵入骨骼，感染部位会逐渐扩大，状似蜂窝。切片呈白色，光滑，其中镶有细小脓肿。也可发现有瘘管通过皮肤排出脓汁或有瘘管将脓汁引流至口腔。在口腔黏膜上可见溃烂或蘑菇状生成物，圆形、质地柔软、呈褐黄色。病期较长的病例，肿块有钙化。

第四节 实验室诊断

一、病原分离鉴定

(一)染色压片检查

取少量脓汁放入试管中,加入适量灭菌生理盐水或蒸馏水稀释,充分振荡后再稍做沉淀，倒去上清液，再加入少量生理盐水后倒入洁净的培养皿中。将培养皿放在黑纸片上,找出硫黄样颗粒,放于洁净的载玻片上,加 1 滴 5%~10%氢氧化钾溶液或水,覆以盖玻片。当不加压而直接放于低倍镜下观察时,可见到排列成圆形或弯盘形的颗粒,中央颜色较淡,排列成放射状,边缘透明发亮,类似孢子,此即菌鞘。将硫黄颗粒压扁后观察,放线菌的菌块较大,呈菊花状,菌丝末端膨大,呈放射状排列。标本不用氢氧化钾溶液处理,用蒸馏水处理,镜检后标本再染色或再培养。

(二)染色检查

将颗粒用盖片压碎后,固定,革兰氏染色,放线菌为革兰氏染色阳性(林氏放线菌为革兰氏阴性),"V"形或"Y"形分支菌丝,无菌鞘。

二、分离培养鉴定

培养前,将选出的硫黄颗粒放在灭菌生理盐水中浸洗 3 次,以除去表面污染的杂菌,利用以下培养基,在厌氧环境中,于 37℃或室温条件下培养。为提高分离培养率,应采集新鲜样品,放线菌在各种培养基中的生长特点各有不同。

(一)硫乙醇酸钠肉汤

于 37℃条件下培养 3~7 d,放线菌在距管底 5~10 mm 处生长,呈散在雪花样菌落,管底则生长不多,肉汤透明清澈。

(二)1%葡萄糖肉汤

于 37℃厌氧条件下培养 7~10 d,放线菌生长于管底。

（三）脑心浸液葡萄肉汤或血脑心浸液葡萄糖肉汤

于 37℃厌氧条件下培养 4~6 d，在管底有小颗粒样沉淀。

（四）心浸液血葡萄糖琼脂

于 37℃厌氧条件下培养 7~10 d，在琼脂表面长成白色、凸起、表面粗糙、干燥、蜘蛛状菌落，直径 1~2 mm。7 d 后菌落中央凹陷。

（五）血琼脂

于37℃厌氧条件下培养 7 d 左右，即可见到白色、粗糙的结节状菌落，菌落紧贴在培养基上。取上述培养物镜检，涂片以氢氧化钾溶液或水处理后直接镜检或革兰氏染色后镜检，放线菌培养物易死亡，每隔 2 周移种 1 次。

三、分子诊断技术

目前，放线菌分子生物学鉴定方法有 DNA/DNA 同源性分析；DNA/rRNA 同源性分析；核酸一级结构分析，即 16S rRNA/rDNA 基因序列的分析、16S-23S rRNA 转录间区序列的分析、RNA 二级结构的分析研究；基于 DNA 指纹图谱的分析，即 PCR 限制性内切酶片段长度多态性分析、随机扩增 DNA 片段多态性分析、扩增片段长度多态性指纹分析技术等。

第五节　防控措施

一、预防措施

动物放线菌病主要是防止皮肤、黏膜损伤，如舍饲家畜饲喂前应除去粗硬饲草，将干草、谷糠浸软后再喂。修正幼畜尖齿，防止刺破口腔黏膜，发生损伤后及时处理治疗，避免在低湿地区放牧。

二、治疗措施

牛放线菌病的治疗，早期可进行外科摘除，晚期肿胀可切开引流，若有瘘管，应连同瘘管彻底切除。切除后的新创腔用碘配纱布填塞，24~48 h 更换 1 次，伤口周围注射 10%碘仿醚或 2%鲁格氏液，也可用烧烙疗法。

药物治疗可内服碘化钾，重者可静脉注射10%碘化钠。因牛放线菌发病者可用青霉素，因林氏放线杆菌发病者可用链霉素。病原未定时可同时应用青、链霉素。将抗菌素注射于患部周围，每日1次，连续5 d为1个疗程。链霉素和碘化钾同时应用，对软组织放线菌病和"木舌病"疗效显著。

第六节　公共卫生影响

放线菌病多为散在发生，一般认为属于内源性疾病，无明显感染性。正常人体内也有放线菌定植，口腔、牙垢、扁桃体，以及龋齿、牙周脓肿等病灶处常能发现大量放线菌。一般情况下，它们对人体不致病，但当机体全身或局部（如皮肤黏膜机械屏障受损）抵抗力降低，尤其伴有其他需氧菌感染，而利于厌氧性的放线菌生长时，则可引起放线菌病。吸入含放线菌的脓性分泌物可引起胸部放线菌病，放线菌沿消化管破损处或腹壁受损处感染引起腹部放线菌病。有明显免疫缺陷或放线菌致病性较强时，则可引起严重的血行播散。放线菌病可发生在任何年龄，但10岁以下的儿童较为少见，多数病例在15~35岁。男性为女性的2倍，农民及野外作业者较多见。

第三篇

寄 生 虫 病

第一章　棘球蚴病

棘球蚴病(Echinococcosis)又称包虫病(Hydatidosis),是由寄生于犬、狼、狐狸等动物小肠的棘球绦虫中绦期幼虫——棘球蚴感染中间宿主引起人与动物共患的寄生虫病。棘球蚴寄生于牛等家畜及多种野生动物，以及人的肝、肺与其他器官内。由于蚴体生长力强、体积大,不仅压迫周围组织使之萎缩和功能障碍,而且易造成继发感染。如果蚴体包囊破裂,可引起过敏反应,导致人和动物发生严重的疾病,甚至死亡。该病呈世界性分布,可引发全球性的公共卫生和经济问题,受到各国人们的普遍关注,尤其在经济不发达国家,流行最为严重。每年世界各地都有人患棘球蚴病而丧失劳动力或身体衰弱继发多种疾病而死亡的报道,动物发生棘球蚴病更是常见。在我国,棘球蚴病主要流行于西北部和东北部的广大牧区及农村,危害十分严重。

第一节　病原

一、分类地位

棘球绦虫在分类上属扁形动物门、绦虫纲、圆叶目、带科、棘球属。目前公认的虫种有 4 个,分别为细粒棘球绦虫、多房棘球绦虫、少节棘球绦虫和伏氏棘球绦虫。

二、形态

在我国，引起动物及人发生棘球蚴病的病原为单房棘球蚴和多房棘球蚴。这 2 种棘球蚴的成虫分别寄生于犬、狼及其他犬科动物小肠的细粒棘球绦虫,狐狸、犬、猫小肠内的多房棘球绦虫,其中细粒棘球绦虫分布广泛,是最重要的虫种。

(一)细粒棘球绦虫成虫

为小型绦虫，是绦虫中最小的虫种之一,体长 2~7 mm,平均 3.6 mm。除头节和颈部外,整个链体只有幼节、成节和孕节各 1 节,偶尔多 1~2 节。头节略呈梨形,直径 0.3 mm,具有顶突和 4 个吸盘。顶突富含肌肉组织,伸缩力很强,其上有 2 圈大小相间的小钩,共 28~48 个(通常 30~36 个),呈放射状排列,颈节内含生发细胞,再生能力强。顶突顶端有一群梭形细胞组成的顶突腺,其分泌物可能具有抗原性。各节片均为狭长形。成节的结构与带状绦虫略相似,生殖孔位于节片一侧的中部偏后。睾丸 45~65 个,均匀地散布在生殖孔水平线前后方。孕节的生殖孔更靠后,子宫具不规则的分支和侧囊,含虫卵 200~800 个。

(二)细粒棘球蚴

是细粒棘球绦虫的中绦期虫体,为圆形囊状体,随寄生时间长短、寄生部位和宿主的不同,直径在 5~10 cm。棘球蚴为单房性囊,由囊壁和囊内含物(生发囊、原头蚴、囊液等)组成。有的还有子囊和孙囊,囊壁外有宿主的纤维组织包绕。囊壁分 2 层,外层为角皮层,厚约 1 mm,乳白色,半透明,似粉皮状,较松脆,易破裂。光镜下无细胞结构而呈多层纹理状。内层为生发层,亦称为胚层,厚约 20 μm,具有细胞核。生发层紧贴在角皮层内,囊腔内充满囊液,亦称为棘球蚴液。囊液无色透明或微带黄色,内含多种蛋白、肌醇、卵磷脂、尿素及少量糖、无机盐和酶,对人体有抗原性。生发层向囊内长出许多原头蚴,此小囊也称为育囊或生发囊,是具有一层生发层的小囊,由生发层的有核细胞发育而来。据观察,最初由生发层向囊内芽生成群的细胞,这些细胞空腔化后,形成小囊并长出小蒂与胚层连接。在小囊壁上生成数量不等的原头蚴,多者可达 30~40 个。原头蚴可向生发囊内生长,也可向囊外生长成外生性原头蚴,子囊可由母囊(棘状蚴囊)的生发层直接长出,也可由原头蚴或生发囊进一步发育而成。子囊结构与母囊相似,其囊壁具有角皮层和生发层，囊内也可生长原头蚴、生发囊以及与子囊结构相似的小囊，称为孙囊。有的母囊无原头蚴、生发囊等，称为不育囊。原头蚴、生发囊和子囊可从胚层上脱落，悬浮在囊液中，称为囊砂或棘球蚴砂。

（三）多房棘球绦虫

虫体很小，与细粒棘球绦虫相似，仅 1.2~4.5 mm 长，由 2~6 个节片组成。头节有吸盘，顶突上有小钩 14~34 个，倒数第二节为成节，有睾丸 14~35 个，生殖孔开口于侧缘的前半部。孕节内子宫呈带状，无侧枝。多房棘球绦虫的中绦期为多房棘球蚴，又称为泡状蚴，为圆形的小囊泡，大小从豌豆大到核桃大，被膜薄，半透明，由角质层和生发层组成，呈灰白色，囊内有原头蚴，含胶状物。实际上泡球蚴是由无数个小的囊泡聚集形成的。

三、生活史

细粒棘球绦虫寄生于终末宿主犬、狼和狐狸的小肠；中间宿主是羊、牛、骆驼、猪和鹿等偶蹄类动物，偶可感染灵长类动物。成虫寄生在终末宿主小肠上段，以顶突上的小钩和吸盘固着在肠绒毛基部隐窝内，孕节或虫卵随宿主粪便排出。孕节有较强的活动能力，可沿草地或植物蠕动爬行，致使虫卵污染动物皮毛和周围环境，包括牧场、畜舍、蔬菜、土壤及水源等。当中间宿主吞食了虫卵和孕节后，六钩蚴在其肠内孵出，然后钻入肠壁，经血液循环至肝、肺等器官，经 3~5 个月发育成直径 1~3 cm 的棘球蚴。由于棘球蚴囊的大小和发育程度不同，囊内原头蚴可由数千至数万甚至数百万个。原头蚴在中间宿主体内播散可形成新的棘球蚴，在终末宿主体内可发育为成虫。棘球蚴被犬、狼等终末宿主吞食后，其所含的每个原头蚴都可发育为一条成虫，故犬、狼肠内寄生的成虫也可达数千至上万条。从感染至发育成熟排出虫卵和孕节约需 8 周时间，大多数成虫寿命为 5~6 个月。

第二节 流行病学

一、传染源

有棘球绦虫寄生的狗、狼、狐等肉食动物是主要的传染源。

二、传播途径

人与牛主要通过与犬等染虫肉食动物接触，误食棘球绦虫卵而经消化道感染。染虫动物把虫卵及孕节排到体外的环境中,体节可保持活力达几天之久。有时体节遗留在犬肛门周围的皱褶内，体节的伸缩活动使犬瘙痒不安,到处摩擦,或以嘴啃舐,这样虫卵就在犬的鼻部、脸部沾染,随着犬的活动,虫卵的传播范围扩大,从而增加人和牛只感染棘球蚴的机会。棘球蚴的感染与养犬密切相关。人感染是由于直接与犬或狐狸等接触,致使虫卵沾在手上经口感染,或因吞食了被虫卵污染的水源、蔬菜、水果引起,或通过被虫卵污染的生活用具而感染。

三、易感动物

牛、羊、猪等家畜、多种野生动物和人对棘球蚴均易感。

四、流行特点

我国主要以囊型包虫病为主,流行于西北的广大农牧区,尤其高海拔牧区流行最为严重，家犬和野犬是主要的传染源和终末宿主（犬细粒棘球绦虫),在西藏、青海、甘肃、四川、新疆的部分地区也存在泡型棘球蚴病。

第三节 临床症状和病理变化

一、临床症状

感染包虫病时,营养失调,体瘦衰弱,反刍无力,肠鼓气,叩诊浊音区扩大,触诊疼痛,咳嗽,肺部血管破裂者全身症状会迅速恶化,通常窒息死亡。牛肺部寄生棘球蚴时,会出现长期慢性呼吸困难和微弱的咳嗽。寄生在肝脏时，肝增大，腹右侧膨大，病牛营养失调，反刍无力，肠鼓气，消瘦，虚弱。终末宿主的棘球绦虫病一般无明显症状，感染严重时，病狗表现腹泻、消化不良、消瘦、贫血、肛门瘙痒等症状。

二、病理变化

细粒棘球蚴寄生于牛，会压迫所寄生的脏器及周围组织，引起组织萎缩和机能障碍。寄生于肝脏时会消化失调，出现黄疸，肝区压痛明显。寄生于肺脏时会咳嗽、喘息和呼吸困难。代谢产物被吸收后，使周围组织发生炎症和全身过敏反应，严重者可致死。

第四节 实验室诊断

典型病例可根据流行病学资料、临床症状及病理变化做出初步诊断，确诊应以病原学结果为依据。动物死后剖检，能通过肉眼发现组织器官中的棘球蚴。牛的棘球蚴病以在内脏器官内查出幼虫期包囊或囊泡，在肝、肺中发现棘球蚴为确诊。

一、棘球蚴检查

在屠宰场进行，选取一定量的牛，屠宰后检测肝和肺有无包囊，确定棘球蚴的幼虫期包囊后，测定包囊大小，记录数量，采集包囊样品，是检测棘球蚴感染的主要手段。一般能直接看到许多器官上感染的棘球蚴包囊。对牛等动物的肝、肺进行检查时，应触诊，必要时切开包囊或囊泡。绵羊和山羊的肝脏可感染细颈囊尾蚴，对患病肝做鉴别诊断时，这 2 种寄生虫不易区分，需特别注意。福尔马林固定的样品可用常规的组织染色。目前，过碘酸雪夫呈阳性染色是典型的棘球绦虫中绦期囊壁结构的显色特征，本染色法可清晰观察到宿主结缔组织下的无细胞角质层和含细胞或无细胞的巨核生发层。子囊中或包囊砂上的原头节可用作种的鉴别诊断。

从冷冻、冷藏或保存于 90%乙醇的原头节或幼虫组织中提取 DNA，用于细粒棘球绦虫或多房棘球绦虫的基因定型。目前已经建立 Digoxinum（DIG）

标记 DNA 杂交诊断技术。以棘球蚴的囊液、子囊及原头蚴为模板,经 PCR 扩增获得 471 bp 特异性区带,将扩增产物纯化后,用 DIG 标记 DNA,制备成特异性核酸探针用于细粒棘球蚴的检测。

二、成虫检查

从犬体内分离鉴定棘球绦虫成虫非常必要，是监测棘球病区域流行的重要手段。由于对粪便的检查不能区分棘球属和带属的绦虫虫卵,处死被检犬后,需尽快取出小肠,并结扎两端。如病料不能冷冻或用福尔马林固定,要迅速检查，否则虫体会在 24 h 内崩解。将新鲜小肠剪成数段，立即浸泡于 37℃生理盐水中进行检查,借助放大镜可看到肠壁上黏附的成虫并计数。为精确计数将未固定的小肠截成 4 段或 6 段,沿纵轴剪开,浸于 37℃生理盐水中 30 min,使虫体脱落。同时用刮舌板刮肠壁,全部材料煮沸,用筛除去颗粒,冲洗下来的内容物和碎屑置于黑底托盘,用放大镜和体式显微镜进行虫体计数。一般可在小肠的前 1/3 段发现细粒棘球绦虫成虫,多房棘球绦虫成虫一般寄生在小肠中部或后部。

(一)剖检法

是终末宿主多房棘球绦虫诊断最可靠的方法，也是调查本病群体流行情况和判定荷虫量的最佳和最廉价的方法。

(二)沉淀计数法

与其他检查方法的特异性、敏感性相比,此法被认为是金标准。依据上述剖检法原则,将全部沉淀物混合,抽取少量沉淀物放置于盘底画有小方格的长方形塑料盘中,在 120 倍解剖显微镜下寻找虫体和计数。假如荷虫总量在 100 条以内,全部计数。超过 100 条,按比例抽样计数,计算总荷虫量。

(三)抽检黏膜刮取法

是将终末宿主小肠纵向切开,用载玻片插入黏膜深处刮取黏膜物,设 3 个刮取部位,分别为小肠前端、中部和后段,每个部位刮 5 个点,共 15 个点。并将刮取物放置于干净的载玻片上,覆盖另一张干净的载玻片,挤压,用 120 倍体式显微镜检查成虫。

（四）槟榔碱下泻法

给犬服用导泻药（最常用槟榔碱）使小肠内容物排空，在排泄的粪便中检查有无棘球绦虫或其他绦虫。该法已普遍应用于家犬和牧犬感染棘球绦虫成虫的检查和监测。犬经口灌喂槟榔碱后出现两个过程，首先排出成形的粪便，随后排出黏液。将黏液样品（4 mL）用自来水稀释（100 mL），并盖上一薄层煤油或石蜡（约 1 mL），煮沸 5 min。静置后弃去上清液，用生理盐水或自来水反复冲洗沉淀物，直至上清液中大部分絮状物被除去为止。之后将沉淀物缓慢倒入带黑底搪瓷盘中，加适量生理盐水或自来水，检查虫体。但由于 15%~25%的犬用本方法不能有效下泻或有效排出虫体，因此该法的敏感性偏低，但特异性为 100%。第一次下泻后，犬可能继续排出成虫、节片和虫卵，因此在泻后继续将犬拴在检查点 2 h。用此法检查工作结束后，一定要对犬拴置区和检查操作区用煤油或喷灯焚烧，进行环境灭卵消毒。

三、生物安全防护

对终末宿主体内的成虫或虫卵的检查，操作者均有被感染的高危险性。因此应高度注意自我保护，必须穿连体工作服、胶鞋，戴手套、口罩和帽子。使用后的连体工作服要煮沸洗净，胶鞋用 10%次氯酸钠溶液消毒，其余防护用品作无害化焚烧，严格防止操作人员经口感染棘球绦虫虫卵。检查中所有的感染性材料置于−80℃条件下 48 h 或−70℃条件下 4 d 或 70℃条件下 12 h 可消除感染风险。尽管次氯酸钠能杀死部分虫卵，但化学消毒并不可靠。污染物品应加热处理，加热 85℃以上效果最好。降低湿度（40%）并提高室温（30℃）48 h 以上，可消除实验室污染。

四、其他方法

虽有研究显示多种免疫学方法可用于棘球蚴病的诊断，但利用免疫学检测诊断动物棘球蚴病敏感性和特异性较低，且常与其他棘球蚴感染和其他绦虫幼虫期感染存在交叉反应，因而不能替代动物剖检诊断，临床上常用于大量动物棘球蚴病的筛查。

成虫的检测是对犬通过食入棘球蚴包囊遭受感染，在虫体发育、虫卵形成的各个阶段抗原都暴露于小肠内，感染犬血清中可分别产生针对六钩蚴抗原和原头节抗原的特异性抗体。可通过检测血清中相应抗体进行诊断，还可通过检测粪抗原进行检测。

第五节　防控措施

细粒棘球绦虫本身的生物学特点决定了它的生物学潜能较低，其生活循环容易受到干预措施的影响。主要预防措施包括强化和普及健康教育；对家犬实行登记管理、严格控制无主犬；治疗病犬；严格管理市场和家庭屠宰，防止家犬接触包虫感染的脏器。

第六节　公共卫生影响

在细粒棘球绦虫的生活史中，人类的感染是偶然，并不参与寄生虫的生活史。人类的感染及在人群中的流行强度取决于犬/绵羊循环的传播水平，及人类与之接触的密切程度。因而人类包虫病的流行区也是畜牧业生产比重较大的地区。家犬是细粒棘球绦虫的终末宿主，也是最主要的传染源。寄生在犬小肠中的成虫，7~14 d 虫卵成熟、孕节脱落 1 次。但在感染犬粪中有持续虫卵排出。寄生在中间宿主体内的细粒棘球蚴是细粒棘球绦虫生活史中的重要阶段，它以无性生殖的方式繁殖而且寿命很长，又不易受外界环境因素的影响。最重要的中间宿主是绵羊，绵羊有高度的易感性，在重流行地区绵羊的患病率可达 90% 以上，主要的流行因素有以下几种。

一、生活习惯

家犬有舔拭肛门的习惯，由此可将虫卵散布于全身表面，当与人接触时随时可将虫卵传染给人。含有虫卵的犬粪可污染水源和土壤，通过水和土壤污染人的手、蔬菜和水果等食物。

二、自然地理条件

细粒棘球绦虫的生活史需一定的外部环境条件，特别是虫卵排出后需生存一段时间才能获得感染中间宿主的机会。气温较低、湿度较大，又有一定遮阴条件的草原和山地草原适于虫卵的存活。

三、致病机制

细粒棘球绦虫虫卵进入人体后能否实现成功地寄生，取决于2个主要因素：一是人体对侵袭性虫卵的暴露量（摄人虫卵的数量）；二是寄生虫通过人体组织屏障和抵抗宿主早期炎性反应及免疫反应的能力。侵袭性虫卵是指具有充分活力的成熟虫卵，而未成熟的、老化和半老化的虫卵都不能形成成功的感染。虫卵进入人体后须经历3个主要过程：一是六钩蚴从胚膜中孵化；二是六钩蚴被激活；三是移行到适当的组织并定位发育。在感染后30~120 min，即可见到激活的六钩蚴穿透肠黏膜固有层的小静脉或乳糜管。通过血液还是淋巴系统移行，决定了寄生虫最终分别定位于肝或肺，只有少数六钩坳越过肝、肺进入其他器官或组织。

第二章　日本血吸虫病

日本血吸虫病(Schistosomiasis japonica)又名日本分体吸虫病，是由日本血吸虫寄生于人和牛、羊、猪、犬、啮齿类及一些野生哺乳动物的门静脉系统的小血管内引起的一种危害严重的人畜共患寄生虫病。本病流行于亚洲部分国家，在我国发生于淮河以南有钉螺生长的地区，即长江流域12个省、自治区和直辖市，属我国五大寄生虫病之一，也是世界卫生组织确定的六大热带病之一，仅次于疟疾。该病严重影响人的健康和畜牧业生产，是公共卫生和动物医学领域的重要研究对象。我国将本病列为二类动物疫病。

第一节　病原

一、分类地位

日本血吸虫病的病原在分类上属扁形动物门，吸虫纲、复殖目、分体科、分体属。日本分体吸虫，又称日本血吸虫。该属除日本分体吸虫外，还包括曼氏血吸虫、埃及血吸虫、间插血吸虫、湄公血吸虫和马来血吸虫。

二、病原形态

日本血吸虫成虫雌雄异体，虫体呈线状。雄虫短粗，呈乳白色，大小为(10~20)mm×(0.5~0.55)mm，前端有发达的口吸盘和腹吸盘，腹吸盘以下，虫体向两侧延展，并略向腹面卷曲，形成抱雌沟，故外观呈圆筒状。雌虫前细后粗，形似线虫，体长(15~26)mm×(0.1~0.3)mm，腹吸盘大于口吸盘，由于肠管充满消化或半消化的血液，故雌虫呈黑褐色，常居留于抱雌沟内，与雄虫合抱。雌虫发育成熟必须有雄虫的存在和合抱,促进雌虫生长发育的物质可能是来自雄虫的一种性信息素,通过合抱,从雄虫体壁传递给雌虫,另外雄虫和雌虫的营养性联系也是促使他们发育的主要因素之一。一般认为,单性雌虫不能发育至性成熟,而单性雄虫虽然能产生活动的精子,可发育成熟,但所需时间较长,体形也较小。消化系统有口、食道、肠管。肠管在腹吸盘前背侧分为两支,向后延伸到虫体后端 1/3 处汇合成盲管。成虫摄食血液,肠管内充满被消化的血红蛋白,呈黑色。肠内容物可经口排放到宿主的血液循环内。雄虫生殖系统由睾丸、储精囊、生殖孔组成。睾丸为椭圆形,一般为 7 个,呈单行排列,位于腹吸盘背侧,生殖孔开口于腹吸盘下方。雌虫生殖系统由卵巢、卵腺、卵模、梅氏腺、子宫等组成。卵巢位于虫体中部,长椭圆形。输卵管出自卵巢后端,绕过卵巢而向前。虫体后端几乎被卵黄腺充满,卵黄管向前延长,与输卵管汇合成卵模,并为梅氏腺所围绕。卵模与子宫相接,子宫开口于腹吸盘的下方,内含虫卵 50~300 个。虫卵呈椭圆形,淡黄色,大小为(70~100)μm×(50~65)μm,卵壳较薄,无盖,在其侧方有一小刺,成熟虫卵的卵内含有毛蚴,构造清晰。

三、生活史

日本血吸虫的生活史比较复杂,包括在终末宿主体内的有性世代和在中间宿主钉螺体内的无性世代的交替。生活史分成虫、虫卵、毛蚴、母胞蚴、子胞蚴、尾蚴、童虫 7 个阶段。日本血吸虫成虫寄生于人及多种哺乳动物的门脉–肠系膜静脉系统。雌虫产卵于静脉末梢内,虫卵主要分布于肝及结肠肠壁组织,虫卵发育成熟后,肠黏膜内含毛蚴虫卵脱落入肠腔,随粪便排出体外。含虫卵的粪便污染水体,在适宜条件下,卵内毛蚴孵出。毛蚴在水中遇到适宜的中间宿主钉螺,侵入螺体并逐渐发育。先形成袋形的母胞蚴,其体内的胚细胞可产生许多子胞蚴,子胞蚴逸出,进入钉螺肝内,其体内胚细胞陆续增殖,分批形成许多尾蚴。尾蚴成熟后离开钉螺,常分布在水的表层,人或动物与含有尾蚴的水接触后,尾蚴经皮肤而感染。尾蚴侵入皮肤,脱去尾部,发育为童虫。童虫穿入小静脉或淋巴管,随血流或淋巴液带到右心、肺,穿过肺泡小血管到左心并运送到全身。大部分童虫再进入小静脉，顺血流入肝内门脉系统分支，童虫在此暂时停留，并继续发育。当性器官初步分化时，遇到异性童虫即开始合抱，并移行到门脉–肠系膜静脉寄居，逐渐发育成熟交配产卵。

成虫寄生于终末宿主的门脉、肠系膜静脉系统，虫体可逆血流移行到肠黏膜下层的小静脉末梢，合抱的雌雄成虫在此处交配产卵，每条雌虫每日产卵300~3 000个。日本血吸虫雌虫在排卵时呈阵发性地成串排出，以致卵在宿主肝、肠组织血管内往往沉积成念珠状，雌虫产卵量因虫的品系（株）、实验动物宿主及虫体寄生时间长短不同而异。所产的虫卵大部分沉积于肠壁小血管中，少量随血流进入肝。约经11 d，卵内的卵细胞发育为毛蚴，含毛蚴的成熟虫卵在组织中能存活10 d。由于毛蚴分泌物能透过卵壳，破坏血管壁，并使周围组织发炎坏死；同时肠的蠕动、腹内压增加，致使坏死组织向肠腔溃破，虫卵便随溃破组织落入肠腔，随粪便排出体外。不能排出的虫卵沉积在局部组织中，逐渐死亡、钙化。含有虫卵的粪便污染水体，在适宜的条件下，卵内毛蚴孵出。毛蚴的孵出与温度、渗透压、光照等因素有关。当温度在5~35℃均能孵出，一般温度越高，孵化越快，毛蚴的寿命也越短，以25~30℃最为适宜。低渗透压的水体、光线照射可以加速毛蚴的孵化。水的pH也很重要，毛蚴孵化的最适宜pH为7.5~7.8。毛蚴孵出后，多分布在水体的表层，做直线运动，并且有向光性和向清性的特点。毛蚴在水中能存活1~3 d，孵出后经过的时间愈久，感染钉螺的能力愈低。当遇到中间宿主钉螺，就主动侵入，在螺体内进行无性繁殖。钉螺是日本血吸虫唯一的中间宿主。毛蚴袭击和吸附螺软组织是由于前端钻器的吸附作用和一对侧腺分泌黏液作用的结果。与此同时、毛蚴顶腺细胞可分泌蛋白酶以降解含有糖蛋白成分的细胞外基质，以利其钻穿螺软组织。随后，毛蚴不断交替伸缩动作，从已被溶解和松软的组织中进入，毛蚴体表纤毛脱落，胚细胞分裂，2 d后可在钉螺头足部及内脏等处开始发育为母胞蚴。在母胞蚴体内产生生殖细胞，每一生殖细胞又繁殖成一子胞蚴，子胞蚴具有运动性，破壁而出，移行到钉螺肝内寄生。子胞蚴细长,呈节段性,体内胚细胞分裂而逐渐发育为许多尾蚴。一个毛蚴钻入钉螺体内,经无性繁殖,产生数以千万计的尾蚴,尾蚴在钉螺体内分批成熟,陆续逸出。尾蚴形成的全部过程所需时间与温度有关, 至少为 44 d, 最长是 159 d。发育成熟的尾蚴自螺体逸出并在水中活跃游动。影响尾蚴自钉螺逸出的因素很多,最主要的因素是水温,一般在 15~35℃范围内没有什么区别,最适宜温度为 20~25℃。光线对尾蚴逸出有良好的作用。水的 pH 在 6.6~7.8 范围内,对尾蚴逸出不受影响。尾蚴逸出后,主要分布在水面下,其寿命一般为 1~3 d。尾蚴的存活时间及其感染力随环境温度及水的性质和尾蚴逸出后时间长短而异。当尾蚴遇到人或动物皮肤时,用吸盘吸附在皮肤上,依靠其体内腺细胞分泌物的酶促作用、头器伸缩的探查作用,以及虫体全身肌肉运动的机械作用而协同完成钻穿宿主皮肤。在数分钟内即可侵入。尾蚴一旦侵入皮肤以后丢弃尾部。一般认为,后钻腺的糖蛋白分泌物遇水膨胀变成黏稠的胶状物,能粘住皮肤,以利前钻腺分泌酶的导向和避免酶流失等作用。前钻腺分泌物中的蛋白酶在钙离子激活下,能使角蛋白软化,并降解皮肤的表皮细胞间质、基底膜和真皮的基质等,有利于尾蚴钻入皮肤。尾蚴脱去尾部,侵入宿主皮肤后,称为童虫,童虫在皮下组织停留短暂时间后,侵入小末梢血管或淋巴管内,随血流经右心到肺,再从左心入大循环,到达肠系膜上下动脉,穿过毛细血管进入门静脉。待发育到一定程度,雌雄成虫合抱,再移行到肠系膜下静脉及痔上静脉寄居、交配、产卵。自尾蚴侵入宿主至成虫成熟并开始产卵约需 24 d, 产出的虫卵在组织内发育成熟需 11 d 左右。成虫在人体内存活时间因虫种而异,日本血吸成虫平均寿命约 4.5 年,最长可活 40 年之久。

四、主要基因与功能蛋白

日本血吸虫基因组为二倍体,由 8 对染色体组成,包括 7 对常染色体和 1 对性染色体。染色体核型组成为大型染色体 2 对、中型染色体 3 对、小型染色体 3 对。基因组由近 4 亿个碱基组成,含有 40.1%的重复序列。其单倍体基因组含有 270 Mb 碱基对,约为人基因组大小的 1/10,有 60%的高度或中度重复序列，30%的单拷贝序列。我国科学家 2006 年首次宣布日本血吸虫基因组工作框架图序列数据，共计 300 多万条 DNA 序列。由于日本血吸虫属于真核生物，其基因组庞大，目前已研究识别编码基因 13 469 个，研究了几类相关基因，归类起来包括酶类基因、结构蛋白基因、信号传导及表达调控相关基因和生理功能相关蛋白基因等。对这些功能基因的功能研究，有助于寻找到新的血吸虫疫苗候选分子和新药研究途径。与功能基因相对，目前研究的日本血吸虫蛋白主要分为酶性蛋白、肌相关蛋白、膜相关蛋白、钙相关蛋白、线粒体相关蛋白、性别相关蛋白、信号蛋白和卵相关蛋白。这些研究为研制开发疫苗、新型治疗药物和新诊断方法提供了途径。

第二节　流行病学

1894 年，日本片山出现皮肤奇痒的疾病，当时称为片山病。1904 年，日本人 Katsurada 在 12 份粪便样品中找到 5 个类似埃及血吸虫卵的卵，后来又在猫的门静脉及其分支血管内找到了血吸虫成虫，命名为日本血吸虫。日本血吸虫分布于西太平洋地区的日本、中国、菲律宾和印度尼西亚。日本自 1976 年起再未发现感染性钉螺，1978 年起无新病例报告，成为全球第一个有效消灭血吸虫病的国家。日本血吸虫病在菲律宾主要流行于 24 个省，流行区分 10 个地区，主要为 Visayas 和 Mindanao 岛，家畜（黄牛、水牛、犬）和野鼠传染源占 1/4。1937 年，Lindu 在印度尼西亚发现首例病例，主要流行地区为 Napu 和 Lindu 湖流域，通过执行防治规划，流行率显著下降，到 1991 年已接近 1%。

1905 年，Catto 在新加坡一例福建籍华侨尸体的肠系膜静脉内检获成虫。同年，美籍医生 Logan 在我国湖南常德一患病渔民的粪便中找到了虫卵，从而确定日本血吸虫在我国的存在。在中华人民共和国成立初期，血吸虫病分布于长江中下游及以南地区 12 个省、自治区、直辖市。通过防治，已有广东、上海、福建、广西、浙江 5 地阻断了血吸虫病的传播。至 2009 年，全国 454

个流行县、市、区中已有 265 个县阻断了血吸虫病的传播，有 100 个县控制了血吸虫病的传播，尚未控制血吸虫病流行的地区疫情也大大减轻。目前，我国流行区域只分布于长江流域。

一、传染源

带虫的哺乳动物和人都是本病的传染源。

二、传播途径

血吸虫可通过皮肤、口腔黏膜、胎盘等途径侵入宿主，中间宿主为钉螺，在我国为湖北钉螺，有 10 个亚种，只分布在淮河以南地区。无钉螺的地区均不流行本病。

三、易感动物

以牛、羊感染为主，其次有猪、犬、马、骡、驴、猫等，还有家兔、大鼠、小鼠等 31 种野生动物和人工感染的 6 种实验动物，人也能感染。

第三节 临床症状和病理变化

一、临床症状

家畜感染血吸虫后，临床症状因品种及年龄和感染强度而异。一般来讲，黄牛、奶牛症状较水牛、马、羊和猪明显，山羊较绵羊明显，犊牛较成年牛明显。

临床上有急性和慢性之分，以慢性常见。急性型症状多见在 3 岁以下的犊牛。主要表现体温升高可达 40~41℃，消瘦，行动缓慢，呆立不动，被毛粗乱，拉稀，便血，有腥恶臭和里急后重现象，甚至发生脱肛。生长停滞，使役力下降，奶牛产奶量下降，母畜不孕或流产。少数重度感染的犊牛和羊表现为肛门括约肌松弛，直肠外翻，疼痛，步态摇摆，久卧不起，呼吸缓慢，严重贫血，最后衰竭而死。慢性型的病畜表现消化不良，发育迟缓，往往成为侏儒牛。少量感染时一般症状不明显，病程多为慢性经过，特别是成年水牛，虽诊断为阳性病牛，但无明显症状而成为带虫牛。

二、病理变化

剖检可见尸体消瘦，贫血，皮下脂肪萎缩；腹腔内有多量积液。主要病变是由于虫卵沉积于组织中而产生的虫卵结节。肝病变明显，表面或切面上有肉眼可见的粟粒大到高粱粒大的灰白色或灰黄色的小点，即虫卵结节。感染初期肝肿大，之后肝萎缩、硬化。严重感染时，肠道各段均可找到虫卵的沉积，尤以直肠部分的病变最为严重，常见有小溃疡、斑痕及肠黏膜肥厚。肠系膜淋巴结肿大，门静脉血管肥厚，其内及肠系膜静脉内可找到虫体。此外心、肾、胰、脾、胃等器官有时也可发现虫卵结节。

第四节　实验室诊断

一、病原学诊断

从粪便内检查虫卵、孵化毛蚴，从直肠黏膜活体组织检查虫卵或动物体内发现日本血吸虫虫体，是诊断本病最为可靠的方法。

（一）虫体收集与观察

剖杀家畜后，快速剥皮，剖开胸腔和腹腔，去胸骨。分开左右肺，结扎后腔静脉。找出胸主动脉，沿血管平行方向开口，从远心方向插入带橡皮管的玻璃接管，用棉线扎紧固定。橡皮管的另一端接自来水龙头，在肾脏后方紧贴脊柱处，将腹主动脉及后腔静脉同时结扎。分离出肝门静脉，向肝一端用棉线扎紧，离肝一端沿血管平行方向开口，插入带橡皮管的玻璃接管并固定。橡皮管的另一端接40目的铜筛。打开自来水并逐步加大水压，当出水无色时，关闭龙头。检查铜筛，发现血吸虫虫体即可确诊。

（二）直接涂片法

重感染地区家畜粪便、急性血吸虫家畜的黏液血便或在病畜肝脏中常可检查到虫卵。肝脏虫卵压片检查时取出肝脏，肉眼观察有无粟粒大小的白色结节。用眼科剪剪取结节，置载玻片上，每片可置4~5个结节。取另一载玻片置于结节之上，压紧，用胶布或橡皮筋固定。低倍镜显微镜下检查，发现虫卵即为阳性。

（三）肝脏虫卵毛蚴孵化法

含毛蚴的虫卵在适宜条件下可短时间内孵出，并在水中做迅速的直线运动。取肝脏 10~20 g，剪碎，用组织捣碎机 5 000~10 000 r/min 粉碎 1~2 min，加入 100 mL 水，用 40 目铜筛过滤，收集滤液，将滤液倒入 260 目尼龙筛兜，用水淘洗干净。将兜内肝组织进行毛蚴孵化。孵化器具，孵化条件及毛蚴判定参见粪便虫卵毛蚴孵化法。

（四）粪便虫卵毛蚴孵化法

采集粪便宜在春、秋两季进行，其次是夏季，不宜在冬季。采粪便时最好于清晨从家畜直肠中采取或取新排出的粪便，采粪量牛和马粪 200 g、猪粪 100 g、羊和犬粪 40 g，将每头家畜的粪便分 3 份，每份粪量牛和马 50 g、猪 20 g、羊和犬粪 10 g，之后根据实际情况选用下列方法中的一种进一步操作。一是尼龙筛淘洗孵化法（25℃），放在铜筛中淘洗，弃去滤杯，滤液倒人尼龙筛兜中用水淘洗干净，将洗粪渣倒入三角烧瓶或平底长颈烧瓶中加满 25℃左右的清水。为便于观察毛蚴，在瓶颈下 1/2 处加 1 块 2~3 cm 厚的脱脂棉，再加满水。二是塑料杯顶管孵化，置粪于铜筛滤杯中，在盛满水的特别塑料杯内充分淘洗后，弃去滤杯，沉淀 30 min，倒去 2/3，加 25℃水，盖上中间有孔的塑料杯盖，再加满水，将盛满水的试管口塞 1 块 2~3 cm 厚的脱脂棉，倒插入塑料杯的孔中。三是直孵法，将粪置于量杯中加少量水搅匀，再加满水，沉淀 30 min 左右，倒去 1/3~1/2。余下的粪水倒入平底长颈烧瓶中，加水至瓶颈下 1/3 处，加入 2~3 cm 脱脂棉球，再加满孵化用水。将通过以上的操作方法获得的虫卵进行孵育，将装好的三角烧瓶（平底长颈烧瓶或塑料杯）放于 20~26℃箱（室）中，在有一定光线的条件下进行孵育。从孵育开始到 1 h、3 h、5 h 各观察 1 次，每个样品每次观察应在 2 min 以上并进行判定。判定以发现血吸虫毛蚴即判为阳性。血吸虫毛蚴眼观为针尖大小，灰白色、梭形，折光强，和水中其他小虫不同处是近水面作水平或斜向直线运动。当用肉眼观察难与水中的其他小虫相区别时，可用滴管将虫吸出置显微镜下观察，显微镜下可见毛蚴前部宽,中间有个顶突,两侧对称,后渐窄,周身有纤毛。在 1 个样品中有 1~5 个毛蚴为+,6~10 个毛蚴为++,11~20 个毛蚴为+++,21 个毛蚴以上为++++。

(五)直肠黏膜活体组织检查

慢性及晚期家畜直肠黏膜内沉积的虫卵,其中有活卵、变性卵和死卵,刮取直肠黏膜溃疡部位,压片镜检虫卵。

(六)检测抗原

日本血吸虫抗原复杂,大致包括酶性蛋白、肌相关蛋白、钙相关蛋白、线粒体相关蛋白、性别相关蛋白、信号蛋白和卵相关蛋白等。目前主要针对血吸虫的循环抗原进行诊断研究,而循环抗原(CAg)是活虫排放至宿主体内的大分子微粒,主要是虫体排泄、分泌或表皮脱落物,具有抗原特性,可通过血清免疫学试验检出。循环抗原的检测有其优越性,不仅能反映活动性感染,且可评价疗效和估计虫荷。在感染血吸虫宿主体内循环抗原种类繁多,目前可检出比较重要的 3 类游离循环抗原,即肠相关抗原(GAA)、膜相关抗原(MAA)和可溶性虫卵抗原(SEA)。利用单克隆抗体和多克隆抗体检测技术,制备出多克隆和单克隆抗体,用反向间接血凝试验,检测感染动物的循环抗原,检测水平可达到纳克敏感度。

(七)分子生物学技术

目前,分子生物学技术中最常用的是基因重组技术、PCR 技术和新近发展的 LAMP 法,即环介导等温扩增法,为该病早期诊断及疗效评价提供了新方法。将血吸虫的 DNA 分离后,用酶切技术将 DNA 降解为片段,装入质粒等载体中,再转染,产生目标蛋白,最终表达大量的有诊断价值的分子抗原(重组抗原)。或直接检测出宿主样本中血吸虫 DNA 片段,表明宿主体内有活的虫体存在,具有与病原检测同等的确诊价值。采用基因重组技术,表达日本血吸虫生活史各阶段的特异蛋白基因, 纯化目的蛋白作为诊断抗原检测宿主体内的抗体,或采用 PCR 技术直接检测 DNA 片段。国际上研究较多的是曼氏血吸虫。我国学者主要研究的是日本血吸虫,该研究起步晚,主要针对中国大陆株进行研究。

二、血清学诊断

目前,间接红细胞凝集试验是检测日本血吸虫抗体的常用方法,可用于家畜血吸虫病的诊断和流行病学调查,同时还可用于血吸虫病基本消灭和消灭地区的监测。另外环卵沉淀试验、酶联免疫吸附试验、斑点酶联免疫吸附试验、乳胶凝集试验等也可用于抗体检测。

(一)间接红细胞凝集试验

将可溶性血吸虫虫卵抗原吸附于红细胞表面,使红细胞致敏,致敏红细胞表面吸附的抗原与待检血清中特异性抗体结合,使红细胞被动凝集,肉眼可见,进行判定。

(二)环卵沉淀试验

成熟虫卵内毛蚴的分泌排泄物是良好的抗原性物质,抗原自卵内渗出后与血吸虫感染家畜的血清作用时,在卵的周围形成特异性沉淀物,属于沉淀反应。

(三)酶联免疫吸附试验

斑点ELISA(Dot-ELISA)是在常规ELISA方法的基础上发展起来的,以硝酸纤维膜(NC膜)代替聚苯乙烯板,在膜上滴加抗原或抗体,封闭后按常规ELISA试验操作,最后用不溶性底物显色,一般是二氨基邻苯胺(DAB),其氧化产物为不溶的棕色产物,根据显色反应的有无或颜色深浅,进行定性或半定量判断。中国农科院上海家畜寄生虫病研究所已开发出日本血吸虫病单克隆抗体斑点酶联免疫吸附试验试剂盒。

(四)乳胶凝集试验

以聚苯乙烯胶乳颗粒为载体,将血吸虫抗原联结在胶乳颗粒上,试验时将一定量的联结有抗原的胶乳试剂加入待检血清中,若待检血清中有相应抗体,则抗原抗体结合,胶乳颗粒发生凝集。

第五节　防控措施

对本病的预防要采取综合性措施，要人畜同步防治，在积极查治病畜、病人及控制感染外，还需加强粪便和用水管理，安全放牧和消灭中间宿主钉螺等。当前，本病的防控还包括以下几方面措施。

第一，提出新时期家畜血吸虫病防控策略和措施。防控策略以切断血吸虫病传播链为核心、以多项技术集成控制家畜传染源同时结合农业生产抑制钉螺孳生为重点的防控新策略。由于单一技术控制传染源难，故多项技术集成，减少污染和环境污染；以传统灭螺技术难以实施故结合农业生产、易感地带灭螺。

第二，提出不同类型流行区的适用防控模式。湖沼型流行区是重点实施封州禁牧、以机耕代牛耕、安全牧场建设和挖池塘养殖等措施。大山峡谷型流行区是重点实施水改旱、沟渠硬化等有螺地带环境改造等措施。高原平坝型流行区是重点实施以机耕代牛耕、有螺地带环境改造等措施。丘陵型流行区是重点实施以机耕代牛耕、在有螺地带种植水果蔬菜、沟渠硬化等措施。

第三，创建湖沼型流行区查治新模式。提出湖沼型/洲垸型流行区每年3—4月和10—11月分别对放牧家畜进行2次群体服药驱虫，5—6月治疗阳性牛、羊的优化查、治方案。

第四，提出我国家畜血吸虫病的总体防控布局。基于流行病学调查结果，重点压缩湖沼型和大山区型重流行区范围，推进轻疫区的消除进程，防范传播阻断地区疫情反弹和重大水利工程建设区域疫情扩散的全国家畜血吸虫病总体防控布局。建立我国家畜血吸虫病流行病学数据库，为我国家畜血吸虫病疫情分析和信息化管理提供重要技术平台。

第五，建立我国家畜血吸虫病疫情监测体系。对全国牛等家畜血吸虫病疫情进行抽样调查；对不同类型流行区观测点家畜血吸虫病疫情调查与流行因素进行分析；对防控示范点进行流行病学调查；同时对传播风险地区和阻断地区进行监测。

第六节 公共卫生影响

血吸虫病是一种严重危害我国人民身体健康的主要寄生虫病。中华人民共和国成立前,许多人惨遭血吸虫病的危害而丧生,有的村舍也因血吸虫病而被毁灭。患了血吸虫病的病人,有的早期不出现症状,或者出现腹痛、腹泻、大便带血和乏力等症状,但是一般不引起人们的重视,如果得不到及时的检查和治疗,重复感染,逐渐形成慢性晚期血吸虫病。小孩患了血吸虫病则影响生长发育,长不高,智力低下,看起来就像小老头一样。妇女患了血吸虫病则月经不调,影响生育,并缺乏生活乐趣。如果发展成晚期血吸虫病,则会出现腹水、肝脾肿大,肚大如鼓,骨瘦如柴,有的还会大呕血,严重影响劳动生产和生活。

第三章　隐孢子虫病

隐孢子虫病(Cryptosporidiosis)是由隐孢子虫寄生于人和其他哺乳动物的胃肠道、禽类的呼吸道等黏膜的上皮细胞内而引起的一种以腹泻为主要临床症状的人与动物共患寄生虫病。1907 年,著名寄生学家 Tyzzer 首次在试验小鼠胃腺内发现了隐孢子虫。隐孢虫属的 13 个种几乎寄生于所有的脊椎动物,其中微小隐孢子虫为主要的病原体,1921 年由 Tyzzer 首次发现,它是唯一能交叉感染人的虫种, 也是目前被公认的具有重大医学与经济价值的病原体,对公共卫生危害最为严重。隐孢子虫病可引起人和牛等严重腹泻,是艾滋病人的主要致死因素之一。根据相关报道显示,犊牛隐孢子虫病的死亡率高达 53.5%,奶牛感染隐孢子虫后每天产奶量降低 3.2 kg,耐过动物成为带虫者和传染源。而且隐孢子虫可造成 T 细胞数量的急剧减少,使机体免疫力降低,90%以上的隐孢子虫病人有腹泻症状,多呈水样便,并伴有腹痛、腹胀、呕吐、乏力和发热等。免疫功能缺陷者感染隐孢子虫后可引起严重的腹泻并危及生命。1993 年,美国疾病预防控制中心把该病列入美国三大主要暴发性疾病。我国公布的《城市供水水质标准》和《生活饮用水卫生标准》均把隐孢子虫检测作为必检指标。我国将其列为三类动物疫病。

第一节　病原

一、分类地位

隐孢子虫在分类上属顶复门、孢子虫纲、球虫亚纲、真球虫目、艾美耳球虫亚目、隐孢子虫科、隐孢子虫属。

二、形态

卵囊为本虫的唯一感染阶段。卵囊呈圆形或椭圆形，直径 4~6 μm，成熟的卵囊内含有裸露的子孢子和由颗粒物组成的残留体。子孢子呈月牙形。未经染色的卵囊很难识别。经用改良抗酸法染色后，在被染成蓝绿色背景的标本中，虫体被染成玫瑰色。由于卵囊在标本中所处的位置不同，在用显微镜观察时，囊内子孢子呈不规则排列。残留体为呈暗黑色和棕色的颗粒状。

三、生活史

隐孢子虫完成整个生活史只需一个宿主。生活史简单，可分为裂殖生殖、配子生殖和孢子生殖 3 个阶段。虫体在宿主体内的发育时期称为内生阶段。随宿主粪便排出的成熟卵囊为感染阶段。人和许多动物都是本虫的易感宿主，当宿主吞食成熟卵囊后，在消化液的作用下，子孢子在小肠脱囊而出，附着于肠上皮细胞，再侵入其中，在被侵入的胞膜下与胞质之间形成带虫空泡，虫体在空泡内开始无性繁殖，先发育为滋养体，经 3 次核分裂发育为Ⅰ型裂殖体。成熟的Ⅰ型裂殖体含有 8 个裂殖子。裂殖子被释出后侵入其他上皮细胞，发育为第二代滋养体。第二代滋养体经 2 次核分裂发育为Ⅱ型裂殖体。成熟的Ⅱ型裂殖体含 4 个裂殖子。此裂殖子释出后侵入肠上皮发育为雌、雄配子体，进入有性生殖阶段，雌配子体进一步发育为雌配子，雄配子体产生 16 个雄配子，雌雄配子结合形成合子，进入孢子生殖阶段。合子发育为卵囊。卵囊有薄壁和厚壁 2 种类型，薄壁卵囊约占 20%，仅有 1 层单位膜，其子孢子逸出后直接侵入宿主肠上皮细胞，继续无性繁殖，形成宿主自身体内重复感染；厚壁卵囊约占 80%，在宿主细胞内或肠腔内孢子化（形成子孢子）。孢子化的卵囊随宿主粪便排出体外，即具感染性。完成生活史需 5~11 d。

第二节　流行病学

一、传染源

病牛和带虫牛为本病主要传染源。

二、传播途径

隐孢子虫主要经“粪-口”方式传播。病牛隐孢子虫卵囊随粪便排出后经口感染其他牛，病畜粪便中的卵囊污染设备、用具，其他牛容易经接触或相互舔舐感染。即使感染牛舍，有时管理人员的衣服及手脚被污染，特别是携带被污染的除粪工具进出牛舍，即可引起本病的传播。出入牛舍的猫、犬、鼠、其他野生动物都有可能成为传染源及传播媒介的危险。

三、易感动物

各种年龄和品种的牛均易感，尤其是3~4日龄至3~4周龄犊牛最易感。45日龄以下的雏鸡易感性也较强。

第三节　临床症状与病理变化

一、临床症状

主要表现为精神沉郁、厌食、腹泻、粪便带有大量的纤维素，有时含有血液。患畜生长发育停滞、极度消瘦，有时体温升高，并伴发死亡。

二、病理变化

尸体消瘦、脱水，胃黏膜充血，小肠壁变薄，有肠炎症状。肝肿胀，硬化。肠系膜淋巴结肿大，结肠有黄色水样粪便。其他器官病变不明显。组织学病变发生于回肠、结肠和小肠，肠黏膜上皮细胞脱落，肠绒毛不完全性萎缩，隐窝变浅，黏膜固有层下端炎性浸润，黏膜破损。

第四节　实验室诊断

一、直接镜检

制备中等厚度粪便涂片，以覆在报纸上时可透过涂片看到字为宜。将粪便在玻片上涂成直径约为 1.5 cm 大小的圆形或椭圆形粪便涂片，待自然干燥后，用无水甲醇固定 3~5 min，滴加苯酚复红染色液于固定的粪膜上，染色 2~10 min，自来水漂洗；再滴加 10%硫酸溶液至涂片呈粉红色为止（脱色 1~10 min），自来水漂洗；滴加孔雀绿染色液染色 1~2 min，自来水漂洗，晾干，用光学显微镜油镜下检查。背景为蓝绿色，隐孢子虫卵囊为玫瑰红色，呈圆形或椭圆形，直径 4~6 μm ；子孢子（ 4 个）颜色较深，呈月牙形。视观察角度不同，卵囊内子孢子排列不规则，呈多态性，残余体为暗红色颗粒。粪便标本存在非特异的抗酸红色颗粒，大小不等，染色均匀一致，不发亮，无结构，应注意鉴别。

二、荧光染色镜检

滴加金胺–酚染色液于晾干的粪膜上，染色 10~15 min ，自来水漂洗；滴加盐酸酒精，脱色 1 min 后水洗；滴加高锰酸钾溶液，染色 1 min 后水洗，晾干，置荧光显微镜下观察，染色后的隐孢子虫卵囊在低倍荧光显微镜下，可见 1 个圆形小亮点，呈现乳白色荧光；在高倍镜下隐孢子虫卵囊呈乳白色或略带绿色荧光，在暗背景下显示出特征性明亮的苹果绿色荧光。卵囊壁薄，多数卵囊周围深染，中央色淡，呈环状，或深染结构偏位，有些卵囊全部为深染。卵囊多时似繁星。

三、免疫学检查

采用基于单克隆抗体的快速免疫层析检测试条或者间接荧光抗体试验。前者检测粪便样本中隐孢子虫抗原，快捷简便，易操作；后者检测卵囊，需在荧光显微镜下观察。采集粪便样本，按商品化试剂盒产品说明书要求操作和在规定时间内判读结果。

四、核酸检测

取新鲜粪便样本或-20℃条件下保存样本，均可直接用于核酸提取；若贮存在 2.5%高锰酸钾溶液中的卵囊阳性粪便样本，核酸提取之前用去离子水洗涤除去残留的高锰酸钾，3 000 g 离心 10 min，重复 3 次，去上清并用去离子水重悬沉淀物。核酸提取采用粪样或土壤中微生物的核酸提取试剂盒，并按试剂盒说明书要求操作，-20℃条件下保存，当 PCR 扩增目的片段大小约 830 bp。阴性对照和空白对照未出现目的片段，阳性对照出现目的片段，若待测样本出现目的片段为“隐孢子虫核酸检测阳性”，否则为“隐孢子虫核酸检测阴性”。

第五节　防控措施

一、治疗措施

本病的治疗目前尚无特效药。研究表明硝尼特、巴龙霉素、拉沙洛菌素、常山酮、磺胺喹恶啉、环糊精和地考喹酯等在牛隐孢子病的治疗上具有明显效果，对病畜饲喂全价营养饲料，给予抗生素、葡萄糖、电解质、维生素制剂，增强抗病力。卵囊对多种消毒药和温度均有较强大的抵抗力，室温保存的粪便中，卵囊可保存活力 6 个月，但卵囊在 5%的氨水和 10%的福尔马林溶液中 18 h 死亡，65℃加热 30 min 可杀死。

二、预防措施

预防本病应采取综合性防控措施，加强饲养管理，搞好牧场环境卫生，定期对牧场和运动场消毒，及时清理粪便并进行无害化处理，防止污染环境，散播病原。保持饲草料、饮水的清洁卫生；消灭牧场内的鼠类等，防止机械性传播隐孢子虫。

第六节 公共卫生影响

感染了隐孢子虫的人和动物都是传染源，已知40多种动物，包括哺乳类动物，如牛、羊、犬、猫等均可作为该虫的保虫宿主。隐孢子虫病人和带虫者的粪便和呕吐物中均含有卵囊，都是重要的传染源。

本病为人畜共患性疾病，人与动物可以相互传播，但人际的相互接触是人体隐孢子虫病最重要的传播途径。传播可发生于直接或间接与粪接触，食用含隐孢子虫卵囊污染的食物或水是主要传播方式。近年来，英、美等国均有水源污染引起暴发流行的报道，如只有6万人口的佐治亚州，有13 000人发生了胃肠炎，其中39%粪检卵囊阳性。旅游者亦常通过饮用污染的水源而造成暴发流行。此外，同性恋者之间的肛交也可导致本虫传播，痰中有卵囊者可通过飞沫传播。人对隐孢子虫普遍易感。婴幼儿、艾滋病患者、接受免疫抑制剂治疗的病人以及免疫功能低下者更易感染。在欧美，11%~21%的艾滋病患者腹泻便中发现该虫卵囊，而在非洲等发展中国家可达12%~48%。病人和病畜卵囊污染水源、食物是隐孢子虫病在人群中传播的主要途径，因此加强人畜粪便的管理，注意个人卫生和饮食卫生是防止本病流行的基础措施。对于免疫功能低下的人群，尤其是艾滋病人要加强保护，除加强免疫功能外，提倡喝开水（65~70℃ 30 min可杀死卵囊）是防止感染的一项重要措施。饮用牛奶也要彻底消毒。目前，对于本病的治疗尚无理想的有效药物。国内使用大蒜素治疗，有一定疗效。国外报道口服把巴龙霉素2周后，卵囊排出数量减少，但长期疗效仍不确定。并发症严重者可呈喷射状水样腹泻，体液丢失严重，平均每天3 L，严重者每天可达十几升，病死率可达50%，死亡原因多为脱水及营养不良。病人和病畜卵囊污染水源、食物是隐孢子虫病在人群中传播的主要途径，因此加强人畜粪便的管理非常重要。

第四章　弓形虫病

弓形虫病(Toxoplasmosis)是刚地弓形虫(Toxoplasma gondii)寄生于多种动物和人的有核细胞内引起的一种重要的人畜共患病。弓形虫宿主种类广泛,人和家畜感染率高。国外报道的人群平均感染率约25%~50%。我国居民的感染率为0.3%~47.3%,有9万名新生儿受弓形虫的侵害。牛、羊、猪、马、犬、猫均能感染弓形虫病。我国将弓形虫病列为三类动物疫病。

第一节　病原

一、分类地位

刚地弓形虫在分类上属原生动物门(Prozotoa)、孢子虫纲(Sporozoa)、真球虫目(Eucoccidiorida)、艾美耳亚目(Eimeriina)、弓形虫科(Toxoplasmatidae)、弓形虫属(Toxoplasma)。

二、形态特点

弓形虫在其不同发育阶段具备不同形态,包括5种主要形态:滋养体、包囊、裂殖体、配子体、卵囊。前2种虫体形态主要存在于中间宿主体内,后3种虫体主要在终末宿主——猫的体内,但对人和动物致病且与传播有关的发育期为滋养体、包囊和卵囊。

(一)滋养体

滋养体又称速殖子,呈香蕉形或半月形,一端较尖,一端钝圆;一边扁平,另一边较膨胀;长4~7 μm,宽2~4 μm,平均为1.5 μm×5.0 μm,运动形式多样。经吉姆萨染色或瑞氏染色后可见滋养体的胞浆呈蓝色，胞核呈紫红色，位于虫体中央；细胞内寄生的滋养体以内二芽殖、二分裂及裂殖生殖等方式不断增殖，一般含数个至 10 多个虫体，这个由宿主细胞膜包绕的虫体集合体称假包囊。滋养体主要出现于疾病的急性期，常散在于血液、脑脊液和病理渗出液中，单个或 2 个相对排列；在有核细胞（单核细胞、内皮细胞、淋巴细胞等）内可见正在进行内双芽增殖的虫体。

（二）包囊

包囊又称组织囊，见于慢性病例的脑、骨骼肌、心肌和视网膜等处。胞囊呈卵圆形或椭圆形，直径 5~100 μm，具有虫体分泌的一层富有弹性的坚韧囊壁，内含数十个至数千个虫体。囊内的虫体称缓殖子，缓殖子与速殖子的形态区别很小。包囊可长期在组织内生存，在一定条件下可破裂，缓殖子进入新的细胞，在机体脑组织内的包囊可占包囊总数的 57.8%~86.4%。

（三）卵囊

卵囊见于猫科动物，刚从终末宿主排出的卵囊是未孢子化卵囊，呈圆形或椭圆形，有 2 层光滑透明的囊壁，其内充满均匀小颗粒。大小为(11~14)μm×(7~11)μm。孢子化卵囊含 2 个孢子囊，大小为 3~7 μm，每个孢子囊内含有 4 个新月形子孢子，其胞浆内含有暗蓝色的核，靠近钝端。

三、生活史

弓形虫的全部发育过程需要两个宿主，在终末宿主（猫科中的猫属和山猫属）肠内进行球虫型发育，在中间宿主（哺乳动物、鸟类和人等）体内进行肠外期发育。

猫是弓形虫的终宿主兼中间宿主，虫体不仅在猫科动物的终末宿主小肠上皮细胞内进行球虫型发育，同时也可在其肠外其他组织细胞内进行无性增殖。其他各种动物和人都是中间宿主，可寄生在中间宿主体内除红细胞外的几乎所有有核细胞中。

在中间宿主体内的发育过程主要是具备感染能力的孢子化卵囊污染食物和水源，被中间宿主食入或饮入后释放出的子孢子，和通过口、鼻、咽、呼吸道黏膜、眼结膜和皮肤侵入中间宿主内的滋养体，均通过淋巴、血液循环侵入单核巨噬细胞系统的细胞内寄生，并扩散到全身各组织器官，如脑、淋巴结、肝、心、肺、肌肉等，进入细胞内并发育增殖，形成假包囊，破裂后速殖子侵入新组织细胞，主要以内出芽增殖。

在终末宿主体内的发育过程，主要是猫或猫科动物吞食卵囊、包囊或假包囊后，子孢子、缓殖子或速殖子在小肠内逸出，主要在回肠部侵入小肠上皮细胞发育增殖，经 3~7 d 上皮细胞内的虫体形成裂殖体，成熟后释出裂殖子，侵入新的肠上皮细胞形成第二代裂殖体。经数次裂殖增殖后，部分裂殖子发育为大小配子体，继续发育为大小配子，大小配子结合成为合子，最后形成卵囊。从上皮细胞内逸出进入肠腔，随粪便排出体外，在适宜环境下经 2~4 d 即发育为具有感染性的孢子卵囊。被猫摄入的滋养体，有一部分可能进入淋巴、血液循环，随之被带到全身各脏器和组织，侵入有核细胞，此时猫作为中间宿主。

四、基因型

弓形虫只有单一虫种，但呈现出多种基因型，不同基因型的毒力差异较大，且不同宿主对同一虫株的敏感性差异亦较大，根据其对小鼠致病性可将其分为 3 种基因型：I 型致病力最强，为强毒株，常与人的先天性弓形虫病有关；Ⅱ型为弱毒株，主要引起慢性感染，也是艾滋病患者感染的主要虫株；Ⅲ型也是弱毒株，主要感染动物。

五、功能基因与功能蛋白

（一）功能基因

弓形虫基因组大小约 80 Mb，含有 11 条染色体，DNA 序列分析是弓形虫基因多态性研究最精确的分子生物学方法之一。弓形虫基因组在很大程度上是保守的，但在 SAG1、SAG2、SAG3、SAG5 和 B1 等基因位点上的多态性，导致弓形虫表型有很大区别。

（二）功能蛋白

P30 蛋白（SAG1）是弓形虫 P30 基因所编码的弓形虫主要表面抗原，按其克隆顺序又称为SAG1;P22蛋白(SAG2)是由弓形虫P22基因所编码的主要表面抗原,按其克隆顺序称SAG2,P22蛋白只在弓形虫速殖子中表达。

六、生物学特性

弓形虫无运动器,但能活动。滋养体对温度较敏感,50℃ 15 min迅速死亡,-20℃ 1.5 h也丧失感染力。对一般常用消毒剂,如1%来苏儿、3%石炭酸等都较敏感,接触1 min即被杀死。包囊的抵抗力较强,小鼠组织中的包囊可在4℃条件下保存68 d,而组织中的滋养体只能存活10 d。包囊加热至30℃需30 min才死亡。包囊对蛋白酶的抵抗也较强,可存活8 h以上,而滋养体接触蛋白酶后即迅速被破坏。卵囊对酸、碱和常用的消毒剂的抵抗力都很强,1%硫酸或2.5%重铬酸钾都不能破坏卵囊的感染性。卵囊对热、干燥和氨水则较敏感,50~55℃ 30 min就能被杀死。

第二节　流行病学

弓形虫呈世界性分布,广泛存在于多种哺乳动物体内,人群感染也较普遍。据血清学调查,人群抗体阳性率为25%~50%,估计全球约有10亿人感染弓形虫,绝大多数属隐性感染。我国在1983—1986年采用统一的IFA法调查了19个省(市、区)、36个市、23个地区(州)、141个县的81 968人,平均阳性率为5.16%。弓形虫感染常与生活习惯、生活条件、接触猫科动物等因素密切相关。易感动物有牛、猪、猫、羊、犬、马、兔等;野生动物有猩猩、狼、狐狸、野猪等32种以上;曾在52种啮齿类体内发现弓形虫。家畜的感染率可达10%~50%,可食用的肉类感染相当普遍。

一、传染源

隐性感染或临床型的牛、猫、人、禽、鼠及其他动物都是本病的传染来源。由于能排出卵囊,而且卵囊又能在外界环境中长时间贮存,故是最危险的传染来源。其次是大量中间宿主或隐性感染机体的脑、肌肉内存留有弓形虫包囊;急性病例体内及乳汁、唾液、精液中含有滋养体,当吃进含有包囊的猪肉、乳汁等皆可引起感染。

二、传播途径

分为先天和后天感染。牛弓形虫病先天感染，即通过胎盘、子宫、产道等感染。日本在死胎猪，我国湖北省畜牧兽医所从流产胎儿脏器，羊水及腹、胸水，铁岭种畜场从流产胎儿中都分离到弓形虫，从脑积水畸胎儿中也分离出弓形虫，这都说明先天性感染在人和家畜中均存在。牛弓形虫病后天感染，主要是通过消化道吞食了能耐胃酸的卵囊或包囊而感染。污染的饲料、饮水及屠宰残渣是最常见的传染媒介。呼吸道感染、皮肤划痕、同栖与交配以及输血等接触途径均可导致感染。

三、易感动物

幼龄牛比成年牛敏感，随着年龄的增长，感染率提高。

第三节　临床症状及病理变化

一、临床症状

突然发病，最急性者约经 36 h 死亡。病牛食欲废绝，反刍停止；粪便干、黑，外附黏液和血液；流涎、结膜炎、流泪；体温升高至 40~41.5℃，呈稽留热；脉搏增数，呼吸增数，每分钟达 80 次以上，气喘、腹式呼吸、咳嗽；肌肉震颤、腰和四肢僵硬，步态不稳、共济失调。严重者后肢麻痹，卧地不起；腹下、四肢内侧出现紫红色斑块，体躯下部水肿；死前表现兴奋不安、吐白沫，窒息。病情较轻者，虽能康复，但易发生流产；病程较长者，可见神经症状，如昏睡，四肢划动；有的出现耳尖坏死或脱落，最后死亡。

二、病理变化

急性病例出现全身性病变，淋巴结、肝、肺和心脏等器官肿大，并有弥漫性出血点和坏死灶。肠道重度充血，肠黏膜上常可见到扁豆大小的坏死灶。肠腔和腹腔内有多量渗出液。病理组织学变化为网状内皮细胞和血管结缔组织细胞坏死，有时有肿胀细胞的浸润。急性病变主要见于仔猪，慢性病例可见有各脏器的水肿,并有散在的坏死灶;病理组织学变化为明显的网状内皮细胞的增生,淋巴结、肾、肝和中枢神经系统等处更为显著,但不易见到虫体。慢性病变常见于年龄大的猪。隐性感染的病理变化主要是在中枢神经系统(特别是脑组织)内见有包囊,有时可见有神经胶质增生性和肉芽肿性脑炎。

第四节　实验室诊断

一、病原学诊断

(一)病原分离鉴定

接种 THP-1 细胞、易感动物进行病原分离,同时进行镜检。

1. 直接涂片检查

直接涂片法是取 50%甘油水溶液或普通水 1~2 滴放于载玻片上，取黄豆大小的被检粪块与之混匀,剔除粗粪渣,加上盖玻片镜检。一旦发现弓形虫速殖子或包囊,即可做出初步诊断。该方法操作简便,但检出率不高。

2. 集虫检查法

脏器涂片未发现虫体,可采取集虫法检查。取肝、肺及肺门淋巴结等组织 3~5 g,研碎后加 10 倍生理盐水混匀,2 层纱布过滤,500 r/min 离心 30 min,取上清液以 2 000 r/min 离心 10 min，取其沉淀物进行压滴标本或涂片染色检查。

3. 实验动物接种

将被检材料如急性病例的肺脏、淋巴结等经过研磨、过滤处理后,加双抗,接种幼龄小鼠,一定时间后观察其发病情况。当出现大量腹水时抽取腹腔液检查速殖子。如果小鼠不发病,可采集该小鼠的肝、脾、淋巴结处理后重复接种其他小鼠,如此盲传 3~4 代,以提高检出率。

4. 鸡胚或细胞接种

将病料无菌处理后，接种 10~20 日龄鸡胚的绒毛尿囊膜培养 6~7 d,取胚胎剖检,观察病变,同时进行涂片检查;或接种于单层培养细胞,于接种后2 d逐日观察细胞病变以及培养物中的虫体。若未发现虫体,可继续盲传3代。

5. 卵囊检查

饱和盐水漂浮法,取大约10 g牛粪,压碎,放于容器内,加入适量饱和盐水搅匀后,过滤,静置30 min。用直径0.5~1.0 cm的金属圈蘸取表面液膜,抖落于载玻片上,加盖玻片后镜检;或用盖玻片直接蘸取液面,放于载玻片中,在显微镜下观察。

(二)检测抗原

组织切片或体液涂片查找弓形虫速殖子可以诊断弓形虫的急性感染。但在传统染色的组织切片中查找速殖子较为困难,使用弓形虫抗血清的过氧化物酶免疫组化法被证明具有良好的敏感性和特异性。过氧化物酶免疫组化法也适用于未固定或用福尔马林固定的石蜡组织切片。ELISA法用于弓形虫病免疫诊断检测抗原,循环抗原(CAg)比特异性抗体出现的时间早,其特异性抗体可能延迟出现或不全,特别是先天性弓形虫病和免疫受损者,甚至不出现特异性抗体。循环抗原是病原体存在的指征,检测循环抗体不但可显示急性活动性感染,也可鉴定治疗效果,特别是对于免疫受损患者的诊断非常重要。

分子诊断技术目前应用于PCR检测的弓形虫靶基因序列有B1基因、P30基因、核糖体DNA、TGR核酸序列、529 bp片段、GRA2序列等,作为弓形虫种的遗传标记用于该病的检测。

二、血清学诊断

(一)酶联免疫吸附试验(ELISA)

可检测抗弓形虫IgM、IgA、IgG 、IgE抗体,是检测弓形虫抗体的一种可重复的方法,易自动化和标准化。近年来重组抗原取代天然抗原作为诊断抗原,省去抗原制备的繁琐过程,从而达到经济、特异、安全的目的。

(二)染色试验

采用活滋养体在有致活因子的参与下与样本的特异性抗体作用,使虫体表膜破坏而不为美蓝所染,是最早使用的、公认的可靠方法,具有良好的特异性、敏感性和重复性。但需要适宜的含辅助因子的人血清,并要以活弓形虫为抗原,使其应用受到一定的限制。

第五节　防控措施

牛弓形虫病的防控措施主要包括以下几个方面。

第一,禁猫灭鼠。在牛舍内应严禁养猫,禁止猫进入厩舍;严防猫粪便污染饲料和饮水;扑灭圈舍内外的鼠类;屠宰废弃物必须煮熟后方可作为饲料。

第二,监测。定期对种牛场或重点地区的牛群进行流行病学监测,发现阳性牛只及时隔离饲养或有计划的淘汰,以消除传染源。发现牛的食欲、粪便和体温异常时,应及时诊治,病愈后不能作种畜用。

第三,治疗。大多数抗生素对弓形虫病无效,仅螺旋霉素有一定效果。磺胺类药物和抗菌增效剂联合使用效果最好,单独使用磺胺类药物也有很好的效果,但所有的药物均不能杀死包囊内的缓殖子。使用磺胺类药物首次量必须加倍,连续用药 3~4 d。目前,常用的治疗药物有磺胺嘧啶和乙胺嘧啶、磺胺嘧啶和甲氧苄胺嘧啶、10%磺胺嘧啶钠注射液或 10%磺胺-6-甲氧嘧啶注射液、磺胺-6-甲氧嘧啶和甲氧苄胺嘧啶。

第六节　公共卫生影响

弓形虫是一种重要的食源性人畜共患病,弓形虫感染人的途径之一,是吃了生的或未做熟的肉类食品,如涮肉的温度不够和时间过短,其中的弓形虫没被杀死,就有感染的可能。免疫功能低下者和孕妇是高危人群,易患弓形虫病,且病情严重。

弓形虫感染已成为艾滋病的诊断指标之一,免疫抑制病人很容易感染弓形虫。弓形虫病是优生优育的一大威胁,怀孕妇女感染后可传染给胎儿,如果怀孕早期发生感染,可导致早产、流产、死胎。新生儿弓形虫病,出生后有眼、脑或肝脏的病变或畸形。饲养宠物有可能感染弓形虫,特别是养猫,因为猫的粪便里有弓形虫卵囊,容易污染食物或手,可使人经口感染。

第五章　毛滴虫病

毛滴虫病(Trichomonosis)是由胎儿三毛滴虫寄生于牛生殖道引起的寄生虫病。该病呈世界性分布,引起牛尤其是奶牛生殖器官炎症、死胎、流产和不育,给畜牧业生产造成严重的经济损失。随着人工授精技术的广泛应用,该病的流行已大为减少。不过在肉牛群或人工授精技术尚未广泛应用的地方,其流行与危害仍十分严重。世界动物卫生组织将其列为B类动物疫病,在我国列为三类疫病。

第一节　病原

一、分类地位

毛滴虫在分类上属肉族鞭毛门、鞭毛虫亚门、动鞭毛虫纲、毛滴虫目、毛滴虫科的毛滴虫属、三毛滴虫属和五毛滴虫属。

二、形态

胎儿三毛滴虫是一种有鞭毛、呈梨状的真核原生动物。具有3根前鞭毛、1根后鞭毛和波动膜,体长8~18 μm、宽4~9 μm,呈活泼的蛇形运动,常见于公牛的阴茎包皮清洗液及感染母牛的生殖道清洗液或子宫颈、阴道黏膜及流产的胎儿。该病原体有3个血清型,分别是贝尔法斯特型、曼利型和布里斯班型,具有同等的致病力。

三、生活史

胎儿三毛滴虫寄生于母牛的阴道、子宫、公牛的包皮腔、阴茎黏膜、输精管及流产胎儿、羊水和胎膜中。在吉姆萨染色液标本中,虫体呈瓜子形、短的纺锤形、梨形、卵圆形、圆形等各种形状。虫体长为 9~25 μm(平均为 16 μm),宽为 3~16 μm(平均为 7 μm),细胞核近似圆形,位于虫体的前半部,一簇毛基体位于细胞核的前方。由毛基体伸出 4 根鞭毛,其中 3 根在虫体前端称为前鞭毛,1 根沿波动膜边缘向后延伸,称为后鞭毛。虫体中央有 1 条纵走的轴柱。原生质呈淡蓝色泡状结构,细胞核和毛基体呈红色,鞭毛呈暗紫色或黑色,轴柱的颜色比原生质浅。胎毛滴虫以纵分裂方式进行繁殖。本病主要通过交配传染。由于使用带虫精液或输精器械沾染虫体,在人工授精时也能引起传染。此外也可通过被病畜生殖器官分泌物污染的垫草和护理用具以及家蝇的搬运而散播。发生化脓性子宫内膜炎。成群不发情、不妊娠或妊娠后 1~3 个月的早期流产为本病的特征。

第二节　流行病学

该病在我国时有发生,但关于此病的报道较少。哺乳动物毛滴虫病在我国的发病率不高,牛毛滴虫病主要导致牛的不孕、早产和生殖系统炎症,危害严重。

一、传染源

发病牛和带虫牛是主要传染源。

二、传播途径

主要经交配传播,一般在健畜和病畜交配时感染,胎毛滴虫在阴道分泌物中增殖,并能生存数月至 1 年以上,在人工授精时则因精液中带虫或人工授精器械的污染而造成传染,也可能由病畜生殖器官分泌物污染褥草、护理用具及经蝇类传播。

三、易感动物

牛最易感,猪、山羊也具易感性。

第三节　临床症状和病理变化

一、临床症状

屡配不孕、发情周期不正常、胚胎早期死亡、流产是本病的主要症状。子宫黏液较为混浊或排出脓性分泌物，子宫积脓。怀孕母牛多在怀孕后1~3个月发生流产，胎儿死亡但不腐败，胎衣包裹完整。除此之外，无其他全身或局部症状。公牛常为带虫者，一般无明显的临床症状，但严重时公牛包皮有肿胀，流出脓性分泌物，阴茎黏膜上出现虫性结节，不愿交配。

二、病理变化

主要是生殖道的炎症反应。

第四节　实验室诊断

一、病原学诊断

（一）虫体显微镜检查

将采集的待检样品少量置于载玻片中，盖上盖玻片，在100倍的显微镜下将视野放暗，进行检查，或将待检样品少量滴于载玻片一端，推成均匀的薄膜，在室温下干燥后用甲醇固定，将固定的抹片浸入吉姆萨染色液中，染色1 h，取现水洗后镜检。

（二）分子生物学诊断

以分子基础的PCR技术已用于毛滴虫鉴定。随着培养液、子宫液和阴茎包皮垢中毛滴虫诊断方法的改进，DNA探针技术得到发展，此方法快速、简便、可靠，能检测培养液中单一虫体或包皮垢中的10个病原体。

二、血清学诊断

皮内毛滴虫素试验，在牛颈部皮肤皮内注射毛滴虫素0.1 mL，30~60 min后测定反应。阳性反应为肉眼可见的浅斑和皮肤增厚大于2 mm。毛滴虫抗原是通过离心沉淀毛滴虫培养物后，用生理盐水洗 2 次获得，离心后的虫体在去除碎片和颗粒前放在蒸馏水中 1 h。上清液用三氯醋酸处理以沉淀抗原。沉淀干燥后以粉状贮存。从沉淀中提取毛滴虫素，在乙醇中洗。用 1 mL 沉淀加 25 mL 磷酸氢钠（11.8 g/L）40℃水浴离心提取，用酸性磷酸盐液中和。最后加 1:40 000 浓度的硫柳汞。

第五节　防控措施

本病在我国已基本控制，引种时加强检疫，发病新病例及时无害化处理。

一、预防

在本病流行地区，配种前对所有牛只实施检疫。对患病牛只、疑似牛只及健康牛只应分类加以适当处置，以防疫病扩散蔓延。一是对患牛的处理，经治疗后症状完全消失时，可用健康的公牛精液开展人工授精。二是对疑似患牛，虽无明显症状，但曾与病公牛配种过的母牛，也应治疗，治愈后与健康公牛进行人工授精。三是疑似感染牛，即无症状，又未曾与病公牛接触过，但曾与病公牛交配的母畜常常接触。这些牛应经过 6 个月的隔离观察，如分娩正常，阴道分泌物镜检结果呈阴性时，方能使其与健康牛混放在一起。四是已感染胎毛滴虫的公牛，不得再行配种用，必须立即治疗。治疗 5~7 d，检查精液和包皮冲洗液 2 次，如为阴性时，使之于 5~10 头健康母牛进行交配，然后对母牛通过 15 d 的观察（隔日镜检一次阴道分泌物），决定其是否治愈。六在安全区内，必须对新引进公牛和用作繁殖的牛群进行检疫。在放牧期间，禁止与来自疫情不明地区的牛只接触。

二、治疗

对胎毛滴虫病牛的治疗，除应施行必要的药物治疗外，还要注意加强饲养管理工作，如饲喂全价营养饲料，补充必要的维生素 A、维生素 B_1、维生素 C 及无机盐类等。药物治疗一般采取下述方法洗涤患部，目的是为了杀死虫体。

母牛应用 1%银胶、0.2%碘溶液、8%鱼石脂甘油混合液、卢戈氏液与甘油等量混合液、0.1%黄色素液、1%血虫净等冲洗阴道。30 min 内可杀死脓液中的胎毛滴虫。在 5~6 d 进行 2~3 次冲洗。根据患牛阴道炎的轻重程度,可间隔 5 d 进行 2~3 个疗程,用 10%甲硝哒唑(灭滴灵)冲洗。隔日 1 次。连续冲洗 3 次为 1 个疗程,有良好的疗效。

公牛应用上述药品向包皮囊内注入,设法使药液停留在囊内一定时间。并按摩包皮囊,隔日治疗 1 次,应持续 2~3 周。在治疗过程中,应禁止公牛交配,以免影响治疗效果及造成本病的传染。同时对患畜的用具及被其所污染的周围环境进行严格消毒。

第六章　牛泰勒虫病

牛泰勒虫病(Theileriosis)是一种经硬蜱传播的对牛危害较大的寄生原虫病。病原寄生于宿主巨噬细胞、淋巴细胞和红细胞内,以高热稽留、贫血和体表淋巴结肿大为特征。

第一节　病原

一、分类地位

牛泰勒虫在分类上属原生动物亚界、顶复门、孢子虫纲、梨形虫亚纲、梨形虫目、泰勒科的泰勒属。

二、虫种与形态

世界各地报道的牛泰勒虫的种类较多,但目前为大多数学者所公认的仅有5种:环形泰勒虫、突变泰勒虫、瑟氏泰勒虫、小泰勒虫和附膜泰勒虫。在我国,已报道的牛泰勒虫仅3种,即环形泰勒虫、瑟氏泰勒虫和中华泰勒虫。牛中华泰勒虫为牛泰勒虫的一个新种,分离自我国甘肃中部地区自然感染带虫牛。

(一)环形泰勒虫

寄生于牛红细胞的血液型虫体(配子体)很小,形态多样,有圆环形、杆形、卵圆形、梨籽形、逗点形、圆点形、十字形、三叶形等。其中以圆环形、卵圆形为主,占70%~80%,染虫率达高峰时,比例最高。杆形的比例为1%~9%;梨籽形的为4%~21%,其他不超过10%。寄生于巨噬细胞和淋巴细胞的裂殖体(石榴体、柯赫氏蓝体)呈圆形、椭圆形或肾形,是虫体在淋巴细胞、组织细胞中进行裂殖时形成的多核虫体（裂殖体）。吉姆萨染色虫体胞质呈淡蓝色，其中包含许多红紫色颗粒状的核。裂殖体有两种，大裂殖体（无性生殖体）产生大裂殖子，小裂殖体（有性生殖体）产生小裂殖子。

（二）瑟氏泰勒虫

寄生于红细胞内的虫体，除有特别长的杆状外，其他形态和大小与环形泰勒虫相似，区别是各种形态中以杆形和梨籽形为主，占 67%~90%。因病程不同，2 种形态的虫体比例有变化。在上升期，杆形为 60%~70%，梨籽形为 15%~20%；在高峰期，2 种均为 35%~45%；在下降期和带虫期，杆形为 35%~45%，梨籽形为 25%~40%。

（三）中华泰勒虫

形态特异，具多形性，有梨籽形、圆环形、椭圆形、杆状、三叶形、边虫形、十字架形，还有许多难以形容的不规则形虫体。在同一红细胞内不同数目的边虫样虫体可发育变大，生成的原生质延伸，而后互相连接或交融，重新构成各种不同形态的虫体。有些虫体具有出芽增殖的特性。以梨籽形和圆环形虫体为主，占总数的 51.5%。

三、生活史

感染蜱在牛体吸血时，子孢子随蜱的唾液进入牛体，首先在局部淋巴细胞和巨噬细胞内进行裂体增殖，形成大裂殖体。大裂殖体成熟破裂为许多大裂殖子，裂殖子释放后侵入其他淋巴细胞和巨噬细胞内进行裂体增殖。同时部分大裂殖子可通过淋巴和血液扩散至全身，侵袭脾、肝、肾等器官的淋巴细胞和巨噬细胞并进行裂体增殖。裂体增殖反复进行到一定时期，可形成小裂殖体。小裂殖体成熟破裂为许多小裂殖子进入红细胞形成配子体（血液型虫体）。幼蜱或若蜱吸血时，把带有配子体的红细胞吸入胃内，配子体逸出成为大小配子，二者结合形成合子，进而发育为动合子，动合子穿入蜱的肠管和体腔等各处。当蜱完成蜕化时，动合子进入蜱的唾液腺的腺泡细胞内变成合孢体，开始孢子生殖，产生许多子孢子。蜱吸血，子孢子接种到牛体内。

第二节　流行病学

牛环形泰勒虫病是一种季节性非常强的地方性流行病，主要流行于我国西北、华北、东北地区。本病多呈隐性经过，以高热稽留、贫血和体表淋巴结肿大为特征，发病率和死亡率较高，对养牛业危害极大。牛瑟氏泰勒虫病引起的发病较少，症状和环形泰勒虫病相似，但较缓和，病程长，死亡率低。主要在放牧条件下发生，我国有报道发现于贵州、吉林、辽宁、河北、河南、湖南、云南、陕西、甘肃和宁夏。在青海果洛藏族自治州牦牛中发现有瑟氏泰勒虫，5 月始发，10 月终止，6—7 月为发病高峰。中华泰勒虫病引起的牦牛泰勒虫病在我国的青海果洛藏族自治州、新疆和田地区和甘肃流行发生。

一、传染源

病牛和带虫牛是传染源，而蜱是传播媒介。

二、传播途径

主要经蜱传播。

三、易感动物

不同品种和年龄的牛只均可感染，但以1~3 岁牛发病较多。

第三节　临床症状和病理变化

一、临床症状

本病多呈急性经过，潜伏期 14~20 d，初期病牛表现为高热稽留，体温升高到 40~42℃，精神沉郁。肩前和腹股沟淋巴结肿大，有痛感。淋巴结穿刺涂片镜检，可发现裂殖体。病牛呼吸加快，咳嗽，脉搏弱而频。食欲减退或不食，可视黏膜、肛门周围、尾根、阴囊等皮肤出现出血点或溢血斑，可视黏膜轻微黄染。磨牙、流涎，排少量干黑的粪便，常有黏液和血丝。最后卧地不起，多在发病 1~2 周后死亡。瑟氏泰勒虫病病程长，一般 10 d 以上，个别可达数十天。

二、病理变化

剖检可见全身皮下、肌间、黏膜和浆膜有大量的出血点和出血斑。全身淋巴结肿大，切面多汁，有暗红色和灰白色大小不一的结节。第四胃黏膜肿胀，有许多针头至黄豆大暗红色或黄白色的结节，结节部上皮细胞坏死形成中央凹陷、边缘不整、稍隆起的溃疡病灶。黏膜脱落是该病的特征性病理变化，具有诊断意义。脾明显肿大，被膜上有出血点，脾髓软化呈黑色泥糊状。肾肿大，质软，有暗红色病灶，外膜易剥离。肝肿大，质脆，色泽灰红，被膜有多量出血点或出血斑，肝门淋巴结肿大。肺有水肿和气肿，被膜有多量出血点，肺门淋巴结肿大。

第四节 实验室诊断

一、病原学诊断

（一）病原直接检测

涂片检查法包括涂片、染色、镜检 3 个步骤，涂片包括血液涂片和淋巴结涂片，染色主要是吉姆萨染色法，镜检是在高倍显微镜下检查。血液涂片检查主要是采集外周血液制成薄的血涂片，甲醇固定后染色镜检，观察红细胞内是否有呈环形、卵圆形、杆形、梨籽形、椭圆形、三叶形、边虫形、十字架形等不规则形虫体时可诊断为本病。环形泰勒虫裂殖体期和虫体期都可致病，但虫体期致病力弱。急性感染动物外周血液中很少有裂殖体，但从病牛的淋巴结穿刺涂片中很容易发现大裂殖体（石榴体），而瑟氏泰勒虫病牛的淋巴结穿刺涂片中较难发现石榴体。

（二）分子生物学诊断

PCR 技术既可以检测带虫牛体内的泰勒虫，又可以检测泰勒虫传播媒介蜱的感染情况。用 PCR 可扩增环形泰勒虫小亚基核糖体 RNA 基因，用编码 32kD 的瑟氏泰勒虫红细胞内虫体表面蛋白基因作引物，从血样中 PCR 扩增瑟氏泰勒虫 DNA，检测牛感染状况。

二、血清学诊断

瑟氏泰勒虫全细胞用SDS-PAGE分析发现10条主带，印迹分析发现7条主带，用其中分子量32kD的蛋白质作为ELISA包被抗原。用环形泰勒虫裂殖体冻融抗原，可建立相应的ELISA试验，用于该病的诊断。

第五节　防控措施

一、灭蜱

根据本地区蜱的活动规律，实施有计划有组织的灭蜱措施，采用的灭蜱药有1%马拉硫磷、0.2%辛硫磷、0.2%的杀螟松或0.2%害虫敌，每头牛用500 mL，每隔3周喷涂1次，喷涂后要在被毛稍干燥后再饮水喂饲。防止药液滴入饲养用具误服中毒，各种药剂的长期使用，可使蜱产生抗药性，因此，杀虫剂要交替和轮流使用，以增强杀蜱效果和推迟抗药性。

二、避蜱禁牧

在蜱大量孳生期，牛群停止放牧，舍饲饲养，以免受侵害。实行舍饲饲养前，牛舍必须经过彻底灭蜱、消毒后，方能进舍饲养。

三、治疗措施

将病牛隔离饲养，对症用药治疗，用黄色素注射液和血虫净(贝尼尔)交替用药。对重症牛在驱虫的同时采取强心、补液、健胃、缓泻等综合对症疗法。第一天首选贝尼尔，按3.5~3.8 mg用蒸馏水制成5%溶液深部肌肉注射，重症病牛剂量按7 mg肌注，体温升高者用安痛定注射液，每日肌肉注射2次。对病症较重牛及时用10%葡萄糖注射液、安钠咖、维生素C、地塞米松、青霉素等，每日静脉注射1次。第二天先强心补液，用安钠咖、氢化可的松、维生素C、葡萄糖氯化钠注射液500 mL静脉注射，紧接着驱虫，用黄色素3~4 mg、葡萄糖、氯化钠1 500 mL静脉注射。第三天再用贝尼尔。第四天用黄色素。这样用贝尼尔、黄色素交替用药，配合强心补液。6 d为1个疗程，一般1个疗程后可基本痊愈。同时胃肠音弱、便秘病牛可灌服一些缓泻健胃的中成药缓解症状。

第七章 牛巴贝斯虫病

牛巴贝斯虫病（Bovine babesiosis）又称牛焦虫病，是由巴贝斯属原虫寄生于牛红细胞的一类蜱传播性寄生虫病。由于病原体对血液中红细胞的破坏和其毒素对机体的刺激，使患畜产生高热、贫血、黄疸、血红蛋白尿等病症。

第一节 病原

一、分类地位

该虫体在分类上属原生动物亚界、顶复门、孢子虫纲、梨形虫亚纲、梨形虫目、巴贝斯科的巴贝斯属。

二、虫种与形态

寄生于牛的巴贝斯虫迄今得到确认的虫种主要有9种，我国常见的有牛巴贝斯虫、双芽巴贝斯虫和卵型巴贝斯虫3种。

（一）牛双芽巴贝斯虫

是一种大型虫体，虫体长度大于红细胞半径，呈环形、椭圆形、变形虫样和梨子形等。典型的形状是双梨子形，尖端以锐角相连，每个虫体有1团染色质块，虫体多位于红细胞的中央，每个红细胞内虫体数目为1~2个。红细胞染虫率为2%~15%。虫体经吉姆萨染色，胞质呈淡蓝色，染色质呈紫红色。

(二)牛巴贝斯虫

是一种小型虫体,虫体长度小于红细胞半径,双梨子形虫体以尖端联成钝角,位于红细胞边缘或偏中央。每个虫体内有1团染色质块。每个红细胞内可有1~3个虫体。红细胞染虫率为1%。

(三)卵形巴贝斯虫

为大型虫体。虫体多为卵形,中央往往不着色,形成空泡。虫体多数位于红细胞中央。典型虫体为双梨籽形,较宽大,两尖端成锐角相连或不相连。

三、生活史

蜱为巴贝斯虫的终末宿主。当蜱食入带虫血,虫体进入蜱肠管内,此时的虫体呈3种形态:含空泡球形虫体、长形虫体、双核形虫体。虫体进入蜱体内后,在肠管可见到雪茄形虫体,之后虫体进入肠上皮细胞中发育,形成不规则的纺锤形虫体,虫体进行迅速的分裂,形成许多虫样体。上皮细胞破裂后,虫体进入肠管和淋巴结。当幼蜱孵出发育时,进入肠上皮细胞再进行复分裂,形成许多虫样体。上皮细胞破裂后,虫体进入肠管和血淋巴。当幼蜱蜕化为若蜱时,可在若蜱的唾液腺内见到梨籽形虫体,吸血时虫体在几天内形成感染性子孢子而感染牛。

第二节 流行病学

牛双芽巴贝斯虫病在我国流行广泛,危害较大,主要分布在热带、亚热带地区或温带与亚热带交界地区和温带灌木林草原地区, 在南方各省份流行普遍。牛双芽巴贝斯虫的媒介蜱有5种牛蜱、3种扇头蜱和1种血蜱,在我国微小牛蜱是双芽巴贝斯虫的主要传播者。经卵传播的方式,由次代若虫和成虫阶段传播,幼虫无传播能力。2005年冬季,在四川省阿坝州红原县龙日、安曲等部分乡的牦牛发生该病的流行,4%~7%的牦牛死亡,给当地畜牧业造成很大损失。牛巴斯虫病已在我国西藏、福建、贵州、安徽、湖北、湖南、陕西及河南等地发现,但分布没有双芽巴贝斯虫病广泛。牛巴斯虫病的传播媒介有硬蜱、扇头蜱、牛蜱等，在我国现已证实微小牛蜱传播牛巴贝斯虫，经卵传播的方式由次代幼虫传播，次代若虫和成虫阶段无传播能力。牛卵形巴贝斯虫病，于1986年在河南卢氏县犊牛体内分离到一株大型的巴贝斯虫，经鉴定为卵形巴贝斯虫。1991—1993年牛卵形巴贝斯病在我国河南局部地区、甘肃的陇南陇东地区、辽宁省朝阳市、新疆伊宁地区等地局部流行，牛卵形巴贝斯虫的传播媒介为长角血蜱，经卵传播，由次代幼虫、若虫和成虫传播，雄虫也可传播病原。

一、传染源

病牛和带虫牛为主要传染源。

二、传播途径

主要是经蜱传播。

三、易感动物

主要感染黄牛、水牛和牦牛，多发生于1~7月龄犊牛，8月龄以上的牛发病较少。

第三节　临床症状和病理变化

一、临床症状

初期病牛表现精神沉郁，食欲减退或不食，体温升高到40~42℃，呈稽留热，肩前淋巴结肿大，触诊有痛感，可视黏膜潮红，后转为苍白、黄染，排出带有黏液的黑褐色粪便，尿呈红黄色。病牛吃土、磨牙、卧地不起、消瘦，病程一般为1~2周。本病最典型的特征症状是由于红细胞大量被破坏而出现血红蛋白尿。尿的颜色由透明淡红色变为棕红色，严重则为黑红色，血液稀薄，重症时如不及时治疗可在4~8 d死亡。慢性病例体温波动于40℃上下持续数周，减食及渐进性消瘦和贫血。

二、病理变化

尸体消瘦，贫血。脾肿大，脾髓软化、呈暗红色，白髓肿大呈颗粒状突出于切面。肝肿大，呈黄褐色，切面呈豆蔻状花纹。胆囊扩张，充满浓稠胆汁。瘤胃浆膜有出血点，血液稀薄，全身性出血，皮下组织、肌间结缔组织和脂肪均呈黄色胶样水肿。各内脏器官被膜均黄染。肾肿大，呈淡红黄色，有点状出血。膀胱膨大，积有红色尿液，黏膜有出血点。肺淤血、水肿。心肺柔软，呈黄红色，心内膜有出血斑。

第四节　实验室诊断

一、病原学诊断

（一）涂片检查

包括涂片、染色、镜检 3 个步骤。染色主要是吉姆萨染色法。采外周血液（一般为耳静脉）制成薄血涂片，甲醇固定后染色镜检，检测红细胞内是否有特征性虫体。

（二）分子生物学诊断

用 PCR 扩增巴贝斯虫 DNA 技术是检测巴贝斯虫感染较为敏感的方法，尤其是当巴贝斯虫感染表现为亚临床或虫血症较低的时候。用 PCR 扩增巴贝斯虫 DNA 的 16S rRNA 基因，可以检测出虫血症 0.008 3%的感染动物。根据吉氏巴贝斯虫核糖体小亚单位 RNA 序列设计出一对特异性引物 BG-1 和 BG-2，可从该虫 cDNA 文库中扩增出 481 bp 的特异片段。所用引物不与牛巴贝斯虫、卵形巴贝斯虫、环形泰勒虫发生任何扩增反应。

二、血清学诊断

有补体结合试验、间接血凝试验、间接免疫荧光抗体试验和酶联免疫吸附试验等，其中仅间接免疫荧光抗体试验和酶联免疫吸附试验可供常规使用，主要用于染虫率较低的带虫牛和疫区的流行病学调查。间接免疫荧光抗体试验是检测牛双芽巴贝斯虫和牛巴贝斯虫抗体广泛采用的方法，并被公认作为国际贸易指定的试验，但由于血清学交叉反应，不能用于虫体鉴别。

第五节 防控措施

一、治疗

本病主要以早发现、早诊断、早治疗为原则,治疗可采取特效药治疗和对症治疗(如健胃、强心、补液等)相结合的方法,常用特效药有咪唑苯脲、三氮脒、锥黄素(吖啶黄)等。

二、预防

主要在于灭蜱。每年春秋两季用杀蜱药物消灭牛体及牛舍内的蜱。牛只的调动应选择在无蜱活动的季节进行。牛只在调入调出前,应先进行药物灭蜱处理,也可用药物提前预防。

第八章　牛丝状线虫病

牛丝状线虫病(Bovine setariasis)是由多种丝虫分别寄生在人和牛等多种脊椎动物终宿主的腹腔、胸腔、淋巴系统、皮下组织等不同器官组织中引起的线虫病的总称,是一种重要的人畜共患寄生虫病。根据虫体寄生部位不同可分为腹腔丝虫病、盘尾丝虫病、副丝虫病、浑睛虫病、恶丝虫病和浆膜丝虫病等。本病为媒介传播性疾病,主要的媒介有蚊、蠓、虻及其他吸血昆虫等,本病主要发生在夏季。

第一节　病原

一、分类地位

寄生于人和家畜的重要丝虫在分类上分别属于线形动物门(Nemathelminthes)、尾感器亚纲(Secernentea)、丝虫目(Dipetalonematidae)的丝状科(Satariidae)、丝虫科(Filariidae)、盘尾科(Onchocercidae)、双瓣科(Dipetalonematidae)。

二、虫种及形态

(一)唇乳突丝状线虫

又称为鹿丝状线虫,口孔呈长圆形,背、腹乳突较大,围口环中央顶部呈凸出的半月状。雄虫长 40~60 mm,2 根交合刺,不等长,尾部有性乳突 17 个,泄殖孔前方 3 对,后方 4 对,侧方 1 对,前方正中 1 个。雌虫长 60~120 mm,尾端球形,表面有小刺,微丝蚴长 240~260 μm。

（二）指形丝状线虫

虫体形态和鹿丝状线虫相似，但口孔呈圆形，口环的侧突起为三角形。雄虫长 40~50 mm，2 根交合刺，不等长，有性乳突 15 个，泄殖孔后方 3 对。雌虫长 60~80 mm，尾末端为 1 个小的球形膨大，其表面光滑或稍粗糙，微丝蚴长 245~300 μm。蚴无鞘膜。

三、生活史

本病通过吸血昆虫吸血经皮肤传播，不同种属的丝虫生活史有一定差异。寄生于牛羊腹腔的丝虫属线虫，主要为唇乳突丝状线虫和指形丝状线虫，成虫在腹腔直接产生幼虫–微丝蚴。微丝蚴进入宿主血液，周期性地出现于末梢血液中，当中间宿主吸血时，微丝蚴进入其体内，经 12~16 d 发育为感染性幼虫。唇乳突丝状线虫中间宿主可能寄生于螯蝇或一些蚊类，指形丝状线虫中间宿主为中华按蚊等。中间宿主再刺吸别的易感动物皮肤时，感染性幼虫即传给另一宿主，经 8~10 个月发育为成虫。

第二节　流行病学

牛丝状线虫病呈世界性流行，主要分布在南非、南欧、东欧、亚洲和南美洲等所在的国家。本病在国内流行比较普遍。

一、传染源

病牛和带虫牛。

二、传播途径

本病主要为虫媒传播，中间宿主为蚊类、厩螯蝇等吸血昆虫。

三、易感动物

各类牛只均易感，包括水牛、牦牛、黄牛和奶牛。

第三节　临床症状

唇乳突丝状线虫和指形丝状线虫寄生于牛羊等动物的腹腔，其致病力不强，可引起轻度腹膜炎，临床上一般不显症状。但如果这两种丝虫的感染性幼虫侵入异宿主马或羊体内，其幼虫常迷路，随淋巴或血液进入脑脊髓腔或眼前房引起脑脊髓丝虫病或浑睛虫病。

脑脊髓丝虫病常见于腹腔丝虫感染非正常宿主，如指形丝状线虫感染马属动物或羊，移行至脑脊髓所致。临床主要表现脊髓所支配的后躯运动神经障碍，多无明显的外因而突然发病。病初腰背僵硬，后肢无力，运动不灵活，运步时后蹄捻转或蹄尖拖地，以后逐渐出现后肢摇摆无力，步行不稳或向一侧歪斜，横行，下坡时更为明显，凹腰反应迟钝或消失。

浑睛虫病，腹腔丝虫感染非正常宿主，如牛的指形丝状线虫感染马，或马丝状线虫感染牛。临床症状表现为病马摇晃头部，或在马槽或桩上摩擦患眼，严重时可导致失明。对光观察马或牛的患眼时，常可见眼前房中有虫体游动，时隐时现。

第四节　实验室诊断

丝虫成虫寄生于与外界不通的器官和组织中，所以生前基本上通过检测血液中的微丝蚴进行病原学诊断。

一、血涂片检查法

主要用于微丝蚴的检查，即无菌采取疑似病牛末梢血一滴，加生理盐水，盖上盖玻片，直接在高倍镜下检查。当观察到活泼摆动或做一系列环形、绞缠运动的微丝蚴，即可初步确诊。本方法对于每毫升血液中微丝蚴含量低于 50 条时的检出率极低。对于轻微感染的病例，应采取灵敏度更高的检测方法。

二、离心集虫法

柯氏试验和定量黄色层毛细管法均用于微丝蚴的诊断。将抗凝血离心达到对微丝蚴进行浓集的目的，提高了对微丝蚴的检出率和检测灵敏度。柯氏试验已成为诊断微丝蚴的经典方法，广泛用于各种丝虫病微丝蚴的诊断。现今多用改良柯氏试验，即在 1 mL 的抗凝血中加 2%甲醛 9 mL，混合后 1 000~1 500 r/min，离心 8~10 min，弃去上清液，取少量沉渣和 1 滴 0.1%的美蓝染液混合后镜检，此方法的检测灵敏度能检测出每毫升 12 条微丝蚴。

三、分子生物学方法

采用 PCR 扩增虫体核糖体转录间隔区（ITS）或线粒体细胞色素过氧化物酶亚单位基因（COI），进行虫株的鉴定。也可通过收集传播媒介和其他组织，如提取蚊子的胃、马氏管以及疑似病牛血液中微丝蚴的 DNA，进行牛丝虫病流行病学检测和诊断。

第五节　防控措施

对病牛进行定期驱虫，可选用海群生、硫乙砷胺钠等药物进行治疗或预防给药。此外加强环境卫生，控制传染源，切断传播途径，消灭或隔离中间宿主等措施是防控本病的关键。牛舍应建在干燥通风处，保持厩舍内外的环境卫生，并定期消毒。在有蚊虫的季节尽量防止与牛相互接触，也可向牛体表、蚊虫滋生地喷洒杀虫剂或采取烟熏等措施，减少蚊、蝇等吸血昆虫传播的机会。目前尚无用于本病预防的商品化疫苗。

第六节　公共卫生影响

丝虫病是我国五大寄生虫病之一。我国中部和南部的山东、河南、安徽、江苏、上海、浙江、江西、福建、广东、广西、海南、湖南、湖北、贵州、四川和台湾 16 个省、市、自治区均有丝虫病流行。除山东、海南及台湾省仅有班氏丝虫病流行外，其余13个省、市、自治区2种丝虫均存在。据20世纪50年代调查结果显示，全国共有864个县（市）流行本病，病人约3 099.4万。经30多年大力防治，取得了巨大成绩。到1990年，已有823个流行县（市）达到部颁基本消灭丝虫病的标准（以行政村为单位，人群微丝蚴率降到1%以下），占流行地区的95.3%。人群中残存微丝蚴血症者的微丝蚴密度在5条以下时，即使不继续防治，也可陆续转阴。因此，在基本消灭该病的地区应加强对外来人口的查治，以防止传染源的输入。

第九章　牛皮蝇蛆病

牛皮蝇蛆病(Cattle hypodermosis)是由双翅目、皮蝇科、皮蝇属的皮蝇幼虫阶段寄生于牛体内而引起的，对养牛业危害严重的人与动物共患寄生虫病。感染牛的皮蝇主要有牛皮蝇、纹皮蝇和中华皮蝇。本病的主要特征是牛体消瘦、贫血、发育受阻、体重减轻、皮肤穿孔,感染强度高的可致牛死亡。人感染时,由于感染部位不同而表现出不同的症状。本病给畜牧业造成重大经济损失,并对人类健康具有潜在威胁。

第一节　病原

一、分类地位

牛皮蝇蛆病病原在分类上属节肢动物门（Arthropoda)、昆虫纲(Insecta)、双翅目(Diptera)、皮蝇科(Hypodermatidae)、皮蝇属(Hypoderma)。

二、虫种与形态

主要虫种包括牛皮蝇、纹皮蝇和中华皮蝇。

(一)牛皮蝇

成蝇体长约 15 mm,头部被有浅黄色绒毛;胸部前部和后部绒毛为淡黄色,中间部分为黑色;腹部绒毛前端为白色,中间为黑色,末端为橙黄色。卵的大小为 0.76 mm×0.22 mm,长圆形,一端有柄,以柄附着于牛毛,每根毛只黏附 1 枚虫卵。第一期幼虫为淡黄色、半透明,大小 0.5 mm×0.2 mm,体分 20 节,后端有 2 个黑色圆点状后气孔。第二期幼虫长 3~13 mm。第三期幼虫体粗壮，长 28 mm，色泽随虫体成熟，由淡黄色、黄褐色变为棕褐色，体分 11 节，无口前沟，体表有许多结节和小刺，最后 2 节腹面无刺，有 2 个后气孔，气门板漏斗状。

（二）纹皮蝇

成蝇体长 13 mm，体表被毛稍短。胸部毛呈灰白色或淡黄色，具有 4 条黑色纵纹。腹部绒毛前端灰白色，中间黑色，末端橙黄色。卵与牛皮蝇相似，但 1 根牛毛可见 1 列虫卵。第三期幼虫长 26 mm，最后 1 节腹面无刺。

三、生活史

皮蝇属于完全变态寄生虫。与纹皮绳的生活史基本相同，经卵、幼虫、蛹和蝇 4 个阶段。皮蝇在自然界生活的时间仅 5~6 日。雌雄皮蝇交配后，雄蝇死亡，雌蝇飞向牛体产卵，雌蝇产完卵后也死亡。卵经 4~7 日孵化出第一期幼虫。牛皮蝇的第一期幼虫钻入皮下移行，最后发育成第三期幼虫到达背部皮下。纹皮蝇的第一期幼虫钻入皮下移行，在感染后的 2 个半月可在咽和食道部发现第二期幼虫。第二期幼虫在食道壁停留 5 个月，最后也移行到牛背部皮下，发育成第三期幼虫。幼虫到达牛背部皮下时，在局部出现瘤状隆起，并出现绿豆大的小孔，幼虫以其气孔板朝向小孔。在牛背部皮下，第三期幼虫约寄生 2~2.5 个月。随着生长，幼虫颜色逐渐变成褐色，同时皮肤上小孔的口径也随之增大。成熟后的幼虫经皮孔逸出，落入土中和厩肥内变成蛹，再经 1~2 个月羽化为成蝇。幼虫在牛体内寄生 10~11 个月，整个发育过程大约 1 年。

第二节　流行病学

我国西北、西南、东北、华北等地普遍有本病的流行。在青藏高原地区，皮蝇蛆病是长期制约牦牛饲养业的主要疫病之一。在未防治的牦牛群中，皮蝇幼虫的感染率在 50.4%~93.3%，平均感染率 64.78%，严重地区高达 100%。

皮蝇属的牛皮蝇和纹皮蝇等幼虫是引起该病的病原，其中以牛皮蝇最为常见。牛、牦牛、鹿是皮蝇属幼虫的主要宿主，有时也可感染羊、马、驴以及野生动物和人类。

第三节　临床症状和病理变化

一、临床症状

雌蝇飞翔产卵时，常引起牛只不安，影响采食，有些牛只奔逃时受外伤或流产。幼虫钻入牛皮肤时，引起牛瘙痒、不安和局部疼痛。幼虫在体内长时间移行，使组织受损伤，在咽喉、食道部移行时引起咽炎、食道壁炎症。幼虫分泌的毒素对牛有一定的毒害，常使患牛消瘦，贫血，有肌肉稀血症。肉的质量降低，产乳量下降。犊牛贫血和发育不良。幼虫寄生于牛背部皮下时，其寄生部位往往发生血肿和蜂窝组织炎。感染化脓时，常形成瘘管，经常流出脓液，直到幼虫逸出后，瘘管才逐渐愈合，形成瘢痕。

二、病理变化

幼虫钻入牛皮肤，引起局部瘙痒，精神不安。在体内移行时造成移行各处组织的损伤。第三期幼虫在皮下寄生时，引起局部结缔组织增生和发炎，当继发细菌感染时，可形成化脓性瘘管。幼虫落地后，瘘管愈合形成疤痕，影响皮革质量。幼虫分泌物的毒素作用，对牛血液和血管有损害作用，可引起贫血。有时幼虫移行伤及大脑和延脑，可引起相应神经组织损害。

第四节　实验室诊断

一、病原学诊断

（一）被毛上虫卵检测

夏秋季节被毛上存在的虫卵可以作为诊断的参考，牛皮蝇虫卵单独附着于被毛上，每根牛毛附着 1 个虫卵。纹皮蝇虫卵成排附着被毛，每根牛毛附着1列虫卵。

(二)背部病变中第三期幼虫检测

对第三期幼虫在牛背部所形成的瘤包进行触诊，观察第三期幼虫从感染的牛背部钻出的情况，通过计数虫孔或是钻出的第三期幼虫的数目来确定感染的情况。幼虫可在宿主背部停留1~2个月，需分几次触诊，而蹦出的过程可持续达3~4个月之久。

(三)剖检检查

对病死畜进行剖检，重点检查食管黏膜、背部皮下、瘤胃浆膜、大网膜、食管浆膜等部位，发现第一期、第二期或第三期任一阶段幼虫便可确诊。

二、血清学诊断

ELISA诊断由于只需极少的抗原物质且又相当敏感，是牛皮蝇蛆病早期诊断的最适合的方法。取牛皮蝇的第一期幼虫的可溶性抗原，在pH 9.6的条件下包被于固相载体的表面，与待检血清、酶标二抗和底物相互作用，通过酶标仪读取数据判定结果。2004年，殷宏等证实纹皮蝇抗原与牛常见的其他寄生虫，如肝片吸虫、伊氏锥虫、日本血吸虫、牛巴贝斯虫、环形泰勒虫和边缘边虫的阳性血清无交叉反应，证明本方法的特异性。

第五节　防控措施

一、预防措施

灭蝇并注意日常环境卫生，也可采取区域联防联控机制，实行“秋防春治”的原则。每年秋季在11月初牛体内牛皮蝇蛆抗体水平达到最高时进行1次驱虫，可选择使用伊维菌素注射液、阿维菌素浇泼剂或者片剂。春季如果发现个别牛皮肤上出现瘤包，可立即用手指将寄生于肿瘤内的幼虫挤出并杀死。挤出幼虫后，为避免创口感染，可向瘤包内滴加碘酒等药物进行消毒。由于该病分布广、寄生强度大、寄生率高，成蝇有很强的飞翔能力，一次能够飞行2~3 km，造成区域性危害，因此要采取区域性协同联防联治，进行整群驱虫。

二、治疗措施

对牛背部要经常进行检查，发现皮下存在成熟的疣肿时，要立即使用消毒的针将幼虫刺死或者用手将其挤出，然后涂抹碘酊。也可肌肉注射 5 mg/kg 倍硫磷原液。病牛背部涂擦 300 mL 2%敌百虫水溶液，每次涂抹 2~3 min，经过 24 h 大多数幼虫即可软化死亡，经过 5~6 d，瘤状隆起会明显缩小。另外也可在病牛背部患处的小孔涂擦该药，注意用药前先将小孔四周的干涸脓痂清除干净，确保皮孔完全露出，使药液能够有效接触到虫体，通常用药 1 次就能够使大多数幼虫软化死亡。

第十章 牛球虫病

牛球虫病(Bovine coccidiosis)是由艾美耳属球虫寄生于牛肠道引起的以急性肠炎、血痢等为特征的寄生虫病。本病多发生于犊牛,呈世界性分布。

第一节 病原

一、分类地位

球虫属于原生动物门（Protozoa)、孢子虫纲（Sporozon)、球虫目(Coccidia)、艾美耳科(Eimeriidae)、艾美耳属(Eimeriaspp)。牛球虫病是由艾美耳属的多种球虫引起的常见肠道疾病，目前在世界范围内已鉴定的牛艾美耳球虫有 21 种,公认的有 15 种,我国报道的有 13 种,其中牛艾美耳球虫(Eimeria bovis)和邱氏艾美耳球虫(E.zuernii)致病性较强,其他球虫相对致病性较弱。

二、形态学特点

卵囊为圆形或稍微椭圆形,卵壁光滑,平均大小为 14.9~20 μm。

三、生活史

球虫的发育不需要中间宿主。球虫生活史可分为 3 个阶段:一是无性生殖阶段,在寄生部位的上皮细胞内,以裂殖生殖法增殖。裂殖体形成大量裂殖子,使上皮细胞遭到破裂,逸出裂殖子,重新进入其他上皮细胞,再进行裂殖。这样反复几代后,使大量上皮细胞遭到严重破坏,引起疾病突然发作。二是有性生殖阶段,裂殖生殖 2~3 代后,形成大小配子体,以配子生殖皮,形成大配子（雌性）和小配子（雄性），雌雄配子结合形成合子。三是孢子生殖阶段，合子迅速形成被膜后即为卵囊，随粪便排出后，在温度适宜情况下，在卵囊内发育形成孢子囊和子孢子，含有成熟的子孢子的卵囊为感染性卵囊。有性生殖和无性生殖都在体内进行，称为内生性发育；孢子生殖在外界环境中完成，称为外生性发育。

第二节　流行病学

一、传染源

病牛和带虫牛是主要传染源。

二、传播途径

通常在放牧过程中感染发病，尤其是在多沼泽、潮湿的牧场进行放牧最容易发病，这是由于潮湿环境有利于虫体的生存和发育。垫草、饲料和母牛乳房污染粪便后，往往会导致犊牛发生感染。另外，牛从舍饲变成放牧或者从放牧变成舍饲时，由于突然改变饲料，容易引起该病。此外，牛感染某种传染病后，会导致机体抵抗力降低，也能够引起该病。

三、易感动物

各品种牛均易感，犊牛易感性最强，成年牛次之。一般来说，小于 2 岁的犊牛比较容易发生该病，且具有较高的死亡率，

第三节　临床症状与病理变化

一、临床症状

本病潜伏期约为 2~3 周，犊牛一般为急性经过，病程为 10~15 d。当牛球虫寄生在大肠内繁殖时，肠黏膜上皮大量破坏脱落、黏膜出血并形成溃疡。这时在临床上表现为出血性肠炎、腹痛，血便中常带有黏膜碎片。约 1 周后，当肠黏膜破坏而造成细菌继发感染时，则体温可升高到 40~41℃，前胃迟缓，

肠蠕动增强、下痢，多因体液过度消耗而死亡。慢性病例则表现为长期下痢、贫血，最终因极度消瘦而死亡。

二、病理变化

主要病变是病牛消瘦，黏膜苍白，肛门外翻，肛门周围和后肢被含血稀便污染。盲肠、结肠、直肠发生广泛性出血和坏死，肠内容物呈褐色，带恶臭，有纤维性薄膜和黏膜碎片。肠系膜淋巴结肿大。

第四节　实验室诊断

采用饱和盐水漂浮法进行检查是本病最经典的诊断方法。从患牛肛门处取粪便 5~10 g，放入 50 mL 烧杯中，加入适量水。轻轻搅匀，经 6 目铜丝网或尼龙网过滤。将滤液移入 4 支 10~15 mL 试管，2 500 r/min 离心 10 min，倾去上清液，各管沉淀物中加入少量饱和盐水，混匀。各管的沉淀物混悬液移入 1 个 5 mL 玻璃瓶。用饱和盐水加满，盖上盖玻片（盖玻片须能与液面接触），静置 10 min，取下盖玻片，放在载玻片上。置载玻片于显微镜台上进行检查。发现球虫卵囊，判为阳性，说明该动物（群）已感染球虫，根据卵囊形态特征，初步确定为哪一属的球虫。未发现球虫卵囊，需重复检查 5 次，仍未见球虫卵囊，本粪样可判为阴性。只有连续检查粪便 7~10 d，均未发现球虫卵囊，方可说明该动物（群）未感染球虫。

第五节　防控措施

一、预防措施

本病防控应采取隔离、治疗、消毒等综合性防控措施。成年牛与犊牛最好分开饲养，发现病牛后立即隔离治疗，哺乳牛的乳房要经常擦洗，定期对地面、牛栏、墙壁、饲槽、水槽等清洗，消毒。牛圈要保持干燥，粪便要及时清理或发酵处理。药物预防可用氨丙啉，每千克体重 5 mg 混入饲料，连用

15 d。林可霉素每天在饮水中给予 1 g，连续饲喂 20 d。此外，磺胺药物和金霉素的混合物对牛球虫病的预防也有效果。

二、治疗措施

磺胺类药物可减轻症状，控制病情的发展，每千克体重 140 mg，口服，每天 2 次，连用 3 d。氨丙啉，每千克体重 20~50 mg，口服，连用 5~6 d，可抑制球虫病的繁殖和发育，并有促进增长和饲料转化的效果。莫能霉素，每吨饲料推荐加入 16~33 g，屠宰前 3 d 停药。乙羟喹啉，每千克体重 0.5~0.8 mg，口服，对虫卵可产生抑制作用。在给予治疗的同时，应该注意对症治疗。贫血严重时，应该考虑输血，注意结合止泻、强心、补液等措施，并且对病牛进行隔离治疗。

第四篇

其 他 病

第一章　牛传染性胸膜肺炎

牛传染性胸膜肺炎（Contagious bovine pleuropneumonia，CBPP）又称为牛肺疫，是由丝状支原体丝状亚种 SC 型引起牛的一种传染病，病程常为亚急性或慢性，临床特征为浆液性纤维素性肺炎和胸膜炎，发病率和死亡率都较高。20 世纪初，许多国家通过扑杀和免疫政策消灭了该病。该病在非洲的许多地区、东欧及亚洲的部分国家和地区继续存在。该病曾在我国流行，现在我国为世界动物卫生组织认可的无牛传染性胸膜肺炎（简称牛肺疫）国家。由于控制该病困难，该病经常发生亚急性或无临床症状感染，且康复牛可能成为慢性带菌者。该病能造成巨大的经济损失，世界动物卫生组织将牛肺疫定为必须报告的动物疫病，我国将其列为一类动物疫病。

第一节　病原

一、分类地位

按照《伯吉氏系统细菌学手册》第二版第三册（2009 年），牛传染性胸膜肺炎的病原体为丝状支原体丝状亚种 SC 型，在分类上属柔膜体纲支原体目支原体科支原体属。支原体公认的种有 102 种，丝状支原体丝状亚种是其中之一，丝状支原体丝状亚种根据菌落大小分为 2 个型：小菌落型（SC）和大菌落型（LC）。丝状支原体丝状亚种 SC 型是牛肺疫的病原体，而丝状支原体丝状亚种 LC 型不引起牛传染性胸膜肺炎，常见于山羊，引起败血病、关节炎、肺炎，代表菌株为 Y-goat。

因有共同的血清学和遗传学特征，丝状支原体丝状亚种 SC 型和丝状支原体丝状亚种 LC 型、丝状支原体山羊亚种、羊支原体山羊亚种、山羊支原体肺炎亚种、牛支原体血清学 7 群亚种等被划归丝状支原体簇。

二、形态学特征和培养特性

(一)形态与染色特点

支原体无细胞壁，细胞柔软，形态多样，常呈球形、丝状、螺旋状与颗粒状。支原体直径为 125~250 nm，丝状体大小为(0.3~0.4)μm×(2~150)μm，可通过细菌滤器，无鞭毛，革兰氏染色阴性，吉姆萨和瑞氏染色呈淡紫色。

(二)培养特性

支原体为兼性厌氧微生物，最适生长温度 37℃，最适 pH 7.6~7.8。支原体生物合成能力弱，营养要求较高，除基础营养外，需要牛心浸膏、酵母膏、葡萄糖、10%~20%马血清，为抑制杂菌生长，常加入醋酸铊等药物。使用固体培养基培养时，琼脂浓度 1%~1.5%为宜。适当的通气培养可以促进其生长。丝状支原体丝状亚种 SC 型生长缓慢，在琼脂培养基上需要 2~6 d，才能长出，必须用低倍显微镜才能观察到的微小菌落，菌落呈煎荷包蛋状。在液体培养基中浑浊轻微，需要加入酚红等 pH 指示剂来判断支原体生长情况。支原体可在鸡胚卵黄囊或绒毛尿囊膜上生长。

第二节　流行病学

牛传染性胸膜肺炎在我国流行历史较久，分布广泛。1919 年我国就有该病的记载。20 世纪 50 年代，该病在我国内蒙古、辽宁、吉林等 12 个省、市、自治区 377 个县广泛流行。1952 年，我国开始大面积接种哈尔滨兽医研究所研制的“牛肺疫兔化藏羊化弱毒菌种”，并结合严格的综合防制措施。80 年代初，我国停止使用疫苗。1996 年，我国宣布在全国范围内消灭了牛传染性胸膜肺炎。2011 年 5 月 24 日，世界动物卫生组织第 79 届会议通过决议，认可我国为无牛传染性胸膜肺炎国家。

一、传染源

主要是病牛、康复牛及隐性带菌牛，病牛康复15个月甚至2~3年后还能感染健康牛只。病原主要由呼吸道随飞沫排出，也可由尿及乳汁排出，在产犊时还可通过子宫分泌物中排出。

二、传播途径

自然感染主要传播途径是呼吸道，也可经消化道传播。牛吸入污染的空气、尘埃或食入污染的饲料、饮水即可感染发病。

三、易感动物

本病的易感动物主要是牦牛、奶牛、黄牛、水牛、犏牛等动物，其中奶牛最易感。各种牛对本病的易感性依品种、生活方式及个体抵抗力不同而有区别，发病率为60%~70%，病死率为30%~50%。山羊和绵羊等在自然情况下不易感染，其他动物和人无易感性。

第三节 临床症状和病理变化

一、临床症状

牛传染性胸膜肺炎在病程上可分为4种渐进性过程：最急性、亚急性、慢性、亚临床感染。最急性期在临床上发病快，病牛出现呼吸症状后，1周后急性死亡。特征性病变为渗出性心包炎及胸膜粘连。急性期主要表现为患牛精神沉郁、厌食，体温升高至40~42℃，呈稽留热。干咳、呼吸加快有呻吟声，有浆液性或脓性鼻液流出，呼吸极度困难。由于胸部疼痛不愿行动或下卧，呈腹式呼吸，胸部叩诊呈浊音或水平浊音，听诊肺泡音弱或消失，出现啰音。反刍减缓或消失，可视黏膜发绀。咳嗽频繁，常是带有疼痛的短咳，咳声弱而无力，臀部或肩胛部肌肉震颤，在发病犊牛中，可看到典型的呼吸道症状和关节炎症状，还可导致心肌炎和心内膜炎等并发症。亚急性和慢性多由急性转来，也有开始即取慢性经过者。临床上只有明显咳嗽，部分牛体况消瘦。老疫区常见牛使役力下降，消化机能紊乱，此种患牛在良好护理及妥善治疗下可以逐渐恢复,但常为带菌者。若病牛体内病变区域广泛,则患牛预后不良。

二、病理变化

主要特征性病变在呼吸系统，尤其是肺脏和胸腔。肺的损害常限于一侧,初期以小叶性肺炎为特征。中期为该病典型病变,表现为浆液性纤维素性胸膜肺炎,病肺呈紫红、红、灰红、黄色等,不同时期的肝变硬,切面外观呈大理石状,间质增宽。病肺与胸膜粘连,胸膜显著增厚并有纤维素附着。胸腔有淡黄色、夹杂有纤维素的渗出物。支气管淋巴结和纵隔淋巴结肿大、出血。心包液混浊且增多。末期肺部病灶坏死并有结缔组织包囊包裹,严重者结缔组织增生使整个坏死灶瘢痕化。

第四节 实验室诊断

样品采集主要是从病畜活体采集的样品,有鼻拭子或鼻分泌物、支气管肺泡灌洗液或气管冲洗液，胸腔渗出液可在第七肋和第八肋之间下半部无菌穿刺采集。可采集抗凝血和全血,抗凝血可用于病原分离鉴定。尸体剖检采集的样品有肺部病变组织、胸腔渗出液、肺部支气管淋巴结以及关节滑液。每个组织单独放在一个容器内,主要采集正常组织和发病组织交界部位的样品。

一、病原学诊断

(一)病原分离鉴定

从感染动物分离丝状支原体丝状亚种 SC 型,是牛传染性胸膜肺炎诊断最重要的方法。由于许多因素可影响到支原体的生长及检出率,如样品中病原体含量极少,某些新分离株在体外培养不适宜,抗生素大量使用致使病原体减少等。

选取正常组织和发病组织交界部位为接种部位，将适宜病料接种于10%马丁肉汤和琼脂培养基中,丝状支原体丝状亚种 SC 型通常在密封的液体肉汤培养基中生长最好。液体培养基需 3~5 d 培养可出现均匀混浊,常有易碎的细丝状物。在琼脂平板上,可见到小的直径 1 mm、中心致密的煎蛋状典型菌落。此方法耗时长,通常在 37℃条件下培养 2~7 d。

(二)分子诊断技术

在丝状支原体丝状亚种 SC 型分子诊断技术中,PCR 等方法因具有良好的敏感性和特异性而被广泛应用。

分子诊断技术主要针对丝状支原体丝状亚种 SC 型的 16S rRNA 基因、16~23S rRNA 基因进行引物设计,用于丝状支原体丝状亚种 SC 型和丝状支原体丝状亚种的早期感染诊断。PCR 可直接检测胸水提取物、肺渗出液、尿、血液、分离培养物中的病原体。组织样品需进行 24~48 h 的培养,然后再进行 PCR 检测。

二、血清学诊断

(一)补体结合试验(CFT)

本试验利用丝状支原体丝状亚种 SC 型悬液与相应的抗体结合后,其抗原抗体复合物可以结合补体,加入致敏红细胞,即可根据是否出现溶血反应判断是否存在相应的抗原和抗体。补体结合试验主要检测的是 IgG。该试验特异性强,主要检测的是急性病变的患畜,对早期或慢性病例只能检出较小部分。由于丝状支原体丝状亚种 SC 型与 M.Mycoides 群的其他成员易发生血清学交叉反应,导致补体结合试验容易出现假阳性。

(二)微量凝集试验(MAT)

利用丝状支原体丝状亚种 SC 型悬液与相应的 IgG 抗体结合,在电解质存在情况下,形成肉眼可见的颗粒状或絮状凝集。

(三)酶联免疫吸附试验

以菌体蛋白作为包被抗原,制备纯化的菌体蛋白,用菌体蛋白作为包被蛋白,用于检测丝状支原体丝状亚种 SC 型的抗体。

第五节　防控措施

我国消灭牛肺疫的经验证明根除传染源、坚持开展疫苗接种是控制和消灭本病的最重要措施。根据疫区实际情况,扑杀病牛和与病牛有过接触的牛只,同时在疫区及受威胁区每年定期接种牛肺疫兔化弱毒疫苗或兔化绵羊化弱毒疫苗,连续 3~5 年。我国研制的牛肺疫兔化弱毒疫苗和牛肺疫兔化绵羊化弱毒疫苗免疫效果良好,曾在全国各地广泛使用,对消灭曾在我国存在达 80 年之久的牛肺疫起到了重要作用。

一、预防措施

本病预防工作应注意自繁自养,不从疫区引进牛只,必须引起时,对引进牛只要实施检疫。补体结合反应 2 次阴性者接种疫苗,经 4 周后启运,到达后立即隔离观察 3 个月,确证无病时,才能与原有牛群接触。原牛群事先也要接种疫苗。

二、扑灭措施

严格按照《中华人民共和国动物防疫法》及有关规定采取紧急、强制性、综合性扑灭措施。

第二章　支原体肺炎

牛支原体(Mycoplasma Bovis)是目前世界上对养牛业影响巨大且易被忽视的病原微生物,能引起牛体呼吸道、生殖道疾病等多种疾病的发生,牛支原体对奶牛肉牛都有一定的感染性,临床病例多显示为混合感染,可通过呼吸、饮食等通道引起牛群感染、发病,没有特效药物,牛只感染很难治愈。

第一节　病原

一、分类地位

牛支原体(M.bovis)属于柔膜体纲(Mollicute)、支原体目(Mycoplasmatales)、支原体科(Mycoplasmatace-ae)、支原体属(Mycoplasma)。

二、形态和培养特性

支原体在自然界广泛存在,能在无活细胞培养基中繁殖、无细胞壁、高度多形性的最小微生物,目前已分离鉴定 30 种。将支原体接种于 PPLO 固体培养基,在 CO_2 培养箱中培养 2~3 d 后,在显微镜下观察,可以镜检到清晰的煎蛋状菌落。主要抗原物质是细胞膜,因此支原体的主要抗原成分是蛋白质和脂质。蛋白质抗原为完全抗原,可引起细胞免疫,脂质中的脂多糖具有淋巴细胞丝裂原作用,糖脂为半抗原,当与蛋白质结合后具有免疫原性。

三、生物学特性

支原体结构简单，没有细胞壁，因此对物理化学因素敏感。一般加热 45℃ 15~30 min、55℃ 5~15 min 即被杀死。支原体对干燥较敏感,在空气中或已经干燥的标本中不易分离出支原体。牛支原体对紫外线较为敏感,阳光直射或者紫外灯照射就能够杀灭,对渗透压敏感,表面活性剂或渗透压的突然改变均可使牛支原体的细胞破裂,对醋酸铊、结晶紫、亚硝酸钾等有较强的抵抗力,因此也在培养基中添加醋酸铊来抑制其他微生物的生长,而对牛支原体没有影响。牛支原体对作用于细胞壁的万古霉素、β-内酰胺类抗生素具有抵抗力,对磺胺类利、福平等药物敏感。

第二节　流行病学

1961 年, 首例牛支原体由 Hale 在美国从患有乳腺炎的牛乳中被分离到。1976 年,首次报道牛支原体疾病可引发牛的呼吸系统疾病。随着交通运输的快速发展,养牛行业发展极为迅速。活牛交易,冻精引进在国与国、地区与地区之间较为频繁,牛支原体疾病就在全球范围内相继传播,对奶产业和肉牛产业影响极为严重。在美国牛支原体疾病造成的经济损失每年都呈上升趋势,在欧洲牛支原体疾病导致有 25%~33%的犊牛患有肺炎。根据美国 2015 年的报告可知,近几年,美国和澳洲的牛肉制品、乳制品也在牛支原体疾病的影响下损失较为严重,并且呈逐年递增的趋势。牛支原体所引起的疾病除了典型的肺炎症状外,还对奶牛生产性能造成严重影响,由牛支原体引起的临床型乳房炎病例比例已从 2003 年的 3.9%上升到 14.4%,牛支原体在鲜乳中的检出率近几年呈明显的上升趋势。国外大量报道显示,牛传染性鼻气管炎病毒、溶血性巴氏杆菌等常伴随牛支原体混合感染牛体,泰勒虫的混合感染在国内患牛中占有极高的比例。

1983 年, 我国首次报道牛支原体从患有乳房炎的牛乳中被分离出。2008 年,湖北省又报道牛支原体从患有严重呼吸道疾病的肉牛和犊牛肺脏中被分离到。近几年,西北多个省市地区均出现了牛支原体感染肉牛、奶牛和犊牛发病的相关报道。至今,全国各省份相继出现了关于牛支原体疾病的报道。这表明牛支原体已经在我国大范围、快速传播。

牛支原体肺炎为支原体感染而诱发的肺部疾病，又称“烂肺病”，此病有极强的传染性，多数经呼吸道感染。地方流行为散发性经过，此病在常年流行地区，以慢性或隐性病例多见，而在新流行地区，以暴发性流行为主，或者在一个地区内规模化流行。此病的发生，与支原体的存在、养殖环境恶劣、自身抗体水平低等关系密切。

一、传染源

本病的传染源主要是病牛及带菌牛。牛支原体能在被感染的牛呼吸道中存在数月甚至数年，成为传染的储存器。因此，滋生于呼吸道的牛支原体通过咳嗽、喷嚏排出体外，随着病程转变尿及乳汁内也能检到排出的支原体，还可随产犊时的子宫渗出物中排出，人工授精被感染的精子目前也成为重要的传染源之一。

二、传播途径

呼吸道水平传播是牛支原体传播的主要途径。被病牛排出物污染过的饲料、饮水可经口感染，当患有牛支原体的病牛混入健康牛群后，通过咳嗽、喷嚏、尿或乳汁感染邻近牛只，再由新传染源对周围的健康牛只感染。牛的呼吸道被 M.bovis 感染后，对气管和支气管的纤毛造成严重的破坏，使部分或全部的纤毛脱落，气管黏膜分泌物及外来异物的排除功能则会部分或全部丧失，呼吸道黏膜产生的分泌物及外来异物没有纤毛的外排作用而沉降、聚积于细支气管末端或肺泡中，继而引起肺部代偿性作用而肉变，出现呼吸困难、呼吸抑制甚至窒息。

我国各省大多从外地引进所需要的优质牛种，一般都采用长途陆路运输，因此牛支原体疾病的暴发几乎都与运输有关。人工授精被牛支原体感染的精子是另一条常见的路径，牛雄性生殖器感染牛支原体是通过接触其他带菌或患病的动物引起的，很有可能是通过严重污染的外界环境感染，阴茎包皮或尿道感染牛支原体导致睾丸的感染率提高，引起睾丸炎、精囊炎，降低精子质量，最终使精子失活，致使屡配不中或者感染母牛生殖腔。

三、易感动物

奶牛、肉牛是最易感动物，以 3 月龄至 1 岁龄的犊牛易感性最强。水牛和小型反刍动物对牛支原体不太易感。牛支原体不感染人。

第三节　临床症状与病理变化

一、临床症状

病牛体温 39.7~40.3℃，出现精神沉郁，被毛粗乱无光，眼部畏光，角膜出现雾状、絮状白色物，咳嗽，气喘，后期呼吸困难，腹式呼吸，听诊肺部湿啰音，食欲减退，稀便，消瘦，关节肿胀、跛行，呼吸时头颈伸直，前腿尽量支开以扩大胸部空间，有的病牛甚至会流产不孕。牛支原体病在治疗不当或不治疗的情况下死亡率高或继发其他疾病。

二、病理变化

本病主要侵蚀呼吸系统，因此剖检时喉头、气管、肺脏等出现较为明显的眼观病理变化。肺部大理石样病变，肺部化脓、出血，肺部与胸腔粘连，肺尖出血性梗死，肺叶横切面梗死，心脏肥大等病变。支气管上皮增生，有炎性渗出物和鼻疽结节，肺气肿，肺泡代偿性扩张，有些肺泡已经破裂合成大囊腔，终末支气管出血，有炎性渗出物，肺泡塌陷、增厚。病情严重的伴随继发其他疾病导致肺脏、腹腔严重化脓，甚至有的肠道均有化脓现象。

第四节　实验室诊断

本病通过流行病学调查、临床症状检查、病理解剖变化观察可进行初步诊断。确诊需进行支原体分离鉴定，也可采用 PCR 方法对牛支原体进行核酸检测。

一、病原分离培养

(一)病原分离与培养

支原体的基因组只有普通细菌的20%~40%,自身所携带的遗传信息量有限,没有众多而复杂的酶系统,代谢能力和生物合成能力有限,繁殖所需要的营养成分需外源供给。常用的改良Thiaucourt's培养基的pH一般为7.8±0.1。牛支原体对营养物质的要求较细菌要高,需在培养基中加入小牛血清,为支原体生长提供所必需的胆固醇和其他长链脂肪酸。牛支原体在液体培养基中的生长曲线与细菌的极为相似,也分为适应期、对数期、稳定期和衰亡期,但因基因组少的因素,支原体在培养液中生长繁殖周期较长,液体培养基中营养成分有限致使其生长量也较少,且生长周期完成后液体培养基清亮不浑没有沉淀,肉眼观察不到病原体在液体培养基中的生长、繁殖情况,因此添加酚红指示剂,随着培养基中牛支原体的繁殖量增加、pH降低,原来的红色则变为黄色。

由于培养环境较为苛刻,且分离培养过程费时费力,最好采集病牛的新鲜肺脏、鼻拭子、呼吸道拭子作为病料。在实验室进行无菌分离操作时,将不同来源的病料单独操作,以免造成交叉污染,对后续试验造成影响。配置液体培养基时,经过严格的消毒措施后,在无菌条件下将培养基用0.2 μm的滤膜过滤,将空气中的支原体滤掉。将制好的液体培养基分装,保存于4℃冰箱中备用。如果所配置的培养基在接完菌且置于单独的CO_2培养箱中培养,却没有在常规时间内培养出牛支原体或者杂菌辈出,排除以上所有的因素,应及时更换配置的醋酸铊、酚红等。

固体培养基上的单个菌落较小,在纯化挑菌的时候,尽量避免接种环长时间暴露于空气中,更要防止接种环的温度过高烫死菌体或多挑、漏挑、错挑。若条件不容许,则应避免造成交叉污染而单独培养于常规37℃恒温培养箱中。

(二)菌体的形态学观察

按照无菌操作的要求,将小块组织样本涂于改良的Thiaucourt's固体培养基表面,放置于37℃含5% CO_2的培养箱中培养,同时将小块组织样本投入液体培养基中。2~3 d后通过光学显微镜低倍观察菌落形态,菌落呈现典型的煎蛋状,有明显的中心脐,边缘整齐,光滑,对革兰氏染色着色效果不佳,吉姆萨染色呈淡蓝色。液体培养基由红色变为黄色且透亮,从固体培养基中挑取支原体单个菌落接种于液体培养基,如此液体到固体交替传代连续纯化3次,通过生化试验、生长抑制试验、免疫荧光等配套试验,可以对牛支原体进行初步的分离鉴定。

长期使用一种培养基则会掌握所培养牛支原体的生长规律,置于37℃ 5% CO_2培养箱中培养的牛支原体,生长周期较短,每天定时观察菌落形态以免错过菌体的最佳生长周期。培养时间过长,琼脂水分、营养供给不上,再加之牛支原体自生已经处于衰退期,不管是低倍镜观察牛支原体的菌落形态还是纯化挑菌,均不能得到满意的实验结果。

二、血清学诊断

血清学检测被普遍认为是快速诊断牛支原体感染的手段之一,更适合于经过抗生素治疗或者呈慢性感染过程的牛支原体病例。血清学检测牛支原体的方法包括生长抑制试验、间接血凝试验及间接酶联免疫吸附试验等方法。间接ELISA是用处理过的牛支原体全菌蛋白作包被抗原这一检测方法,是当今最主要的血清学检测方法,建立无牛支原体感染牛场和牛支原体血清抗体阳性率就可以用该检测方法评价,但目前已有使用牛支原体的P48蛋白、PDHB蛋白、MilA蛋白构建的ELISA检测方法。虽然目前较为广泛地使用血清学检验牛是否感染牛支原体,但是在被检测血清中,牛支原体抗体水平的高低于牛患牛支原体的患病率之间并没有直接的关系,这一缺陷局限了对牛支原体的确诊。

三、核酸检测

聚合酶链式反应(PCR)检测方法是主要用于牛支原体核酸检测的方法。由于牛无乳支原体和牛支原体具有很高的同源性,早期扩增牛支原体16S rRNA的PCR方法很难区分是牛支原体感染还是牛无乳支原体感染。用实时 PCR 技术结合杂交探针和退火温度，鉴别牛肺组织、牛乳中牛支原体和牛无乳支原体 16S rRNA，比早期单纯扩增 16S rRNA 更敏感和快速。当前核酸放大技术（NNATs）成为核酸诊断技术发展的重点方向，应用较多的主要包括多重 PCR（multiplex PCR）、实时定量方法（Real-PCR）、套式 PCR（nested PCR）等。在国外，Hugh 等利用杂交探针技术建立了牛支原体 16S rRNA 的实时定量 PCR 检测方法。该方法可灵敏、特异性、有效地鉴别牛支原体与无乳支原体。

第三章　衣原体病

牛衣原体病(Chlamydiosis)是由鹦鹉热衣原体感染牛引起的一种地方流行性的接触性传染病,以妊娠母牛流产、早产、死产或产无活力犊牛为主要特征。该病又称为牛流行性流产、牛地方流行性流产等。

第一节　病原

一、分类地位

衣原体是专性细胞内寄生的、近似细菌与病毒的病原体,属于衣原体目(Chlamydiales)、衣原体科(Chlamydiaceae)、衣原体属(Chlamydia)。

二、形态和培养特性

衣原体是一种小的细胞内寄生菌，呈球状，有细胞壁，含有 DNA 和 RNA,在脊椎动物细胞的胞质内可簇集成包涵体,革兰氏染色阴性。衣原体为一种专性细胞内微生物,没有合成高能化合物 ATP、GTP 的能力,必须由宿主细胞提供,因而成为能量寄生物。

三、发育史

衣原体是一类能通过细胞滤器,有独特发育周期、严格细胞内寄生的原核细胞型微生物。生长发育周期分 2 个阶段:原生小体(Elementarybody),是发育周期的感染阶段,具感染力;网状小体(Initial body),是在感染细胞内的繁殖阶段,具增殖力。

四、生物学特性

衣原体对理化因素的抵抗力不强，对热较敏感，56℃条件下 5 min、37℃条件下 48 h 和 22℃条件下 12 d 均失去活力。一般消毒剂，如 70%酒精、碘酊溶液、3%过氧化氢等脂溶剂和去污剂可在几分钟内破坏其活性，但煤酚类 50 d 才能使其灭活。

第二节 流行病学

一、传染源

病牛和带菌牛是本病的主要传染源。它们可由粪便、尿、乳汁，以及流产的胎儿、胎衣、羊水排出病原菌，污染水源和饲料等。

二、传播途径

本病主要经消化道感染健康牛只，亦可由污染的尘埃和散布于空气中的液滴经呼吸道或眼结膜感染。

三、易感动物

本病具有广泛的宿主，但家畜中以牛、羊、猪较为易感。

第三节 临床症状与病理变化

一、临床症状

常见的有流产型、肺肠炎型和脑脊髓炎型。一是流产型，又名地方流行性流产，主要发生于牛、羊和猪。牛感染后短暂发热，初产母牛易流产，常发生于怀孕后期，一般不发生胎衣滞留，流产率高达 60%，年轻的公牛常发生精囊炎，发病率可达 10%。二是肺肠炎型，主要见于 6 月龄以内的犊牛。潜伏期 1~10 d，病牛表现抑郁，腹泻，体温升高 40.6℃，鼻流浆黏性分泌物，流泪，之后出现咳嗽和支气管肺炎。犊牛表现的症状轻重不一，有急性、亚急性和慢性之分，有的犊牛可呈隐性经过。三是脑脊髓炎型，以 2 岁以下的牛最易感。自然感染的潜伏期 4~27 d,病初体温突然升高至 40.5~41.5℃,呈稽留热,病初仍有食欲,但之后不食,消瘦,衰竭,流涎和咳嗽明显,行走摇摆,常呈高跷样步伐,有的病牛有转圈运动或以头抵硬物,四肢主要关节肿胀、疼痛,有的病牛有鼻漏或腹泻,末期呈角弓反张和痉挛。有临诊症状的病牛约有 30% 死亡,耐过牛有持久免疫力。

二、病理变化

流产型主要病变是母畜胎膜水肿,胎儿水肿,贫血,肝、肺、肾等有局灶性网状内皮细胞增生变化。肺肠炎型主要是有结膜炎,肝、肾和心肌营养不良,心内外膜下出血,肾包膜下出血,大脑血管充血。脑脊髓炎型消瘦,脱水,脾和淋巴结增大,胸腹腔和心包有浆液渗出。

第四节　实验室诊断

本病根据病理变化资料进行综合分析可初步诊断。确诊需做实验室检查,即在感染组织中发现衣原体,血清抗体滴度大幅度升高,或从病料中分离出鹦鹉热衣原体。

一、直接涂片检查

常用吉姆萨氏法染色,病原体被染成紫红色。

二、血清学诊断

病牛感染后 7~10 d,血清中就可检出衣原体属特异性抗体。补体结合反应已被广泛用来检查体液抗体,适合于全身性病,如流产、肺炎、脑脊髓炎、多发性关节炎和禽衣原体病的诊断。就个体而言,若在疾病早期和 2 周后取的双份血清,抗体滴度升高 4 倍以上,则有诊断意义。补体结合反应对诊断黏膜性衣原体病不敏感,如在肠道感染、角膜结膜炎、生殖道感染时,往往检查不到循环抗体。流产动物的阴道黏液及乳汁中也含有较高水平的抗体。大量低滴度抗体存在是动物群受到感染的标志。其他血清学方法,如间接血凝试验、琼脂扩散试验、酶联免疫吸附试验等也已被用于本病的诊断。

三、鹦鹉热衣原体分离

将病料用含抗生素（链霉素、庆大霉素及卡那霉素各 1 mg/mL）的无菌肉汤制成 20%~40%悬液，4℃ 处理一定时间后，取上清液供用。若病料受到污染，应将悬液离心 3 次（1 000 转/分，离心 30 min），每次处理完毕后，取中层清液，再用抗生素肉汤稀释至原量，最后取中层清液供用。液体标本可直接接种。

（一）鸡胚卵黄囊接种

取悬液 0.3 mL 接种于 6~7 日龄鸡胚卵黄囊。受到感染的鸡胚在 4~12 d 死亡。取卵黄囊膜涂片染色，可见大量衣原体。若鸡胚不死亡，可在接种后 10~14 d 收取卵黄囊盲传，3 代不死者判为阴性。

（二）小鼠和豚鼠接种

3~4 周龄小鼠和 250 g 左右豚鼠最敏感，脑内、腹腔或滴鼻感染后 4~15 d 出现竖毛、体温升高、厌食、呆滞、腹泻、消瘦、麻痹和死亡。剖检见渗出性纤维素性腹膜炎，肺炎，肝、脾肿大，腹液增多。体腔渗出液中有大量含包涵体的单核细胞。肿大的脾是衣原体保存和继代的首选器官。

人鹦鹉热的早期临床诊断较困难。当病人具有高热、缓脉、头痛、肺泡及间质混合型肺炎，而白细胞计数正常，且与禽鸟有接触史者，应首先拟诊为本病。确诊本病需做衣原体分离或检出特异性抗体。为分离衣原体，可采集病人的血液及痰标本，接种于敏感细胞培养，采用染色镜检原体或包涵体，同免疫荧光或免疫酶检出特异性抗原。采用 ELISA 捕捉法检出病人血清中特异性 IgM 抗体，可以快速做出早期病原学诊断。

第五节　防控措施

一、预防措施

衣原体的宿主十分广泛，因此预防本病必须采取综合性措施。防止牛只暴露于被衣原体污染的环境，建立密闭的饲养系统，杜绝其他动物携带病原体侵入，建立疫情监测制度。在本病流行区，应制订疫苗免疫计划，定期进行预防接种。

二、治疗措施

采用抗生素治疗。发生本病时，早期应用大剂量磺胺类药物，或与青霉素、四环素、氯霉素等并用，或与氨苄青霉素和庆大霉素合用，都具有良好的治疗效果，也可将四环素族抗生素混于饲料中，连用 1~2 周。

附 录

附录 1

中华人民共和国动物防疫法

（1997 年 7 月 3 日第八届全国人民代表大会常务委员会第二十六次会议通过　2007 年 8 月 30 日第十届全国人民代表大会常务委员会第二十九次会议第一次修订　根据 2013 年 6 月 29 日第十二届全国人民代表大会常务委员会第三次会议《关于修改〈中华人民共和国文物保护法〉等十二部法律的决定》第一次修正　根据 2015 年 4 月 24 日第十二届全国人民代表大会常务委员会第十四次会议《关于修改〈中华人民共和国电力法〉等六部法律的决定》第二次修正　2021 年 1 月 22 日第十三届全国人民代表大会常务委员会第二十五次会议第二次修订）

第一章　总则

第一条　为了加强对动物防疫活动的管理，预防、控制、净化、消灭动物疫病，促进养殖业发展，防控人畜共患传染病，保障公共卫生安全和人体健康，制定本法。

第二条　本法适用于在中华人民共和国领域内的动物防疫及其监督管理活动。进出境动物、动物产品的检疫，适用《中华人民共和国进出境动植物检疫法》。

第三条　本法所称动物，是指家畜家禽和人工饲养、捕获的其他动物。

本法所称动物产品，是指动物的肉、生皮、原毛、绒、脏器、脂、血液、精液、卵、胚胎、骨、蹄、头、角、筋以及可能传播动物疫病的奶、蛋等。

本法所称动物疫病，是指动物传染病，包括寄生虫病。

本法所称动物防疫，是指动物疫病的预防、控制、诊疗、净化、消灭和动物、动物产品的检疫，以及病死动物、病害动物产品的无害化处理。

第四条 根据动物疫病对养殖业生产和人体健康的危害程度，本法规定的动物疫病分为下列三类：

（一）一类疫病，是指口蹄疫、非洲猪瘟、高致病性禽流感等对人、动物构成特别严重危害，可能造成重大经济损失和社会影响，需要采取紧急、严厉的强制预防、控制等措施的；

（二）二类疫病，是指狂犬病、布鲁氏菌病、草鱼出血病等对人、动物构成严重危害，可能造成较大经济损失和社会影响，需要采取严格预防、控制等措施的；

（三）三类疫病，是指大肠杆菌病、禽结核病、鳖腮腺炎病等常见多发，对人、动物构成危害，可能造成一定程度的经济损失和社会影响，需要及时预防、控制的。

前款一、二、三类动物疫病具体病种名录由国务院农业农村主管部门制定并公布。国务院农业农村主管部门应当根据动物疫病发生、流行情况和危害程度，及时增加、减少或者调整一、二、三类动物疫病具体病种并予以公布。

人畜共患传染病名录由国务院农业农村主管部门会同国务院卫生健康、野生动物保护等主管部门制定并公布。

第五条 动物防疫实行预防为主，预防与控制、净化、消灭相结合的方针。

第六条 国家鼓励社会力量参与动物防疫工作。各级人民政府采取措施，支持单位和个人参与动物防疫的宣传教育、疫情报告、志愿服务和捐赠等活动。

第七条 从事动物饲养、屠宰、经营、隔离、运输以及动物产品生产、经营、加工、贮藏等活动的单位和个人，依照本法和国务院农业农村主管部门的规定，做好免疫、消毒、检测、隔离、净化、消灭、无害化处理等动物防疫工作，承担动物防疫相关责任。

第八条 县级以上人民政府对动物防疫工作实行统一领导，采取有效措施稳定基层机构队伍，加强动物防疫队伍建设，建立健全动物防疫体系，制定并组织实施动物疫病防治规划。

乡级人民政府、街道办事处组织群众做好本辖区的动物疫病预防与控制工作，村民委员会、居民委员会予以协助。

第九条 国务院农业农村主管部门主管全国的动物防疫工作。

县级以上地方人民政府农业农村主管部门主管本行政区域的动物防疫工作。

县级以上人民政府其他有关部门在各自职责范围内做好动物防疫工作。

军队动物卫生监督职能部门负责军队现役动物和饲养自用动物的防疫工作。

第十条 县级以上人民政府卫生健康主管部门和本级人民政府农业农村、野生动物保护等主管部门应当建立人畜共患传染病防治的协作机制。

国务院农业农村主管部门和海关总署等部门应当建立防止境外动物疫病输入的协作机制。

第十一条 县级以上地方人民政府的动物卫生监督机构依照本法规定，负责动物、动物产品的检疫工作。

第十二条 县级以上人民政府按照国务院的规定，根据统筹规划、合理布局、综合设置的原则建立动物疫病预防控制机构。

动物疫病预防控制机构承担动物疫病的监测、检测、诊断、流行病学调查、疫情报告以及其他预防、控制等技术工作；承担动物疫病净化、消灭的技术工作。

第十三条 国家鼓励和支持开展动物疫病的科学研究以及国际合作与交流，推广先进适用的科学研究成果，提高动物疫病防治的科学技术水平。

各级人民政府和有关部门、新闻媒体，应当加强对动物防疫法律法规和动物防疫知识的宣传。

第十四条 对在动物防疫工作、相关科学研究、动物疫情扑灭中做出贡献的单位和个人，各级人民政府和有关部门按照国家有关规定给予表彰、奖励。

有关单位应当依法为动物防疫人员缴纳工伤保险费。对因参与动物防疫工作致病、致残、死亡的人员，按照国家有关规定给予补助或者抚恤。

第二章 动物疫病的预防

第十五条 国家建立动物疫病风险评估制度。

国务院农业农村主管部门根据国内外动物疫情以及保护养殖业生产和人体健康的需要，及时会同国务院卫生健康等有关部门对动物疫病进行风险评估，并制定、公布动物疫病预防、控制、净化、消灭措施和技术规范。

省、自治区、直辖市人民政府农业农村主管部门会同本级人民政府卫生健康等有关部门开展本行政区域的动物疫病风险评估，并落实动物疫病预防、控制、净化、消灭措施。

第十六条 国家对严重危害养殖业生产和人体健康的动物疫病实施强制免疫。

国务院农业农村主管部门确定强制免疫的动物疫病病种和区域。

省、自治区、直辖市人民政府农业农村主管部门制定本行政区域的强制免疫计划；根据本行政区域动物疫病流行情况增加实施强制免疫的动物疫病病种和区域，报本级人民政府批准后执行，并报国务院农业农村主管部门备案。

第十七条 饲养动物的单位和个人应当履行动物疫病强制免疫义务，按照强制免疫计划和技术规范，对动物实施免疫接种，并按照国家有关规定建立免疫档案、加施畜禽标识，保证可追溯。

实施强制免疫接种的动物未达到免疫质量要求，实施补充免疫接种后仍不符合免疫质量要求的，有关单位和个人应当按照国家有关规定处理。

用于预防接种的疫苗应当符合国家质量标准。

第十八条 县级以上地方人民政府农业农村主管部门负责组织实施动物疫病强制免疫计划，并对饲养动物的单位和个人履行强制免疫义务的情况进行监督检查。

乡级人民政府、街道办事处组织本辖区饲养动物的单位和个人做好强制免疫，协助做好监督检查；村民委员会、居民委员会协助做好相关工作。

县级以上地方人民政府农业农村主管部门应当定期对本行政区域的强制免疫计划实施情况和效果进行评估，并向社会公布评估结果。

第十九条 国家实行动物疫病监测和疫情预警制度。

县级以上人民政府建立健全动物疫病监测网络，加强动物疫病监测。

国务院农业农村主管部门会同国务院有关部门制定国家动物疫病监测计划。省、自治区、直辖市人民政府农业农村主管部门根据国家动物疫病监测计划，制定本行政区域的动物疫病监测计划。

动物疫病预防控制机构按照国务院农业农村主管部门的规定和动物疫病监测计划，对动物疫病的发生、流行等情况进行监测；从事动物饲养、屠宰、经营、隔离、运输以及动物产品生产、经营、加工、贮藏、无害化处理等活动的单位和个人不得拒绝或者阻碍。

国务院农业农村主管部门和省、自治区、直辖市人民政府农业农村主管部门根据对动物疫病发生、流行趋势的预测，及时发出动物疫情预警。地方各级人民政府接到动物疫情预警后，应当及时采取预防、控制措施。

第二十条 陆路边境省、自治区人民政府根据动物疫病防控需要，合理设置动物疫病监测站点，健全监测工作机制，防范境外动物疫病传入。

科技、海关等部门按照本法和有关法律法规的规定做好动物疫病监测预警工作，并定期与农业农村主管部门互通情况，紧急情况及时通报。

县级以上人民政府应当完善野生动物疫源疫病监测体系和工作机制，根据需要合理布局监测站点；野生动物保护、农业农村主管部门按照职责分工做好野生动物疫源疫病监测等工作，并定期互通情况，紧急情况及时通报。

第二十一条 国家支持地方建立无规定动物疫病区，鼓励动物饲养场建设无规定动物疫病生物安全隔离区。对符合国务院农业农村主管部门规定标准的无规定动物疫病区和无规定动物疫病生物安全隔离区，国务院农业农村主管部门验收合格予以公布,并对其维持情况进行监督检查。

省、自治区、直辖市人民政府制定并组织实施本行政区域的无规定动物疫病区建设方案。国务院农业农村主管部门指导跨省、自治区、直辖市无规定动物疫病区建设。

国务院农业农村主管部门根据行政区划、养殖屠宰产业布局、风险评估情况等对动物疫病实施分区防控,可以采取禁止或者限制特定动物、动物产品跨区域调运等措施。

第二十二条 国务院农业农村主管部门制定并组织实施动物疫病净化、消灭规划。

县级以上地方人民政府根据动物疫病净化、消灭规划,制定并组织实施本行政区域的动物疫病净化、消灭计划。

动物疫病预防控制机构按照动物疫病净化、消灭规划、计划,开展动物疫病净化技术指导、培训,对动物疫病净化效果进行监测、评估。

国家推进动物疫病净化，鼓励和支持饲养动物的单位和个人开展动物疫病净化。饲养动物的单位和个人达到国务院农业农村主管部门规定的净化标准的,由省级以上人民政府农业农村主管部门予以公布。

第二十三条 种用、乳用动物应当符合国务院农业农村主管部门规定的健康标准。

饲养种用、乳用动物的单位和个人,应当按照国务院农业农村主管部门的要求,定期开展动物疫病检测;检测不合格的,应当按照国家有关规定处理。

第二十四条 动物饲养场和隔离场所、动物屠宰加工场所以及动物和动物产品无害化处理场所,应当符合下列动物防疫条件：

(一)场所的位置与居民生活区、生活饮用水水源地、学校、医院等公共场所的距离符合国务院农业农村主管部门的规定；

(二)生产经营区域封闭隔离,工程设计和有关流程符合动物防疫要求；

（三）有与其规模相适应的污水、污物处理设施，病死动物、病害动物产品无害化处理设施设备或者冷藏冷冻设施设备，以及清洗消毒设施设备；

（四）有与其规模相适应的执业兽医或者动物防疫技术人员；

（五）有完善的隔离消毒、购销台账、日常巡查等动物防疫制度；

（六）具备国务院农业农村主管部门规定的其他动物防疫条件。

动物和动物产品无害化处理场所除应当符合前款规定的条件外，还应当具有病原检测设备、检测能力和符合动物防疫要求的专用运输车辆。

第二十五条 国家实行动物防疫条件审查制度。

开办动物饲养场和隔离场所、动物屠宰加工场所以及动物和动物产品无害化处理场所，应当向县级以上地方人民政府农业农村主管部门提出申请，并附具相关材料。受理申请的农业农村主管部门应当依照本法和《中华人民共和国行政许可法》的规定进行审查。经审查合格的，发给动物防疫条件合格证；不合格的，应当通知申请人并说明理由。

动物防疫条件合格证应当载明申请人的名称（姓名）、场（厂）址、动物（动物产品）种类等事项。

第二十六条 经营动物、动物产品的集贸市场应当具备国务院农业农村主管部门规定的动物防疫条件，并接受农业农村主管部门的监督检查。具体办法由国务院农业农村主管部门制定。

县级以上地方人民政府应当根据本地情况，决定在城市特定区域禁止家畜家禽活体交易。

第二十七条 动物、动物产品的运载工具、垫料、包装物、容器等应当符合国务院农业农村主管部门规定的动物防疫要求。

染疫动物及其排泄物、染疫动物产品，运载工具中的动物排泄物以及垫料、包装物、容器等被污染的物品，应当按照国家有关规定处理，不得随意处置。

第二十八条 采集、保存、运输动物病料或者病原微生物以及从事病原微生物研究、教学、检测、诊断等活动，应当遵守国家有关病原微生物实验室管理的规定。

第二十九条 禁止屠宰、经营、运输下列动物和生产、经营、加工、贮藏、运输下列动物产品：

（一）封锁疫区内与所发生动物疫病有关的；

（二）疫区内易感染的；

（三）依法应当检疫而未经检疫或者检疫不合格的；

（四）染疫或者疑似染疫的；

（五）病死或者死因不明的；

（六）其他不符合国务院农业农村主管部门有关动物防疫规定的。

因实施集中无害化处理需要暂存、运输动物和动物产品并按照规定采取防疫措施的，不适用前款规定。

第三十条 单位和个人饲养犬只，应当按照规定定期免疫接种狂犬病疫苗，凭动物诊疗机构出具的免疫证明向所在地养犬登记机关申请登记。

携带犬只出户的，应当按照规定佩戴犬牌并采取系犬绳等措施，防止犬只伤人、疫病传播。

街道办事处、乡级人民政府组织协调居民委员会、村民委员会，做好本辖区流浪犬、猫的控制和处置，防止疫病传播。

县级人民政府和乡级人民政府、街道办事处应当结合本地实际，做好农村地区饲养犬只的防疫管理工作。

饲养犬只防疫管理的具体办法，由省、自治区、直辖市制定。

第三章 动物疫情的报告、通报和公布

第三十一条 从事动物疫病监测、检测、检验检疫、研究、诊疗以及动物饲养、屠宰、经营、隔离、运输等活动的单位和个人，发现动物染疫或者疑似染疫的，应当立即向所在地农业农村主管部门或者动物疫病预防控制机构报告，并迅速采取隔离等控制措施，防止动物疫情扩散。其他单位和个人发

现动物染疫或者疑似染疫的,应当及时报告。

接到动物疫情报告的单位,应当及时采取临时隔离控制等必要措施,防止延误防控时机,并及时按照国家规定的程序上报。

第三十二条 动物疫情由县级以上人民政府农业农村主管部门认定;其中重大动物疫情由省、自治区、直辖市人民政府农业农村主管部门认定,必要时报国务院农业农村主管部门认定。

本法所称重大动物疫情,是指一、二、三类动物疫病突然发生,迅速传播,给养殖业生产安全造成严重威胁、危害,以及可能对公众身体健康与生命安全造成危害的情形。

在重大动物疫情报告期间,必要时,所在地县级以上地方人民政府可以作出封锁决定并采取扑杀、销毁等措施。

第三十三条 国家实行动物疫情通报制度。

国务院农业农村主管部门应当及时向国务院卫生健康等有关部门和军队有关部门以及省、自治区、直辖市人民政府农业农村主管部门通报重大动物疫情的发生和处置情况。

海关发现进出境动物和动物产品染疫或者疑似染疫的,应当及时处置并向农业农村主管部门通报。

县级以上地方人民政府野生动物保护主管部门发现野生动物染疫或者疑似染疫的,应当及时处置并向本级人民政府农业农村主管部门通报。

国务院农业农村主管部门应当依照我国缔结或者参加的条约、协定,及时向有关国际组织或者贸易方通报重大动物疫情的发生和处置情况。

第三十四条 发生人畜共患传染病疫情时,县级以上人民政府农业农村主管部门与本级人民政府卫生健康、野生动物保护等主管部门应当及时相互通报。

发生人畜共患传染病时,卫生健康主管部门应当对疫区易感染的人群进行监测,并应当依照《中华人民共和国传染病防治法》的规定及时公布疫情,采取相应的预防、控制措施。

第三十五条 患有人畜共患传染病的人员不得直接从事动物疫病监测、检测、检验检疫、诊疗以及易感染动物的饲养、屠宰、经营、隔离、运输等活动。

第三十六条 国务院农业农村主管部门向社会及时公布全国动物疫情,也可以根据需要授权省、自治区、直辖市人民政府农业农村主管部门公布本行政区域的动物疫情。其他单位和个人不得发布动物疫情。

第三十七条 任何单位和个人不得瞒报、谎报、迟报、漏报动物疫情,不得授意他人瞒报、谎报、迟报动物疫情,不得阻碍他人报告动物疫情。

第四章 动物疫病的控制

第三十八条 发生一类动物疫病时,应当采取下列控制措施:

(一)所在地县级以上地方人民政府农业农村主管部门应当立即派人到现场,划定疫点、疫区、受威胁区,调查疫源,及时报请本级人民政府对疫区实行封锁。疫区范围涉及两个以上行政区域的,由有关行政区域共同的上一级人民政府对疫区实行封锁，或者由各有关行政区域的上一级人民政府共同对疫区实行封锁。必要时,上级人民政府可以责成下级人民政府对疫区实行封锁;

(二)县级以上地方人民政府应当立即组织有关部门和单位采取封锁、隔离、扑杀、销毁、消毒、无害化处理、紧急免疫接种等强制性措施;

(三)在封锁期间,禁止染疫、疑似染疫和易感染的动物、动物产品流出疫区,禁止非疫区的易感染动物进入疫区,并根据需要对出入疫区的人员、运输工具及有关物品采取消毒和其他限制性措施。

第三十九条 发生二类动物疫病时,应当采取下列控制措施:

(一)所在地县级以上地方人民政府农业农村主管部门应当划定疫点、疫区、受威胁区;

(二)县级以上地方人民政府根据需要组织有关部门和单位采取隔离、

扑杀、销毁、消毒、无害化处理、紧急免疫接种、限制易感染的动物和动物产品及有关物品出入等措施。

第四十条 疫点、疫区、受威胁区的撤销和疫区封锁的解除,按照国务院农业农村主管部门规定的标准和程序评估后,由原决定机关决定并宣布。

第四十一条 发生三类动物疫病时,所在地县级、乡级人民政府应当按照国务院农业农村主管部门的规定组织防治。

第四十二条 二、三类动物疫病呈暴发性流行时,按照一类动物疫病处理。

第四十三条 疫区内有关单位和个人，应当遵守县级以上人民政府及其农业农村主管部门依法作出的有关控制动物疫病的规定。

任何单位和个人不得藏匿、转移、盗掘已被依法隔离、封存、处理的动物和动物产品。

第四十四条 发生动物疫情时,航空、铁路、道路、水路运输企业应当优先组织运送防疫人员和物资。

第四十五条 国务院农业农村主管部门根据动物疫病的性质、特点和可能造成的社会危害,制定国家重大动物疫情应急预案报国务院批准,并按照不同动物疫病病种、流行特点和危害程度,分别制定实施方案。

县级以上地方人民政府根据上级重大动物疫情应急预案和本地区的实际情况,制定本行政区域的重大动物疫情应急预案,报上一级人民政府农业农村主管部门备案,并抄送上一级人民政府应急管理部门。县级以上地方人民政府农业农村主管部门按照不同动物疫病病种、流行特点和危害程度,分别制定实施方案。

重大动物疫情应急预案和实施方案根据疫情状况及时调整。

第四十六条 发生重大动物疫情时，国务院农业农村主管部门负责划定动物疫病风险区,禁止或者限制特定动物、动物产品由高风险区向低风险区调运。

第四十七条 发生重大动物疫情时，依照法律和国务院的规定以及应急预案采取应急处置措施。

第五章　动物和动物产品的检疫

第四十八条　动物卫生监督机构依照本法和国务院农业农村主管部门的规定对动物、动物产品实施检疫。

动物卫生监督机构的官方兽医具体实施动物、动物产品检疫。

第四十九条　屠宰、出售或者运输动物以及出售或者运输动物产品前，货主应当按照国务院农业农村主管部门的规定向所在地动物卫生监督机构申报检疫。

动物卫生监督机构接到检疫申报后，应当及时指派官方兽医对动物、动物产品实施检疫；检疫合格的，出具检疫证明、加施检疫标志。实施检疫的官方兽医应当在检疫证明、检疫标志上签字或者盖章，并对检疫结论负责。

动物饲养场、屠宰企业的执业兽医或者动物防疫技术人员，应当协助官方兽医实施检疫。

第五十条　因科研、药用、展示等特殊情形需要非食用性利用的野生动物，应当按照国家有关规定报动物卫生监督机构检疫，检疫合格的，方可利用。

人工捕获的野生动物，应当按照国家有关规定报捕获地动物卫生监督机构检疫，检疫合格的，方可饲养、经营和运输。

国务院农业农村主管部门会同国务院野生动物保护主管部门制定野生动物检疫办法。

第五十一条　屠宰、经营、运输的动物，以及用于科研、展示、演出和比赛等非食用性利用的动物，应当附有检疫证明；经营和运输的动物产品，应当附有检疫证明、检疫标志。

第五十二条　经航空、铁路、道路、水路运输动物和动物产品的，托运人托运时应当提供检疫证明；没有检疫证明的，承运人不得承运。

进出口动物和动物产品，承运人凭进口报关单证或者海关签发的检疫单证运递。

从事动物运输的单位、个人以及车辆，应当向所在地县级人民政府农业农村主管部门备案，妥善保存行程路线和托运人提供的动物名称、检疫证明编号、数量等信息。具体办法由国务院农业农村主管部门制定。

运载工具在装载前和卸载后应当及时清洗、消毒。

第五十三条 省、自治区、直辖市人民政府确定并公布道路运输的动物进入本行政区域的指定通道，设置引导标志。跨省、自治区、直辖市通过道路运输动物的，应当经省、自治区、直辖市人民政府设立的指定通道入省境或者过省境。

第五十四条 输入到无规定动物疫病区的动物、动物产品，货主应当按照国务院农业农村主管部门的规定向无规定动物疫病区所在地动物卫生监督机构申报检疫，经检疫合格的，方可进入。

第五十五条 跨省、自治区、直辖市引进的种用、乳用动物到达输入地后，货主应当按照国务院农业农村主管部门的规定对引进的种用、乳用动物进行隔离观察。

第五十六条 经检疫不合格的动物、动物产品，货主应当在农业农村主管部门的监督下按照国家有关规定处理，处理费用由货主承担。

第六章 病死动物和病害动物产品的无害化处理

第五十七条 从事动物饲养、屠宰、经营、隔离以及动物产品生产、经营、加工、贮藏等活动的单位和个人，应当按照国家有关规定做好病死动物、病害动物产品的无害化处理，或者委托动物和动物产品无害化处理场所处理。

从事动物、动物产品运输的单位和个人，应当配合做好病死动物和病害动物产品的无害化处理，不得在途中擅自弃置和处理有关动物和动物产品。

任何单位和个人不得买卖、加工、随意弃置病死动物和病害动物产品。

动物和动物产品无害化处理管理办法由国务院农业农村、野生动物保护主管部门按照职责制定。

第五十八条 在江河、湖泊、水库等水域发现的死亡畜禽，由所在地县级人民政府组织收集、处理并溯源。

在城市公共场所和乡村发现的死亡畜禽，由所在地街道办事处、乡级人民政府组织收集、处理并溯源。

在野外环境发现的死亡野生动物，由所在地野生动物保护主管部门收集、处理。

第五十九条 省、自治区、直辖市人民政府制定动物和动物产品集中无害化处理场所建设规划，建立政府主导、市场运作的无害化处理机制。

第六十条 各级财政对病死动物无害化处理提供补助。具体补助标准和办法由县级以上人民政府财政部门会同本级人民政府农业农村、野生动物保护等有关部门制定。

第七章 动物诊疗

第六十一条 从事动物诊疗活动的机构，应当具备下列条件：

（一）有与动物诊疗活动相适应并符合动物防疫条件的场所；

（二）有与动物诊疗活动相适应的执业兽医；

（三）有与动物诊疗活动相适应的兽医器械和设备；

（四）有完善的管理制度。

动物诊疗机构包括动物医院、动物诊所以及其他提供动物诊疗服务的机构。

第六十二条 从事动物诊疗活动的机构，应当向县级以上地方人民政府农业农村主管部门申请动物诊疗许可证。受理申请的农业农村主管部门应当依照本法和《中华人民共和国行政许可法》的规定进行审查。经审查合格的，发给动物诊疗许可证；不合格的，应当通知申请人并说明理由。

第六十三条 动物诊疗许可证应当载明诊疗机构名称、诊疗活动范围、从业地点和法定代表人(负责人)等事项。

动物诊疗许可证载明事项变更的，应当申请变更或者换发动物诊疗许可证。

第六十四条 动物诊疗机构应当按照国务院农业农村主管部门的规定,做好诊疗活动中的卫生安全防护、消毒、隔离和诊疗废弃物处置等工作。

第六十五条 从事动物诊疗活动，应当遵守有关动物诊疗的操作技术规范,使用符合规定的兽药和兽医器械。

兽药和兽医器械的管理办法由国务院规定。

第八章 兽医管理

第六十六条 国家实行官方兽医任命制度。

官方兽医应当具备国务院农业农村主管部门规定的条件，由省、自治区、直辖市人民政府农业农村主管部门按照程序确认,由所在地县级以上人民政府农业农村主管部门任命。具体办法由国务院农业农村主管部门制定。

海关的官方兽医应当具备规定的条件,由海关总署任命。具体办法由海关总署会同国务院农业农村主管部门制定。

第六十七条 官方兽医依法履行动物、动物产品检疫职责,任何单位和个人不得拒绝或者阻碍。

第六十八条 县级以上人民政府农业农村主管部门制定官方兽医培训计划,提供培训条件,定期对官方兽医进行培训和考核。

第六十九条 国家实行执业兽医资格考试制度。具有兽医相关专业大学专科以上学历的人员或者符合条件的乡村兽医，通过执业兽医资格考试的,由省、自治区、直辖市人民政府农业农村主管部门颁发执业兽医资格证书;从事动物诊疗等经营活动的,还应当向所在地县级人民政府农业农村主管部门备案。

执业兽医资格考试办法由国务院农业农村主管部门商国务院人力资源

主管部门制定。

第七十条 执业兽医开具兽医处方应当亲自诊断,并对诊断结论负责。

国家鼓励执业兽医接受继续教育。执业兽医所在机构应当支持执业兽医参加继续教育。

第七十一条 乡村兽医可以在乡村从事动物诊疗活动。具体管理办法由国务院农业农村主管部门制定。

第七十二条 执业兽医、乡村兽医应当按照所在地人民政府和农业农村主管部门的要求,参加动物疫病预防、控制和动物疫情扑灭等活动。

第七十三条 兽医行业协会提供兽医信息、技术、培训等服务,维护成员合法权益,按照章程建立健全行业规范和奖惩机制,加强行业自律,推动行业诚信建设,宣传动物防疫和兽医知识。

第九章 监督管理

第七十四条 县级以上地方人民政府农业农村主管部门依照本法规定,对动物饲养、屠宰、经营、隔离、运输以及动物产品生产、经营、加工、贮藏、运输等活动中的动物防疫实施监督管理。

第七十五条 为控制动物疫病,县级人民政府农业农村主管部门应当派人在所在地依法设立的现有检查站执行监督检查任务;必要时,经省、自治区、直辖市人民政府批准,可以设立临时性的动物防疫检查站,执行监督检查任务。

第七十六条 县级以上地方人民政府农业农村主管部门执行监督检查任务,可以采取下列措施,有关单位和个人不得拒绝或者阻碍:

(一)对动物、动物产品按照规定采样、留验、抽检;

(二)对染疫或者疑似染疫的动物、动物产品及相关物品进行隔离、查封、扣押和处理;

(三)对依法应当检疫而未经检疫的动物和动物产品,具备补检条件的

实施补检,不具备补检条件的予以收缴销毁;

(四)查验检疫证明、检疫标志和畜禽标识;

(五)进入有关场所调查取证,查阅、复制与动物防疫有关的资料。

县级以上地方人民政府农业农村主管部门根据动物疫病预防、控制需要,经所在地县级以上地方人民政府批准,可以在车站、港口、机场等相关场所派驻官方兽医或者工作人员。

第七十七条 执法人员执行动物防疫监督检查任务,应当出示行政执法证件,佩戴统一标志。

县级以上人民政府农业农村主管部门及其工作人员不得从事与动物防疫有关的经营性活动,进行监督检查不得收取任何费用。

第七十八条 禁止转让、伪造或者变造检疫证明、检疫标志或者畜禽标识。

禁止持有、使用伪造或者变造的检疫证明、检疫标志或者畜禽标识。

检疫证明、检疫标志的管理办法由国务院农业农村主管部门制定。

第十章 保障措施

第七十九条 县级以上人民政府应当将动物防疫工作纳入本级国民经济和社会发展规划及年度计划。

第八十条 国家鼓励和支持动物防疫领域新技术、新设备、新产品等科学技术研究开发。

第八十一条 县级人民政府应当为动物卫生监督机构配备与动物、动物产品检疫工作相适应的官方兽医,保障检疫工作条件。

县级人民政府农业农村主管部门可以根据动物防疫工作需要,向乡、镇或者特定区域派驻兽医机构或者工作人员。

第八十二条 国家鼓励和支持执业兽医、乡村兽医和动物诊疗机构开展动物防疫和疫病诊疗活动;鼓励养殖企业、兽药及饲料生产企业组建动物防疫服务团队,提供防疫服务。地方人民政府组织村级防疫员参加动物疫病防治工作的,应当保障村级防疫员合理劳务报酬。

第八十三条 县级以上人民政府按照本级政府职责，将动物疫病的监测、预防、控制、净化、消灭,动物、动物产品的检疫和病死动物的无害化处理,以及监督管理所需经费纳入本级预算。

第八十四条 县级以上人民政府应当储备动物疫情应急处置所需的防疫物资。

第八十五条 对在动物疫病预防、控制、净化、消灭过程中强制扑杀的动物、销毁的动物产品和相关物品,县级以上人民政府给予补偿。具体补偿标准和办法由国务院财政部门会同有关部门制定。

第八十六条 对从事动物疫病预防、检疫、监督检查、现场处理疫情以及在工作中接触动物疫病病原体的人员,有关单位按照国家规定,采取有效的卫生防护、医疗保健措施,给予畜牧兽医医疗卫生津贴等相关待遇。

第十一章 法律责任

第八十七条 地方各级人民政府及其工作人员未依照本法规定履行职责的,对直接负责的主管人员和其他直接责任人员依法给予处分。

第八十八条 县级以上人民政府农业农村主管部门及其工作人员违反本法规定,有下列行为之一的,由本级人民政府责令改正,通报批评;对直接负责的主管人员和其他直接责任人员依法给予处分:

(一)未及时采取预防、控制、扑灭等措施的;

(二)对不符合条件的颁发动物防疫条件合格证、动物诊疗许可证,或者对符合条件的拒不颁发动物防疫条件合格证、动物诊疗许可证的;

(三)从事与动物防疫有关的经营性活动,或者违法收取费用的;

(四)其他未依照本法规定履行职责的行为。

第八十九条 动物卫生监督机构及其工作人员违反本法规定，有下列行为之一的,由本级人民政府或者农业农村主管部门责令改正,通报批评;

对直接负责的主管人员和其他直接责任人员依法给予处分：

（一）对未经检疫或者检疫不合格的动物、动物产品出具检疫证明、加施检疫标志，或者对检疫合格的动物、动物产品拒不出具检疫证明、加施检疫标志的；

（二）对附有检疫证明、检疫标志的动物、动物产品重复检疫的；

（三）从事与动物防疫有关的经营性活动，或者违法收取费用的；

（四）其他未依照本法规定履行职责的行为。

第九十条 动物疫病预防控制机构及其工作人员违反本法规定，有下列行为之一的，由本级人民政府或者农业农村主管部门责令改正，通报批评；对直接负责的主管人员和其他直接责任人员依法给予处分：

（一）未履行动物疫病监测、检测、评估职责或者伪造监测、检测、评估结果的；

（二）发生动物疫情时未及时进行诊断、调查的；

（三）接到染疫或者疑似染疫报告后，未及时按照国家规定采取措施、上报的；

（四）其他未依照本法规定履行职责的行为。

第九十一条 地方各级人民政府、有关部门及其工作人员瞒报、谎报、迟报、漏报或者授意他人瞒报、谎报、迟报动物疫情，或者阻碍他人报告动物疫情的，由上级人民政府或者有关部门责令改正，通报批评；对直接负责的主管人员和其他直接责任人员依法给予处分。

第九十二条 违反本法规定，有下列行为之一的，由县级以上地方人民政府农业农村主管部门责令限期改正，可以处一千元以下罚款；逾期不改正的，处一千元以上五千元以下罚款，由县级以上地方人民政府农业农村主管部门委托动物诊疗机构、无害化处理场所等代为处理，所需费用由违法行为人承担：

（一）对饲养的动物未按照动物疫病强制免疫计划或者免疫技术规范实施免疫接种的；

（二）对饲养的种用、乳用动物未按照国务院农业农村主管部门的要求定期开展疫病检测，或者经检测不合格而未按照规定处理的；

（三）对饲养的犬只未按照规定定期进行狂犬病免疫接种的；

（四）动物、动物产品的运载工具在装载前和卸载后未按照规定及时清洗、消毒的。

第九十三条　违反本法规定，对经强制免疫的动物未按照规定建立免疫档案，或者未按照规定加施畜禽标识的，依照《中华人民共和国畜牧法》的有关规定处罚。

第九十四条　违反本法规定，动物、动物产品的运载工具、垫料、包装物、容器等不符合国务院农业农村主管部门规定的动物防疫要求的，由县级以上地方人民政府农业农村主管部门责令改正，可以处五千元以下罚款；情节严重的，处五千元以上五万元以下罚款。

第九十五条　违反本法规定，对染疫动物及其排泄物、染疫动物产品或者被染疫动物、动物产品污染的运载工具、垫料、包装物、容器等未按照规定处置的，由县级以上地方人民政府农业农村主管部门责令限期处理；逾期不处理的，由县级以上地方人民政府农业农村主管部门委托有关单位代为处理，所需费用由违法行为人承担，处五千元以上五万元以下罚款。

造成环境污染或者生态破坏的，依照环境保护有关法律法规进行处罚。

第九十六条　违反本法规定，患有人畜共患传染病的人员，直接从事动物疫病监测、检测、检验检疫，动物诊疗以及易感染动物的饲养、屠宰、经营、隔离、运输等活动的，由县级以上地方人民政府农业农村或者野生动物保护主管部门责令改正；拒不改正的，处一千元以上一万元以下罚款；情节严重的，处一万元以上五万元以下罚款。

第九十七条　违反本法第二十九条规定，屠宰、经营、运输动物或者生产、经营、加工、贮藏、运输动物产品的，由县级以上地方人民政府农业农村主管部门责令改正、采取补救措施，没收违法所得、动物和动物产品，并处同类检疫合格动物、动物产品货值金额十五倍以上三十倍以下罚款；同类检疫合格动物、动物产品货值金额不足一万元的，并处五万元以上十五万元以下罚款；其中依法应当检疫而未检疫的，依照本法第一百条的规定处罚。

前款规定的违法行为人及其法定代表人(负责人)、直接负责的主管人员和其他直接责任人员,自处罚决定作出之日起五年内不得从事相关活动;构成犯罪的,终身不得从事屠宰、经营、运输动物或者生产、经营、加工、贮藏、运输动物产品等相关活动。

第九十八条 违反本法规定,有下列行为之一的,由县级以上地方人民政府农业农村主管部门责令改正,处三千元以上三万元以下罚款;情节严重的,责令停业整顿,并处三万元以上十万元以下罚款:

(一)开办动物饲养场和隔离场所、动物屠宰加工场所以及动物和动物产品无害化处理场所,未取得动物防疫条件合格证的;

(二)经营动物、动物产品的集贸市场不具备国务院农业农村主管部门规定的防疫条件的;

(三)未经备案从事动物运输的;

(四)未按照规定保存行程路线和托运人提供的动物名称、检疫证明编号、数量等信息的;

(五)未经检疫合格,向无规定动物疫病区输入动物、动物产品的;

(六)跨省、自治区、直辖市引进种用、乳用动物到达输入地后未按照规定进行隔离观察的;

(七)未按照规定处理或者随意弃置病死动物、病害动物产品的。

第九十九条 动物饲养场和隔离场所、动物屠宰加工场所以及动物和动物产品无害化处理场所,生产经营条件发生变化,不再符合本法第二十四条规定的动物防疫条件继续从事相关活动的,由县级以上地方人民政府农业农村主管部门给予警告,责令限期改正;逾期仍达不到规定条件的,吊销动物防疫条件合格证,并通报市场监督管理部门依法处理。

第一百条 违反本法规定,屠宰、经营、运输的动物未附有检疫证明,经营和运输的动物产品未附有检疫证明、检疫标志的,由县级以上地方人民政府农业农村主管部门责令改正,处同类检疫合格动物、动物产品货值金额一倍以下罚款;对货主以外的承运人处运输费用三倍以上五倍以下罚款,情节严重的,处五倍以上十倍以下罚款。

违反本法规定,用于科研、展示、演出和比赛等非食用性利用的动物未附有检疫证明的,由县级以上地方人民政府农业农村主管部门责令改正,处三千元以上一万元以下罚款。

第一百零一条 违反本法规定,将禁止或者限制调运的特定动物、动物产品由动物疫病高风险区调入低风险区的,由县级以上地方人民政府农业农村主管部门没收运输费用、违法运输的动物和动物产品,并处运输费用一倍以上五倍以下罚款。

第一百零二条 违反本法规定,通过道路跨省、自治区、直辖市运输动物,未经省、自治区、直辖市人民政府设立的指定通道入省境或者过省境的,由县级以上地方人民政府农业农村主管部门对运输人处五千元以上一万元以下罚款;情节严重的,处一万元以上五万元以下罚款。

第一百零三条 违反本法规定,转让、伪造或者变造检疫证明、检疫标志或者畜禽标识的,由县级以上地方人民政府农业农村主管部门没收违法所得和检疫证明、检疫标志、畜禽标识,并处五千元以上五万元以下罚款。

持有、使用伪造或者变造的检疫证明、检疫标志或者畜禽标识的,由县级以上人民政府农业农村主管部门没收检疫证明、检疫标志、畜禽标识和对应的动物、动物产品,并处三千元以上三万元以下罚款。

第一百零四条 违反本法规定,有下列行为之一的,由县级以上地方人民政府农业农村主管部门责令改正,处三千元以上三万元以下罚款:

(一)擅自发布动物疫情的;

(二)不遵守县级以上人民政府及其农业农村主管部门依法作出的有关控制动物疫病规定的;

(三)藏匿、转移、盗掘已被依法隔离、封存、处理的动物和动物产品的。

第一百零五条 违反本法规定,未取得动物诊疗许可证从事动物诊疗活动的,由县级以上地方人民政府农业农村主管部门责令停止诊疗活动,没收违法所得,并处违法所得一倍以上三倍以下罚款;违法所得不足三万元的，并处三千元以上三万元以下罚款。

动物诊疗机构违反本法规定，未按照规定实施卫生安全防护、消毒、隔离和处置诊疗废弃物的，由县级以上地方人民政府农业农村主管部门责令改正，处一千元以上一万元以下罚款；造成动物疫病扩散的，处一万元以上五万元以下罚款；情节严重的，吊销动物诊疗许可证。

第一百零六条 违反本法规定，未经执业兽医备案从事经营性动物诊疗活动的，由县级以上地方人民政府农业农村主管部门责令停止动物诊疗活动，没收违法所得，并处三千元以上三万元以下罚款；对其所在的动物诊疗机构处一万元以上五万元以下罚款。

执业兽医有下列行为之一的，由县级以上地方人民政府农业农村主管部门给予警告，责令暂停六个月以上一年以下动物诊疗活动；情节严重的，吊销执业兽医资格证书：

（一）违反有关动物诊疗的操作技术规范，造成或者可能造成动物疫病传播、流行的；

（二）使用不符合规定的兽药和兽医器械的；

（三）未按照当地人民政府或者农业农村主管部门要求参加动物疫病预防、控制和动物疫情扑灭活动的。

第一百零七条 违反本法规定，生产经营兽医器械，产品质量不符合要求的，由县级以上地方人民政府农业农村主管部门责令限期整改；情节严重的，责令停业整顿，并处两万元以上十万元以下罚款。

第一百零八条 违反本法规定，从事动物疫病研究、诊疗和动物饲养、屠宰、经营、隔离、运输，以及动物产品生产、经营、加工、贮藏、无害化处理等活动的单位和个人，有下列行为之一的，由县级以上地方人民政府农业农村主管部门责令改正，可以处一万元以下罚款；拒不改正的，处一万元以上五万元以下罚款，并可以责令停业整顿：

（一）发现动物染疫、疑似染疫未报告，或者未采取隔离等控制措施的；

（二）不如实提供与动物防疫有关的资料的；

（三）拒绝或者阻碍农业农村主管部门进行监督检查的；

（四）拒绝或者阻碍动物疫病预防控制机构进行动物疫病监测、检测、评估的；

（五）拒绝或者阻碍官方兽医依法履行职责的。

第一百零九条 违反本法规定，造成人畜共患传染病传播、流行的，依法从重给予处分、处罚。

违反本法规定，构成违反治安管理行为的，依法给予治安管理处罚；构成犯罪的，依法追究刑事责任。

违反本法规定，给他人人身、财产造成损害的，依法承担民事责任。

第十二章 附则

第一百一十条 本法下列用语的含义：

（一）无规定动物疫病区，是指具有天然屏障或者采取人工措施，在一定期限内没有发生规定的一种或者几种动物疫病，并经验收合格的区域；

（二）无规定动物疫病生物安全隔离区，是指处于同一生物安全管理体系下，在一定期限内没有发生规定的一种或者几种动物疫病的若干动物饲养场及其辅助生产场所构成的，并经验收合格的特定小型区域；

（三）病死动物，是指染疫死亡、因病死亡、死因不明或者经检验检疫可能危害人体或者动物健康的死亡动物；

（四）病害动物产品，是指来源于病死动物的产品，或者经检验检疫可能危害人体或者动物健康的动物产品。

第一百一十一条 境外无规定动物疫病区和无规定动物疫病生物安全隔离区的无疫等效性评估，参照本法有关规定执行。

第一百一十二条 实验动物防疫有特殊要求的，按照实验动物管理的有关规定执行。

第一百一十三条 本法自2021年5月1日起施行。

附录 2

重大动物疫情应急条例

（2018 最新版）

第一章　总则

第一条　为了迅速控制、扑灭重大动物疫情，保障养殖业生产安全，保护公众身体健康与生命安全，维护正常的社会秩序，根据《中华人民共和国动物防疫法》，制定本条例。

第二条　本条例所称重大动物疫情，是指高致病性禽流感等发病率或者死亡率高的动物疫病突然发生，迅速传播，给养殖业生产安全造成严重威胁、危害，以及可能对公众身体健康与生命安全造成危害的情形，包括特别重大动物疫情。

第三条　重大动物疫情应急工作应当坚持加强领导、密切配合，依靠科学、依法防治，群防群控、果断处置的方针，及时发现，快速反应，严格处理，减少损失。

第四条　重大动物疫情应急工作按照属地管理的原则，实行政府统一领导、部门分工负责，逐级建立责任制。县级以上人民政府兽医主管部门具体负责组织重大动物疫情的监测、调查、控制、扑灭等应急工作。县级以上人民政府林业主管部门、兽医主管部门按照职责分工，加强对陆生野生动物疫源疫病的监测。县级以上人民政府其他有关部门在各自的职责范围内，做好重大动物疫情的应急工作。

第五条　出入境检验检疫机关应当及时收集境外重大动物疫情信息，

加强进出境动物及其产品的检验检疫工作,防止动物疫病传入和传出。兽医主管部门要及时向出入境检验检疫机关通报国内重大动物疫情。

第六条 国家鼓励、支持开展重大动物疫情监测、预防、应急处理等有关技术的科学研究和国际交流与合作。

第七条 县级以上人民政府应当对参加重大动物疫情应急处理的人员给予适当补助,对作出贡献的人员给予表彰和奖励。

第八条 对不履行或者不按照规定履行重大动物疫情应急处理职责的行为,任何单位和个人有权检举控告。

第二章 应急准备

第九条 国务院兽医主管部门应当制定全国重大动物疫情应急预案,报国务院批准,并按照不同动物疫病病种及其流行特点和危害程度,分别制定实施方案,报国务院备案。县级以上地方人民政府根据本地区的实际情况,制定本行政区域的重大动物疫情应急预案,报上一级人民政府兽医主管部门备案。县级以上地方人民政府兽医主管部门,应当按照不同动物疫病病种及其流行特点和危害程度,分别制定实施方案。

重大动物疫情应急预案及其实施方案应当根据疫情的发展变化和实施情况,及时修改、完善。

第十条 重大动物疫情应急预案主要包括下列内容:

(一)应急指挥部的职责、组成以及成员单位的分工;

(二)重大动物疫情的监测、信息收集、报告和通报;

(三)动物疫病的确认、重大动物疫情的分级和相应的应急处理工作方案;

(四)重大动物疫情疫源的追踪和流行病学调查分析;

(五)预防、控制、扑灭重大动物疫情所需资金的来源、物资和技术的储备与调度;

(六)重大动物疫情应急处理设施和专业队伍建设。

第十一条 国务院有关部门和县级以上地方人民政府及其有关部门，应当根据重大动物疫情应急预案的要求，确保应急处理所需的疫苗、药品、设施设备和防护用品等物资的储备。

第十二条 县级以上人民政府应当建立和完善重大动物疫情监测网络和预防控制体系，加强动物防疫基础设施和乡镇动物防疫组织建设，并保证其正常运行，提高对重大动物疫情的应急处理能力。

第十三条 县级以上地方人民政府根据重大动物疫情应急需要，可以成立应急预备队，在重大动物疫情应急指挥部的指挥下，具体承担疫情的控制和扑灭任务。

应急预备队由当地兽医行政管理人员、动物防疫工作人员、有关专家、执业兽医等组成；必要时，可以组织动员社会上有一定专业知识的人员参加。公安机关、中国人民武装警察部队应当依法协助其执行任务。

应急预备队应当定期进行技术培训和应急演练。

第十四条 县级以上人民政府及其兽医主管部门应当加强对重大动物疫情应急知识和重大动物疫病科普知识的宣传，增强全社会的重大动物疫情防范意识。

第三章 监测、报告和公布

第十五条 动物防疫监督机构负责重大动物疫情的监测，饲养、经营动物和生产、经营动物产品的单位和个人应当配合，不得拒绝和阻碍。

第十六条 从事动物隔离、疫情监测、疫病研究与诊疗、检验检疫以及动物饲养、屠宰加工、运输、经营等活动的有关单位和个人，发现动物出现群体发病或者死亡的，应当立即向所在地的县(市)动物防疫监督机构报告。

第十七条 县(市)动物防疫监督机构接到报告后，应当立即赶赴现场调查核实。初步认为属于重大动物疫情的，应当在 2 小时内将情况逐级报省、自治区、直辖市动物防疫监督机构，并同时报所在地人民政府兽医主管部门;兽医主管部门应当及时通报同级卫生主管部门。

省、自治区、直辖市动物防疫监督机构应当在接到报告后 1 小时内,向省、自治区、直辖市人民政府兽医主管部门和国务院兽医主管部门所属的动物防疫监督机构报告。

省、自治区、直辖市人民政府兽医主管部门应当在接到报告后 1 小时内报本级人民政府和国务院兽医主管部门。

重大动物疫情发生后,省、自治区、直辖市人民政府和国务院兽医主管部门应当在 4 小时内向国务院报告。

第十八条 重大动物疫情报告包括下列内容:

(一)疫情发生的时间、地点;

(二)染疫、疑似染疫动物种类和数量、同群动物数量、免疫情况、死亡数量、临床症状、病理变化、诊断情况;

(三)流行病学和疫源追踪情况;

(四)已采取的控制措施;

(五)疫情报告的单位、负责人、报告人及联系方式。

第十九条 重大动物疫情由省、自治区、直辖市人民政府兽医主管部门认定;必要时,由国务院兽医主管部门认定。

第二十条 重大动物疫情由国务院兽医主管部门按照国家规定的程序,及时准确公布;其他任何单位和个人不得公布重大动物疫情。

第二十一条 重大动物疫病应当由动物防疫监督机构采集病料，未经国务院兽医主管部门或者省、自治区、直辖市人民政府兽医主管部门批准，其他单位和个人不得擅自采集病料。

从事重大动物疫病病原分离的,应当遵守国家有关生物安全管理规定,防止病原扩散。

第二十二条 国务院兽医主管部门应当及时向国务院有关部门和军队有关部门以及各省、自治区、直辖市人民政府兽医主管部门通报重大动物疫情的发生和处理情况。

第二十三条 发生重大动物疫情可能感染人群时，卫生主管部门应当对疫区内易受感染的人群进行监测，并采取相应的预防、控制措施。卫生主管部门和兽医主管部门应当及时相互通报情况。

第二十四条 有关单位和个人对重大动物疫情不得瞒报、谎报、迟报，不得授意他人瞒报、谎报、迟报，不得阻碍他人报告。

第二十五条 在重大动物疫情报告期间，有关动物防疫监督机构应当立即采取临时隔离控制措施；必要时，当地县级以上地方人民政府可以作出封锁决定并采取扑杀、销毁等措施。有关单位和个人应当执行。

第四章 应急处理

第二十六条 重大动物疫情发生后，国务院和有关地方人民政府设立的重大动物疫情应急指挥部统一领导、指挥重大动物疫情应急工作。

第二十七条 重大动物疫情发生后，县级以上地方人民政府兽医主管部门应当立即划定疫点、疫区和受威胁区，调查疫源，向本级人民政府提出启动重大动物疫情应急指挥系统、应急预案和对疫区实行封锁的建议，有关人民政府应当立即作出决定。

疫点、疫区和受威胁区的范围应当按照不同动物疫病病种及其流行特点和危害程度划定，具体划定标准由国务院兽医主管部门制定。

第二十八条 国家对重大动物疫情应急处理实行分级管理，按照应急预案确定的疫情等级，由有关人民政府采取相应的应急控制措施。

第二十九条 对疫点应当采取下列措施：

（一）扑杀并销毁染疫动物和易感染的动物及其产品；

（二）对病死的动物、动物排泄物、被污染饲料、垫料、污水进行无害化处理；

（三）对被污染的物品、用具、动物圈舍、场地进行严格消毒。

第三十条 对疫区应当采取下列措施：

（一）在疫区周围设置警示标志，在出入疫区的交通路口设置临时动物检疫消毒站，对出入的人员和车辆进行消毒；

（二）扑杀并销毁染疫和疑似染疫动物及其同群动物，销毁染疫和疑似染疫的动物产品，对其他易感染的动物实行圈养或者在指定地点放养，役用动物限制在疫区内使役；

（三）对易感染的动物进行监测，并按照国务院兽医主管部门的规定实施紧急免疫接种，必要时对易感染的动物进行扑杀；

（四）关闭动物及动物产品交易市场，禁止动物进出疫区和动物产品运出疫区；

（五）对动物圈舍、动物排泄物、垫料、污水和其他可能受污染的物品、场地，进行消毒或者无害化处理。

第三十一条 对受威胁区应当采取下列措施：

（一）对易感染的动物进行监测；

（二）对易感染的动物根据需要实施紧急免疫接种。

第三十二条 重大动物疫情应急处理中设置临时动物检疫消毒站以及采取隔离、扑杀、销毁、消毒、紧急免疫接种等控制、扑灭措施的，由有关重大动物疫情应急指挥部决定，有关单位和个人必须服从；拒不服从的，由公安机关协助执行。

第三十三条 国家对疫区、受威胁区内易感染的动物免费实施紧急免疫接种；对因采取扑杀、销毁等措施给当事人造成的已经证实的损失，给予合理补偿。紧急免疫接种和补偿所需费用，由中央财政和地方财政分担。

第三十四条 重大动物疫情应急指挥部根据应急处理需要，有权紧急调集人员、物资、运输工具以及相关设施、设备。

单位和个人的物资、运输工具以及相关设施、设备被征集使用的，有关人民政府应当及时归还并给予合理补偿。

第三十五条 重大动物疫情发生后，县级以上人民政府兽医主管部门应当及时提出疫点、疫区、受威胁区的处理方案，加强疫情监测、流行病学调查、疫源追踪工作，对染疫和疑似染疫动物及其同群动物和其他易感染动物的扑杀、销毁进行技术指导，并组织实施检验检疫、消毒、无害化处理和紧急免疫接种。

第三十六条 重大动物疫情应急处理中，县级以上人民政府有关部门应当在各自的职责范围内，做好重大动物疫情应急所需的物资紧急调度和运输、应急经费安排、疫区群众救济、人的疫病防治、肉食品供应、动物及其产品市场监管、出入境检验检疫和社会治安维护等工作。

中国人民解放军、中国人民武装警察部队应当支持配合驻地人民政府做好重大动物疫情的应急工作。

第三十七条 重大动物疫情应急处理中，乡镇人民政府、村民委员会、居民委员会应当组织力量，向村民、居民宣传动物疫病防治的相关知识，协助做好疫情信息的收集、报告和各项应急处理措施的落实工作。

第三十八条 重大动物疫情发生地的人民政府和毗邻地区的人民政府应当通力合作，相互配合，做好重大动物疫情的控制、扑灭工作。

第三十九条 有关人民政府及其有关部门对参加重大动物疫情应急处理的人员，应当采取必要的卫生防护和技术指导等措施。

第四十条 自疫区内最后一头（只）发病动物及其同群动物处理完毕起，经过一个潜伏期以上的监测，未出现新的病例的，彻底消毒后，经上一级动物防疫监督机构验收合格，由原发布封锁令的人民政府宣布解除封锁，撤销疫区；由原批准机关撤销在该疫区设立的临时动物检疫消毒站。

第四十一条 县级以上人民政府应当将重大动物疫情确认、疫区封锁、扑杀及其补偿、消毒、无害化处理、疫源追踪、疫情监测以及应急物资储备等应急经费列入本级财政预算。

第五章　法律责任

第四十二条 违反本条例规定，兽医主管部门及其所属的动物防疫监督机构有下列行为之一的，由本级人民政府或者上级人民政府有关部门责令立即改正、通报批评、给予警告；对主要负责人、负有责任的主管人员和其他责任人员，依法给予记大过、降级、撤职直至开除的行政处分；构成犯罪的，依法追究刑事责任：

（一）不履行疫情报告职责，瞒报、谎报、迟报或者授意他人瞒报、谎报、迟报，阻碍他人报告重大动物疫情的；

（二）在重大动物疫情报告期间，不采取临时隔离控制措施，导致动物疫情扩散的；

（三）不及时划定疫点、疫区和受威胁区，不及时向本级人民政府提出应急处理建议，或者不按照规定对疫点、疫区和受威胁区采取预防、控制、扑灭措施的；

（四）不向本级人民政府提出启动应急指挥系统、应急预案和对疫区的封锁建议的；

（五）对动物扑杀、销毁不进行技术指导或者指导不力，或者不组织实施检验检疫、消毒、无害化处理和紧急免疫接种的；

（六）其他不履行本条例规定的职责，导致动物疫病传播、流行，或者对养殖业生产安全和公众身体健康与生命安全造成严重危害的。

第四十三条 违反本条例规定，县级以上人民政府有关部门不履行应急处理职责，不执行对疫点、疫区和受威胁区采取的措施，或者对上级人民政府有关部门的疫情调查不予配合或者阻碍、拒绝的，由本级人民政府或者上级人民政府有关部门责令立即改正、通报批评、给予警告；对主要负责人、负有责任的主管人员和其他责任人员，依法给予记大过、降级、撤职直至开除的行政处分；构成犯罪的，依法追究刑事责任。

第四十四条 违反本条例规定，有关地方人民政府阻碍报告重大动物疫情，不履行应急处理职责，不按照规定对疫点、疫区和受威胁区采取预防、控制、扑灭措施，或者对上级人民政府有关部门的疫情调查不予配合或者阻碍、拒绝的，由上级人民政府责令立即改正、通报批评、给予警告；对政府主要领导人依法给予记大过、降级、撤职直至开除的行政处分；构成犯罪的，依法追究刑事责任。

第四十五条 截留、挪用重大动物疫情应急经费，或者侵占、挪用应急储备物资的，按照《财政违法行为处罚处分条例》的规定处理；构成犯罪的，依法追究刑事责任。

第四十六条 违反本条例规定，拒绝、阻碍动物防疫监督机构进行重大动物疫情监测，或者发现动物出现群体发病或者死亡，不向当地动物防疫监督机构报告的，由动物防疫监督机构给予警告，并处 2000 元以上 5000 元以下的罚款；构成犯罪的，依法追究刑事责任。

第四十七条 违反本条例规定，擅自采集重大动物疫病病料，或者在重大动物疫病病原分离时不遵守国家有关生物安全管理规定的，由动物防疫监督机构给予警告，并处 5000 元以下的罚款；构成犯罪的，依法追究刑事责任。

第四十八条 在重大动物疫情发生期间，哄抬物价、欺骗消费者，散布谣言、扰乱社会秩序和市场秩序的，由价格主管部门、工商行政管理部门或者公安机关依法给予行政处罚；构成犯罪的，依法追究刑事责任。

第六章 附则

第四十九条 本条例自公布之日起施行。

附录3

病原微生物实验室生物安全管理条例

（2018 年修订版）

《病原微生物实验室生物安全管理条例》是为加强病原微生物实验室（以下称实验室）生物安全管理，保护实验室工作人员和公众的健康制定。2004 年 11 月 12 日中华人民共和国国务院令第 424 号公布。根据 2016 年 2 月 6 日《国务院关于修改部分行政法规的决定》第一次修订。根据 2018 年 3 月 19 日《国务院关于修改和废止部分行政法规的决定》第二次修订。

第一章　总则

第一条　为了加强病原微生物实验室(以下称实验室)生物安全管理，保护实验室工作人员和公众的健康,制定本条例。

第二条　对中华人民共和国境内的实验室及其从事实验活动的生物安全管理,适用本条例。

本条例所称病原微生物,是指能够使人或者动物致病的微生物。

本条例所称实验活动,是指实验室从事与病原微生物菌(毒)种、样本有关的研究、教学、检测、诊断等活动。

第三条　国务院卫生主管部门主管与人体健康有关的实验室及其实验活动的生物安全监督工作。

国务院兽医主管部门主管与动物有关的实验室及其实验活动的生物安全监督工作。

国务院其他有关部门在各自职责范围内负责实验室及其实验活动的生物安全管理工作。

县级以上地方人民政府及其有关部门在各自职责范围内负责实验室及其实验活动的生物安全管理工作。

第四条 国家对病原微生物实行分类管理,对实验室实行分级管理。

第五条 国家实行统一的实验室生物安全标准。实验室应当符合国家标准和要求。

第六条 实验室的设立单位及其主管部门负责实验室日常活动的管理,承担建立健全安全管理制度,检查、维护实验设施、设备,控制实验室感染的职责。

第二章 病原微生物的分类和管理

第七条 国家根据病原微生物的传染性、感染后对个体或者群体的危害程度,将病原微生物分为四类:

第一类病原微生物,是指能够引起人类或者动物非常严重疾病的微生物,以及我国尚未发现或者已经宣布消灭的微生物。

第二类病原微生物,是指能够引起人类或者动物严重疾病,比较容易直接或者间接在人与人、动物与人、动物与动物间传播的微生物。

第三类病原微生物,是指能够引起人类或者动物疾病,但一般情况下对人、动物或者环境不构成严重危害,传播风险有限,实验室感染后很少引起严重疾病,并且具备有效治疗和预防措施的微生物。

第四类病原微生物,是指在通常情况下不会引起人类或者动物疾病的微生物。

第一类、第二类病原微生物统称为高致病性病原微生物。

第八条 人间传染的病原微生物名录由国务院卫生主管部门商国务院有关部门后制定、调整并予以公布;动物间传染的病原微生物名录由国务院兽医主管部门商国务院有关部门后制定、调整并予以公布。

第九条 采集病原微生物样本应当具备下列条件：

（一）具有与采集病原微生物样本所需要的生物安全防护水平相适应的设备；

（二）具有掌握相关专业知识和操作技能的工作人员；

（三）具有有效防止病原微生物扩散和感染的措施；

（四）具有保证病原微生物样本质量的技术方法和手段。

采集高致病性病原微生物样本的工作人员在采集过程中应当防止病原微生物扩散和感染，并对样本的来源、采集过程和方法等作详细记录。

第十条 运输高致病性病原微生物菌（毒）种或者样本，应当通过陆路运输；没有陆路通道，必须经水路运输的，可以通过水路运输；紧急情况下或者需要将高致病性病原微生物菌（毒）种或者样本运往国外的，可以通过民用航空运输。

第十一条 运输高致病性病原微生物菌（毒）种或者样本，应当具备下列条件：

（一）运输目的、高致病性病原微生物的用途和接收单位符合国务院卫生主管部门或者兽医主管部门的规定；

（二）高致病性病原微生物菌（毒）种或者样本的容器应当密封，容器或者包装材料还应当符合防水、防破损、防外泄、耐高（低）温、耐高压的要求；

（三）容器或者包装材料上应当印有国务院卫生主管部门或者兽医主管部门规定的生物危险标识、警告用语和提示用语。

运输高致病性病原微生物菌（毒）种或者样本，应当经省级以上人民政府卫生主管部门或者兽医主管部门批准。在省、自治区、直辖市行政区域内运输的，由省、自治区、直辖市人民政府卫生主管部门或者兽医主管部门批准；需要跨省、自治区、直辖市运输或者运往国外的，由出发地的省、自治区、直辖市人民政府卫生主管部门或者兽医主管部门进行初审后，分别报国务院卫生主管部门或者兽医主管部门批准。

出入境检验检疫机构在检验检疫过程中需要运输病原微生物样本的，由国务院出入境检验检疫部门批准，并同时向国务院卫生主管部门或者兽医主管部门通报。

通过民用航空运输高致病性病原微生物菌（毒）种或者样本的，除依照本条第二款、第三款规定取得批准外，还应当经国务院民用航空主管部门批准。有关主管部门应当对申请人提交的关于运输高致病性病原微生物菌（毒）种或者样本的申请材料进行审查，对符合本条第一款规定条件的，应当即时批准。

第十二条 运输高致病性病原微生物菌（毒）种或者样本，应当由不少于2人的专人护送，并采取相应的防护措施。

有关单位或者个人不得通过公共电（汽）车和城市铁路运输病原微生物菌（毒）种或者样本。

第十三条 需要通过铁路、公路、民用航空等公共交通工具运输高致病性病原微生物菌（毒）种或者样本的，承运单位应当凭本条例第十一条规定的批准文件予以运输。

承运单位应当与护送人共同采取措施，确保所运输的高致病性病原微生物菌（毒）种或者样本的安全，严防发生被盗、被抢、丢失、泄漏事件。

第十四条 国务院卫生主管部门或者兽医主管部门指定的菌（毒）种保藏中心或者专业实验室（以下称保藏机构），承担集中储存病原微生物菌（毒）种和样本的任务。

保藏机构应当依照国务院卫生主管部门或者兽医主管部门的规定，储存实验室送交的病原微生物菌（毒）种和样本，并向实验室提供病原微生物菌（毒）种和样本。

保藏机构应当制定严格的安全保管制度，作好病原微生物菌（毒）种和样本进出和储存的记录，建立档案制度，并指定专人负责。对高致病性病原微生物菌（毒）种和样本应当设专库或者专柜单独储存。

保藏机构储存、提供病原微生物菌（毒）种和样本，不得收取任何费用，其经费由同级财政在单位预算中予以保障。

保藏机构的管理办法由国务院卫生主管部门会同国务院兽医主管部门制定。

第十五条 保藏机构应当凭实验室依照本条例的规定取得的从事高致病性病原微生物相关实验活动的批准文件，向实验室提供高致病性病原微生物菌(毒)种和样本,并予以登记。

第十六条 实验室在相关实验活动结束后，应当依照国务院卫生主管部门或者兽医主管部门的规定,及时将病原微生物菌(毒)种和样本就地销毁或者送交保藏机构保管。

保藏机构接受实验室送交的病原微生物菌(毒)种和样本,应当予以登记,并开具接收证明。

第十七条 高致病性病原微生物菌(毒)种或者样本在运输、储存中被盗、被抢、丢失、泄漏的,承运单位、护送人、保藏机构应当采取必要的控制措施,并在2小时内分别向承运单位的主管部门、护送人所在单位和保藏机构的主管部门报告，同时向所在地的县级人民政府卫生主管部门或者兽医主管部门报告,发生被盗、被抢、丢失的,还应当向公安机关报告;接到报告的卫生主管部门或者兽医主管部门应当在2小时内向本级人民政府报告,并同时向上级人民政府卫生主管部门或者兽医主管部门和国务院卫生主管部门或者兽医主管部门报告。

县级人民政府应当在接到报告后2小时内向设区的市级人民政府或者上一级人民政府报告；设区的市级人民政府应当在接到报告后2小时内向省、自治区、直辖市人民政府报告。省、自治区、直辖市人民政府应当在接到报告后1小时内,向国务院卫生主管部门或者兽医主管部门报告。

任何单位和个人发现高致病性病原微生物菌(毒)种或者样本的容器或者包装材料,应当及时向附近的卫生主管部门或者兽医主管部门报告;接到报告的卫生主管部门或者兽医主管部门应当及时组织调查核实，并依法采取必要的控制措施。

第三章　实验室的设立与管理

第十八条　国家根据实验室对病原微生物的生物安全防护水平，并依照实验室生物安全国家标准的规定，将实验室分为一级、二级、三级、四级。

第十九条　新建、改建、扩建三级、四级实验室或者生产、进口移动式三级、四级实验室应当遵守下列规定：

（一）符合国家生物安全实验室体系规划并依法履行有关审批手续；

（二）经国务院科技主管部门审查同意；

（三）符合国家生物安全实验室建筑技术规范；

（四）依照《中华人民共和国环境影响评价法》的规定进行环境影响评价并经环境保护主管部门审查批准；

（五）生物安全防护级别与其拟从事的实验活动相适应。

前款规定所称国家生物安全实验室体系规划，由国务院投资主管部门会同国务院有关部门制定。制定国家生物安全实验室体系规划应当遵循总量控制、合理布局、资源共享的原则，并应当召开听证会或者论证会，听取公共卫生、环境保护、投资管理和实验室管理等方面专家的意见。

第二十条　三级、四级实验室应当通过实验室国家认可。

国务院认证认可监督管理部门确定的认可机构应当依照实验室生物安全国家标准以及本条例的有关规定，对三级、四级实验室进行认可；实验室通过认可的，颁发相应级别的生物安全实验室证书。证书有效期为5年。

第二十一条　一级、二级实验室不得从事高致病性病原微生物实验活动。三级、四级实验室从事高致病性病原微生物实验活动，应当具备下列条件：

（一）实验目的和拟从事的实验活动符合国务院卫生主管部门或者兽医主管部门的规定；

（二）通过实验室国家认可；

（三）具有与拟从事的实验活动相适应的工作人员；

（四）工程质量经建筑主管部门依法检测验收合格。

第二十二条 三级、四级实验室，需要从事某种高致病性病原微生物或者疑似高致病性病原微生物实验活动的，应当依照国务院卫生主管部门或者兽医主管部门的规定报省级以上人民政府卫生主管部门或者兽医主管部门批准。实验活动结果以及工作情况应当向原批准部门报告。

实验室申报或者接受与高致病性病原微生物有关的科研项目，应当符合科研需要和生物安全要求，具有相应的生物安全防护水平。与动物间传染的高致病性病原微生物有关的科研项目，应当经国务院兽医主管部门同意；与人体健康有关的高致病性病原微生物科研项目，实验室应当将立项结果告知省级以上人民政府卫生主管部门。

第二十三条 出入境检验检疫机构、医疗卫生机构、动物防疫机构在实验室开展检测、诊断工作时，发现高致病性病原微生物或者疑似高致病性病原微生物，需要进一步从事这类高致病性病原微生物相关实验活动的，应当依照本条例的规定经批准同意，并在具备相应条件的实验室中进行。

专门从事检测、诊断的实验室应当严格依照国务院卫生主管部门或者兽医主管部门的规定，建立健全规章制度，保证实验室生物安全。

第二十四条 省级以上人民政府卫生主管部门或者兽医主管部门应当自收到需要从事高致病性病原微生物相关实验活动的申请之日起 15 日内作出是否批准的决定。

对出入境检验检疫机构为了检验检疫工作的紧急需要，申请在实验室对高致病性病原微生物或者疑似高致病性病原微生物开展进一步实验活动的，省级以上人民政府卫生主管部门或者兽医主管部门应当自收到申请之时起 2 小时内作出是否批准的决定；2 小时内未作出决定的，实验室可以从事相应的实验活动。

省级以上人民政府卫生主管部门或者兽医主管部门应当为申请人通过电报、电传、传真、电子数据交换和电子邮件等方式提出申请提供方便。

第二十五条 新建、改建或者扩建一级、二级实验室，应当向设区的市级人民政府卫生主管部门或者兽医主管部门备案。设区的市级人民政府卫生主管部门或者兽医主管部门应当每年将备案情况汇总后报省、自治区、直辖市人民政府卫生主管部门或者兽医主管部门。

第二十六条 国务院卫生主管部门和兽医主管部门应当定期汇总并互相通报实验室数量和实验室设立、分布情况，以及三级、四级实验室从事高致病性病原微生物实验活动的情况。

第二十七条 已经建成并通过实验室国家认可的三级、四级实验室应当向所在地的县级人民政府环境保护主管部门备案。环境保护主管部门依照法律、行政法规的规定对实验室排放的废水、废气和其他废物处置情况进行监督检查。

第二十八条 对我国尚未发现或者已经宣布消灭的病原微生物，任何单位和个人未经批准不得从事相关实验活动。

为了预防、控制传染病，需要从事前款所指病原微生物相关实验活动的，应当经国务院卫生主管部门或者兽医主管部门批准，并在批准部门指定的专业实验室中进行。

第二十九条 实验室使用新技术、新方法从事高致病性病原微生物相关实验活动的，应当符合防止高致病性病原微生物扩散、保证生物安全和操作者人身安全的要求，并经国家病原微生物实验室生物安全专家委员会论证；经论证可行的，方可使用。

第三十条 需要在动物体上从事高致病性病原微生物相关实验活动的，应当在符合动物实验室生物安全国家标准的三级以上实验室进行。

第三十一条 实验室的设立单位负责实验室的生物安全管理。

实验室的设立单位应当依照本条例的规定制定科学、严格的管理制度，并定期对有关生物安全规定的落实情况进行检查，定期对实验室设施、设备、材料等进行检查、维护和更新，以确保其符合国家标准。

实验室的设立单位及其主管部门应当加强对实验室日常活动的管理。

第三十二条 实验室负责人为实验室生物安全的第一责任人。

实验室从事实验活动应当严格遵守有关国家标准和实验室技术规范、操作规程。实验室负责人应当指定专人监督检查实验室技术规范和操作规程的落实情况。

第三十三条 从事高致病性病原微生物相关实验活动的实验室的设立单位,应当建立健全安全保卫制度,采取安全保卫措施,严防高致病性病原微生物被盗、被抢、丢失、泄漏,保障实验室及其病原微生物的安全。实验室发生高致病性病原微生物被盗、被抢、丢失、泄漏的,实验室的设立单位应当依照本条例第十七条的规定进行报告。

从事高致病性病原微生物相关实验活动的实验室应当向当地公安机关备案,并接受公安机关有关实验室安全保卫工作的监督指导。

第三十四条 实验室或者实验室的设立单位应当每年定期对工作人员进行培训,保证其掌握实验室技术规范、操作规程、生物安全防护知识和实际操作技能,并进行考核。工作人员经考核合格的,方可上岗。

从事高致病性病原微生物相关实验活动的实验室,应当每半年将培训、考核其工作人员的情况和实验室运行情况向省、自治区、直辖市人民政府卫生主管部门或者兽医主管部门报告。

第三十五条 从事高致病性病原微生物相关实验活动应当有 2 名以上的工作人员共同进行。

进入从事高致病性病原微生物相关实验活动的实验室的工作人员或者其他有关人员,应当经实验室负责人批准。实验室应当为其提供符合防护要求的防护用品并采取其他职业防护措施。从事高致病性病原微生物相关实验活动的实验室,还应当对实验室工作人员进行健康监测,每年组织对其进行体检,并建立健康档案;必要时,应当对实验室工作人员进行预防接种。

第三十六条 在同一个实验室的同一个独立安全区域内,只能同时从事一种高致病性病原微生物的相关实验活动。

第三十七条 实验室应当建立实验档案,记录实验室使用情况和安全监督情况。实验室从事高致病性病原微生物相关实验活动的实验档案保存期,不得少于20年。

第三十八条 实验室应当依照环境保护的有关法律、行政法规和国务院有关部门的规定,对废水、废气以及其他废物进行处置,并制定相应的环境保护措施,防止环境污染。

第三十九条 三级、四级实验室应当在明显位置标示国务院卫生主管部门和兽医主管部门规定的生物危险标识和生物安全实验室级别标志。

第四十条 从事高致病性病原微生物相关实验活动的实验室应当制定实验室感染应急处置预案,并向该实验室所在地的省、自治区、直辖市人民政府卫生主管部门或者兽医主管部门备案。

第四十一条 国务院卫生主管部门和兽医主管部门会同国务院有关部门组织病原学、免疫学、检验医学、流行病学、预防兽医学、环境保护和实验室管理等方面的专家,组成国家病原微生物实验室生物安全专家委员会。该委员会承担从事高致病性病原微生物相关实验活动的实验室的设立与运行的生物安全评估和技术咨询、论证工作。

省、自治区、直辖市人民政府卫生主管部门和兽医主管部门会同同级人民政府有关部门组织病原学、免疫学、检验医学、流行病学、预防兽医学、环境保护和实验室管理等方面的专家,组成本地区病原微生物实验室生物安全专家委员会。该委员会承担本地区实验室设立和运行的技术咨询工作。

第四章　实验室感染控制

第四十二条 实验室的设立单位应当指定专门的机构或者人员承担实验室感染控制工作,定期检查实验室的生物安全防护、病原微生物菌(毒)种和样本保存与使用、安全操作、实验室排放的废水和废气以及其他废物处置等规章制度的实施情况。

负责实验室感染控制工作的机构或者人员应当具有与该实验室中的病原微生物有关的传染病防治知识,并定期调查、了解实验室工作人员的健康状况。

第四十三条 实验室工作人员出现与本实验室从事的高致病性病原微生物相关实验活动有关的感染临床症状或者体征时，实验室负责人应当向负责实验室感染控制工作的机构或者人员报告，同时派专人陪同及时就诊；实验室工作人员应当将近期所接触的病原微生物的种类和危险程度如实告知诊治医疗机构。接诊的医疗机构应当及时救治；不具备相应救治条件的，应当依照规定将感染的实验室工作人员转诊至具备相应传染病救治条件的医疗机构；具备相应传染病救治条件的医疗机构应当接诊治疗，不得拒绝救治。

第四十四条 实验室发生高致病性病原微生物泄漏时，实验室工作人员应当立即采取控制措施，防止高致病性病原微生物扩散，并同时向负责实验室感染控制工作的机构或者人员报告。

第四十五条 负责实验室感染控制工作的机构或者人员接到本条例第四十三条、第四十四条规定的报告后，应当立即启动实验室感染应急处置预案，并组织人员对该实验室生物安全状况等情况进行调查；确认发生实验室感染或者高致病性病原微生物泄漏的，应当依照本条例第十七条的规定进行报告，并同时采取控制措施，对有关人员进行医学观察或者隔离治疗，封闭实验室，防止扩散。

第四十六条 卫生主管部门或者兽医主管部门接到关于实验室发生工作人员感染事故或者病原微生物泄漏事件的报告，或者发现实验室从事病原微生物相关实验活动造成实验室感染事故的，应当立即组织疾病预防控制机构、动物防疫监督机构和医疗机构以及其他有关机构依法采取下列预防、控制措施：

（一）封闭被病原微生物污染的实验室或者可能造成病原微生物扩散的场所；

（二）开展流行病学调查；

（三）对病人进行隔离治疗，对相关人员进行医学检查；

（四）对密切接触者进行医学观察；

(五)进行现场消毒;

(六)对染疫或者疑似染疫的动物采取隔离、扑杀等措施;

(七)其他需要采取的预防、控制措施。

第四十七条 医疗机构或者兽医医疗机构及其执行职务的医务人员发现由于实验室感染而引起的与高致病性病原微生物相关的传染病病人、疑似传染病病人或者患有疫病、疑似患有疫病的动物,诊治的医疗机构或者兽医医疗机构应当在2小时内报告所在地的县级人民政府卫生主管部门或者兽医主管部门;接到报告的卫生主管部门或者兽医主管部门应当在2小时内通报实验室所在地的县级人民政府卫生主管部门或者兽医主管部门。接到通报的卫生主管部门或者兽医主管部门应当依照本条例第四十六条的规定采取预防、控制措施。

第四十八条 发生病原微生物扩散,有可能造成传染病暴发、流行时,县级以上人民政府卫生主管部门或者兽医主管部门应当依照有关法律、行政法规的规定以及实验室感染应急处置预案进行处理。

第五章 监督管理

第四十九条 县级以上地方人民政府卫生主管部门、兽医主管部门依照各自分工,履行下列职责:

(一)对病原微生物菌(毒)种、样本的采集、运输、储存进行监督检查;

(二)对从事高致病性病原微生物相关实验活动的实验室是否符合本条例规定的条件进行监督检查;

(三)对实验室或者实验室的设立单位培训、考核其工作人员以及上岗人员的情况进行监督检查;

(四)对实验室是否按照有关国家标准、技术规范和操作规程从事病原微生物相关实验活动进行监督检查。

县级以上地方人民政府卫生主管部门、兽医主管部门,应当主要通过检查反映实验室执行国家有关法律、行政法规以及国家标准和要求的记录、档案、报告,切实履行监督管理职责。

第五十条 县级以上人民政府卫生主管部门、兽医主管部门、环境保护主管部门在履行监督检查职责时，有权进入被检查单位和病原微生物泄漏或者扩散现场调查取证、采集样品,查阅复制有关资料。需要进入从事高致病性病原微生物相关实验活动的实验室调查取证、采集样品的,应当指定或者委托专业机构实施。被检查单位应当予以配合,不得拒绝、阻挠。

第五十一条 国务院认证认可监督管理部门依照《中华人民共和国认证认可条例》的规定对实验室认可活动进行监督检查。

第五十二条 卫生主管部门、兽医主管部门、环境保护主管部门应当依据法定的职权和程序履行职责,做到公正、公平、公开、文明、高效。

第五十三条 卫生主管部门、兽医主管部门、环境保护主管部门的执法人员执行职务时,应当有 2 名以上执法人员参加,出示执法证件,并依照规定填写执法文书。

现场检查笔录、采样记录等文书经核对无误后,应当由执法人员和被检查人、被采样人签名。被检查人、被采样人拒绝签名的,执法人员应当在自己签名后注明情况。

第五十四条 卫生主管部门、兽医主管部门、环境保护主管部门及其执法人员执行职务,应当自觉接受社会和公民的监督。公民、法人和其他组织有权向上级人民政府及其卫生主管部门、兽医主管部门、环境保护主管部门举报地方人民政府及其有关主管部门不依照规定履行职责的情况。接到举报的有关人民政府或者其卫生主管部门、兽医主管部门、环境保护主管部门,应当及时调查处理。

第五十五条 上级人民政府卫生主管部门、兽医主管部门、环境保护主管部门发现属于下级人民政府卫生主管部门、兽医主管部门、环境保护主管部门职责范围内需要处理的事项的,应当及时告知该部门处理;下级人民政府卫生主管部门、兽医主管部门、环境保护主管部门不及时处理或者不积极履行本部门职责的，上级人民政府卫生主管部门、兽医主管部门、环境保护主管部门应当责令其限期改正；逾期不改正的，上级人民政府卫生主管部门、兽医主管部门、环境保护主管部门有权直接予以处理。

第六章　法律责任

第五十六条　三级、四级实验室未经批准从事某种高致病性病原微生物或者疑似高致病性病原微生物实验活动的，由县级以上地方人民政府卫生主管部门、兽医主管部门依照各自职责，责令停止有关活动，监督其将用于实验活动的病原微生物销毁或者送交保藏机构，并给予警告；造成传染病传播、流行或者其他严重后果的，由实验室的设立单位对主要负责人、直接负责的主管人员和其他直接责任人员，依法给予撤职、开除的处分；构成犯罪的，依法追究刑事责任。

第五十七条　卫生主管部门或者兽医主管部门违反本条例的规定，准予不符合本条例规定条件的实验室从事高致病性病原微生物相关实验活动的，由作出批准决定的卫生主管部门或者兽医主管部门撤销原批准决定，责令有关实验室立即停止有关活动，并监督其将用于实验活动的病原微生物销毁或者送交保藏机构，对直接负责的主管人员和其他直接责任人员依法给予行政处分；构成犯罪的，依法追究刑事责任。

因违法作出批准决定给当事人的合法权益造成损害的，作出批准决定的卫生主管部门或者兽医主管部门应当依法承担赔偿责任。

第五十八条　卫生主管部门或者兽医主管部门对出入境检验检疫机构为了检验检疫工作的紧急需要，申请在实验室对高致病性病原微生物或者疑似高致病性病原微生物开展进一步检测活动，不在法定期限内作出是否批准决定的，由其上级行政机关或者监察机关责令改正，给予警告；造成传染病传播、流行或者其他严重后果的，对直接负责的主管人员和其他直接责任人员依法给予撤职、开除的行政处分；构成犯罪的，依法追究刑事责任。

第五十九条 违反本条例规定，在不符合相应生物安全要求的实验室从事病原微生物相关实验活动的,由县级以上地方人民政府卫生主管部门、兽医主管部门依照各自职责,责令停止有关活动,监督其将用于实验活动的病原微生物销毁或者送交保藏机构,并给予警告;造成传染病传播、流行或者其他严重后果的,由实验室的设立单位对主要负责人、直接负责的主管人员和其他直接责任人员,依法给予撤职、开除的处分;构成犯罪的,依法追究刑事责任。

第六十条 实验室有下列行为之一的，由县级以上地方人民政府卫生主管部门、兽医主管部门依照各自职责,责令限期改正,给予警告;逾期不改正的,由实验室的设立单位对主要负责人、直接负责的主管人员和其他直接责任人员,依法给予撤职、开除的处分;有许可证件的,并由原发证部门吊销有关许可证件:

(一)未依照规定在明显位置标示国务院卫生主管部门和兽医主管部门规定的生物危险标识和生物安全实验室级别标志的;

(二)未向原批准部门报告实验活动结果以及工作情况的;

(三)未依照规定采集病原微生物样本,或者对所采集样本的来源、采集过程和方法等未作详细记录的;

(四)新建、改建或者扩建一级、二级实验室未向设区的市级人民政府卫生主管部门或者兽医主管部门备案的;

(五)未依照规定定期对工作人员进行培训,或者工作人员考核不合格允许其上岗,或者批准未采取防护措施的人员进入实验室的;

(六)实验室工作人员未遵守实验室生物安全技术规范和操作规程的;

(七)未依照规定建立或者保存实验档案的;

(八)未依照规定制定实验室感染应急处置预案并备案的。

第六十一条 经依法批准从事高致病性病原微生物相关实验活动的实验室的设立单位未建立健全安全保卫制度,或者未采取安全保卫措施的,由县级以上地方人民政府卫生主管部门、兽医主管部门依照各自职责,责令限期改正；逾期不改正，导致高致病性病原微生物菌（毒）种、样本被盗、被抢或者造成其他严重后果的，责令停止该项实验活动，该实验室 2 年内不得申请从事高致病性病原微生物实验活动；造成传染病传播、流行的，该实验室设立单位的主管部门还应当对该实验室的设立单位的直接负责的主管人员和其他直接责任人员，依法给予降级、撤职、开除的处分；构成犯罪的，依法追究刑事责任。

第六十二条 未经批准运输高致病性病原微生物菌（毒）种或者样本，或者承运单位经批准运输高致病性病原微生物菌（毒）种或者样本未履行保护义务，导致高致病性病原微生物菌（毒）种或者样本被盗、被抢、丢失、泄漏的，由县级以上地方人民政府卫生主管部门、兽医主管部门依照各自职责，责令采取措施，消除隐患，给予警告；造成传染病传播、流行或者其他严重后果的，由托运单位和承运单位的主管部门对主要负责人、直接负责的主管人员和其他直接责任人员，依法给予撤职、开除的处分；构成犯罪的，依法追究刑事责任。

第六十三条 有下列行为之一的，由实验室所在地的设区的市级以上地方人民政府卫生主管部门、兽医主管部门依照各自职责，责令有关单位立即停止违法活动，监督其将病原微生物销毁或者送交保藏机构；造成传染病传播、流行或者其他严重后果的，由其所在单位或者其上级主管部门对主要负责人、直接负责的主管人员和其他直接责任人员，依法给予撤职、开除的处分；有许可证件的，并由原发证部门吊销有关许可证件；构成犯罪的，依法追究刑事责任：

（一）实验室在相关实验活动结束后，未依照规定及时将病原微生物菌（毒）种和样本就地销毁或者送交保藏机构保管的；

（二）实验室使用新技术、新方法从事高致病性病原微生物相关实验活动未经国家病原微生物实验室生物安全专家委员会论证的；

（三）未经批准擅自从事在我国尚未发现或者已经宣布消灭的病原微生物相关实验活动的；

（四）在未经指定的专业实验室从事在我国尚未发现或者已经宣布消灭的病原微生物相关实验活动的；

（五）在同一个实验室的同一个独立安全区域内同时从事两种或者两种以上高致病性病原微生物的相关实验活动的。

第六十四条 认可机构对不符合实验室生物安全国家标准以及本条例规定条件的实验室予以认可，或者对符合实验室生物安全国家标准以及本条例规定条件的实验室不予认可的，由国务院认证认可监督管理部门责令限期改正，给予警告；造成传染病传播、流行或者其他严重后果的，由国务院认证认可监督管理部门撤销其认可资格，有上级主管部门的，由其上级主管部门对主要负责人、直接负责的主管人员和其他直接责任人员依法给予撤职、开除的处分；构成犯罪的，依法追究刑事责任。

第六十五条 实验室工作人员出现该实验室从事的病原微生物相关实验活动有关的感染临床症状或者体征，以及实验室发生高致病性病原微生物泄漏时，实验室负责人、实验室工作人员、负责实验室感染控制的专门机构或者人员未依照规定报告，或者未依照规定采取控制措施的，由县级以上地方人民政府卫生主管部门、兽医主管部门依照各自职责，责令限期改正，给予警告；造成传染病传播、流行或者其他严重后果的，由其设立单位对实验室主要负责人、直接负责的主管人员和其他直接责任人员，依法给予撤职、开除的处分；有许可证件的，并由原发证部门吊销有关许可证件；构成犯罪的，依法追究刑事责任。

第六十六条 拒绝接受卫生主管部门、兽医主管部门依法开展有关高致病性病原微生物扩散的调查取证、采集样品等活动或者依照本条例规定采取有关预防、控制措施的，由县级以上人民政府卫生主管部门、兽医主管部门依照各自职责，责令改正，给予警告；造成传染病传播、流行以及其他严重后果的，由实验室的设立单位对实验室主要负责人、直接负责的主管人员和其他直接责任人员，依法给予降级、撤职、开除的处分；有许可证件的，并由原发证部门吊销有关许可证件；构成犯罪的，依法追究刑事责任。

第六十七条 发生病原微生物被盗、被抢、丢失、泄漏,承运单位、护送人、保藏机构和实验室的设立单位未依照本条例的规定报告的,由所在地的县级人民政府卫生主管部门或者兽医主管部门给予警告;造成传染病传播、流行或者其他严重后果的,由实验室的设立单位或者承运单位、保藏机构的上级主管部门对主要负责人、直接负责的主管人员和其他直接责任人员,依法给予撤职、开除的处分;构成犯罪的,依法追究刑事责任。

第六十八条 保藏机构未依照规定储存实验室送交的菌（毒）种和样本,或者未依照规定提供菌(毒)种和样本的,由其指定部门责令限期改正,收回违法提供的菌(毒)种和样本,并给予警告;造成传染病传播、流行或者其他严重后果的,由其所在单位或者其上级主管部门对主要负责人、直接负责的主管人员和其他直接责任人员,依法给予撤职、开除的处分;构成犯罪的,依法追究刑事责任。

第六十九条 县级以上人民政府有关主管部门,未依照本条例的规定履行实验室及其实验活动监督检查职责的,由有关人民政府在各自职责范围内责令改正,通报批评;造成传染病传播、流行或者其他严重后果的,对直接负责的主管人员,依法给予行政处分;构成犯罪的,依法追究刑事责任。

第七章 附则

第七十条 军队实验室由中国人民解放军卫生主管部门参照本条例负责监督管理。

第七十一条 本条例施行前设立的实验室,应当自本条例施行之日起 6 个月内,依照本条例的规定,办理有关手续。

第七十二条 本条例自公布之日起施行。

附录4

兽药管理条例

（2004年4月9日中华人民共和国国务院令第404号公布　根据2014年7月29日《国务院关于修改部分行政法规的决定》第一次修订　根据2016年2月6日《国务院关于修改部分行政法规的决定》第二次修订　根据2020年3月27日《国务院关于修改和废止部分行政法规的决定》第三次修订）

为了加强兽药管理，保证兽药质量，防治动物疾病，促进养殖业的发展，维护人体健康，制定本条例。

第一章　总则

第一条　为了加强兽药管理，保证兽药质量，防治动物疾病，促进养殖业的发展，维护人体健康，制定本条例。

第二条　在中华人民共和国境内从事兽药的研制、生产、经营、进出口、使用和监督管理，应当遵守本条例。

第三条　国务院兽医行政管理部门负责全国的兽药监督管理工作。

县级以上地方人民政府兽医行政管理部门负责本行政区域内的兽药监督管理工作。

第四条　国家实行兽用处方药和非处方药分类管理制度。兽用处方药和非处方药分类管理的办法和具体实施步骤，由国务院兽医行政管理部门规定。

第五条　国家实行兽药储备制度。

发生重大动物疫情、灾情或者其他突发事件时，国务院兽医行政管理部门可以紧急调用国家储备的兽药；必要时，也可以调用国家储备以外的兽药。

第二章　新兽药研制

第六条　国家鼓励研制新兽药，依法保护研制者的合法权益。

第七条　研制新兽药，应当具有与研制相适应的场所、仪器设备、专业技术人员、安全管理规范和措施。

研制新兽药，应当进行安全性评价。从事兽药安全性评价的单位应当遵守国务院兽医行政管理部门制定的兽药非临床研究质量管理规范和兽药临床试验质量管理规范。

省级以上人民政府兽医行政管理部门应当对兽药安全性评价单位是否符合兽药非临床研究质量管理规范和兽药临床试验质量管理规范的要求进行监督检查，并公布监督检查结果。

第八条　研制新兽药，应当在临床试验前向临床试验场所所在地省、自治区、直辖市人民政府兽医行政管理部门备案，并附具该新兽药实验室阶段安全性评价报告及其他临床前研究资料。

研制的新兽药属于生物制品的，应当在临床试验前向国务院兽医行政管理部门提出申请，国务院兽医行政管理部门应当自收到申请之日起 60 个工作日内将审查结果书面通知申请人。

研制新兽药需要使用一类病原微生物的，还应当具备国务院兽医行政管理部门规定的条件，并在实验室阶段前报国务院兽医行政管理部门批准。

第九条　临床试验完成后，新兽药研制者向国务院兽医行政管理部门提出新兽药注册申请时，应当提交该新兽药的样品和下列资料：

（一）名称、主要成分、理化性质；

（二）研制方法、生产工艺、质量标准和检测方法；

（三）药理和毒理试验结果、临床试验报告和稳定性试验报告；

（四）环境影响报告和污染防治措施。

研制的新兽药属于生物制品的，还应当提供菌（毒、虫）种、细胞等有关材料和资料。菌（毒、虫）种、细胞由国务院兽医行政管理部门指定的机构保藏。

研制用于食用动物的新兽药，还应当按照国务院兽医行政管理部门的规定进行兽药残留试验并提供休药期、最高残留限量标准、残留检测方法及其制定依据等资料。

国务院兽医行政管理部门应当自收到申请之日起10个工作日内，将决定受理的新兽药资料送其设立的兽药评审机构进行评审，将新兽药样品送其指定的检验机构复核检验，并自收到评审和复核检验结论之日起60个工作日内完成审查。审查合格的，发给新兽药注册证书，并发布该兽药的质量标准；不合格的，应当书面通知申请人。

第十条 国家对依法获得注册的、含有新化合物的兽药的申请人提交的其自己所取得且未披露的试验数据和其他数据实施保护。

自注册之日起6年内，对其他申请人未经已获得注册兽药的申请人同意，使用前款规定的数据申请兽药注册的，兽药注册机关不予注册；但是，其他申请人提交其自己所取得的数据的除外。

除下列情况外，兽药注册机关不得披露本条第一款规定的数据：

（一）公共利益需要；

（二）已采取措施确保该类信息不会被不正当地进行商业使用。

第三章 兽药生产

第十一条 从事兽药生产的企业，应当符合国家兽药行业发展规划和产业政策，并具备下列条件：

（一）与所生产的兽药相适应的兽医学、药学或者相关专业的技术人员；

（二）与所生产的兽药相适应的厂房、设施；

（三）与所生产的兽药相适应的兽药质量管理和质量检验的机构、人员、仪器设备；

（四）符合安全、卫生要求的生产环境；

（五）兽药生产质量管理规范规定的其他生产条件。

符合前款规定条件的，申请人方可向省、自治区、直辖市人民政府兽医行政管理部门提出申请，并附具符合前款规定条件的证明材料；省、自治区、直辖市人民政府兽医行政管理部门应当自收到申请之日起 40 个工作日内完成审查。经审查合格的，发给兽药生产许可证；不合格的，应当书面通知申请人。

第十二条　兽药生产许可证应当载明生产范围、生产地点、有效期和法定代表人姓名、住址等事项。

兽药生产许可证有效期为 5 年。有效期届满，需要继续生产兽药的，应当在许可证有效期届满前 6 个月到发证机关申请换发兽药生产许可证。

第十三条　兽药生产企业变更生产范围、生产地点的，应当依照本条例第十一条的规定申请换发兽药生产许可证；变更企业名称、法定代表人的，应当在办理工商变更登记手续后 15 个工作日内，到发证机关申请换发兽药生产许可证。

第十四条　兽药生产企业应当按照国务院兽医行政管理部门制定的兽药生产质量管理规范组织生产。

省级以上人民政府兽医行政管理部门，应当对兽药生产企业是否符合兽药生产质量管理规范的要求进行监督检查，并公布检查结果。

第十五条　兽药生产企业生产兽药，应当取得国务院兽医行政管理部门核发的产品批准文号，产品批准文号的有效期为 5 年。兽药产品批准文号的核发办法由国务院兽医行政管理部门制定。

第十六条　兽药生产企业应当按照兽药国家标准和国务院兽医行政管理部门批准的生产工艺进行生产。兽药生产企业改变影响兽药质量的生产工艺的，应当报原批准部门审核批准。

兽药生产企业应当建立生产记录,生产记录应当完整、准确。

第十七条 生产兽药所需的原料、辅料,应当符合国家标准或者所生产兽药的质量要求。

直接接触兽药的包装材料和容器应当符合药用要求。

第十八条 兽药出厂前应当经过质量检验，不符合质量标准的不得出厂。

兽药出厂应当附有产品质量合格证。

禁止生产假、劣兽药。

第十九条 兽药生产企业生产的每批兽用生物制品，在出厂前应当由国务院兽医行政管理部门指定的检验机构审查核对，并在必要时进行抽查检验;未经审查核对或者抽查检验不合格的,不得销售。

强制免疫所需兽用生物制品，由国务院兽医行政管理部门指定的企业生产。

第二十条 兽药包装应当按照规定印有或者贴有标签,附具说明书,并在显著位置标明“兽用”字样。

兽药的标签和说明书经国务院兽医行政管理部门批准并公布后，方可使用。

兽药的标签或者说明书,应当以中文注明兽药的通用名称、成分及其含量、规格、生产企业、产品批准文号(进口兽药注册证号)、产品批号、生产日期、有效期、适应证或者功能主治、用法、用量、休药期、禁忌、不良反应、注意事项、运输贮存保管条件及其他应当说明的内容。有商品名称的,还应当注明商品名称。

除前款规定的内容外，兽用处方药的标签或者说明书还应当印有国务院兽医行政管理部门规定的警示内容,其中兽用麻醉药品、精神药品、毒性药品和放射性药品还应当印有国务院兽医行政管理部门规定的特殊标志;兽用非处方药的标签或者说明书还应当印有国务院兽医行政管理部门规定的非处方药标志。

第二十一条 国务院兽医行政管理部门，根据保证动物产品质量安全和人体健康的需要，可以对新兽药设立不超过5年的监测期；在监测期内，不得批准其他企业生产或者进口该新兽药。生产企业应当在监测期内收集该新兽药的疗效、不良反应等资料，并及时报送国务院兽医行政管理部门。

第四章 兽药经营

第二十二条 经营兽药的企业，应当具备下列条件：

（一）与所经营的兽药相适应的兽药技术人员；

（二）与所经营的兽药相适应的营业场所、设备、仓库设施；

（三）与所经营的兽药相适应的质量管理机构或者人员；

（四）兽药经营质量管理规范规定的其他经营条件。

符合前款规定条件的，申请人方可向市、县人民政府兽医行政管理部门提出申请，并附具符合前款规定条件的证明材料；经营兽用生物制品的，应当向省、自治区、直辖市人民政府兽医行政管理部门提出申请，并附具符合前款规定条件的证明材料。

县级以上地方人民政府兽医行政管理部门，应当自收到申请之日起30个工作日内完成审查。审查合格的，发给兽药经营许可证；不合格的，应当书面通知申请人。

第二十三条 兽药经营许可证应当载明经营范围、经营地点、有效期和法定代表人姓名、住址等事项。

兽药经营许可证有效期为5年。有效期届满，需要继续经营兽药的，应当在许可证有效期届满前6个月到发证机关申请换发兽药经营许可证。

第二十四条 兽药经营企业变更经营范围、经营地点的，应当依照本条例第二十二条的规定申请换发兽药经营许可证；变更企业名称、法定代表人的，应当在办理工商变更登记手续后15个工作日内，到发证机关申请换发兽药经营许可证。

第二十五条 兽药经营企业，应当遵守国务院兽医行政管理部门制定的兽药经营质量管理规范。

县级以上地方人民政府兽医行政管理部门，应当对兽药经营企业是否符合兽药经营质量管理规范的要求进行监督检查，并公布检查结果。

第二十六条 兽药经营企业购进兽药，应当将兽药产品与产品标签或者说明书、产品质量合格证核对无误。

第二十七条 兽药经营企业，应当向购买者说明兽药的功能主治、用法、用量和注意事项。销售兽用处方药的，应当遵守兽用处方药管理办法。

兽药经营企业销售兽用中药材的，应当注明产地。

禁止兽药经营企业经营人用药品和假、劣兽药。

第二十八条 兽药经营企业购销兽药，应当建立购销记录。购销记录应当载明兽药的商品名称、通用名称、剂型、规格、批号、有效期、生产厂商、购销单位、购销数量、购销日期和国务院兽医行政管理部门规定的其他事项。

第二十九条 兽药经营企业，应当建立兽药保管制度，采取必要的冷藏、防冻、防潮、防虫、防鼠等措施，保持所经营兽药的质量。

兽药入库、出库，应当执行检查验收制度，并有准确记录。

第三十条 强制免疫所需兽用生物制品的经营，应当符合国务院兽医行政管理部门的规定。

第三十一条 兽药广告的内容应当与兽药说明书内容相一致，在全国重点媒体发布兽药广告的，应当经国务院兽医行政管理部门审查批准，取得兽药广告审查批准文号。在地方媒体发布兽药广告的，应当经省、自治区、直辖市人民政府兽医行政管理部门审查批准，取得兽药广告审查批准文号；未经批准的，不得发布。

第五章 兽药进出口

第三十二条 首次向中国出口的兽药，由出口方驻中国境内的办事机构或者其委托的中国境内代理机构向国务院兽医行政管理部门申请注册，并提交下列资料和物品：

（一）生产企业所在国家（地区）兽药管理部门批准生产、销售的证明文件。

（二）生产企业所在国家（地区）兽药管理部门颁发的符合兽药生产质量管理规范的证明文件。

（三）兽药的制造方法、生产工艺、质量标准、检测方法、药理和毒理试验结果、临床试验报告、稳定性试验报告及其他相关资料；用于食用动物的兽药的休药期、最高残留限量标准、残留检测方法及其制定依据等资料。

（四）兽药的标签和说明书样本。

（五）兽药的样品、对照品、标准品。

（六）环境影响报告和污染防治措施。

（七）涉及兽药安全性的其他资料。

申请向中国出口兽用生物制品的，还应当提供菌（毒、虫）种、细胞等有关材料和资料。

第三十三条　国务院兽医行政管理部门，应当自收到申请之日起 10 个工作日内组织初步审查。经初步审查合格的，应当将决定受理的兽药资料送其设立的兽药评审机构进行评审，将该兽药样品送其指定的检验机构复核检验，并自收到评审和复核检验结论之日起 60 个工作日内完成审查。经审查合格的，发给进口兽药注册证书，并发布该兽药的质量标准；不合格的，应当书面通知申请人。

在审查过程中，国务院兽医行政管理部门可以对向中国出口兽药的企业是否符合兽药生产质量管理规范的要求进行考查，并有权要求该企业在国务院兽医行政管理部门指定的机构进行该兽药的安全性和有效性试验。

国内急需兽药、少量科研用兽药或者注册兽药的样品、对照品、标准品的进口，按照国务院兽医行政管理部门的规定办理。

第三十四条　进口兽药注册证书的有效期为 5 年。有效期届满，需要继续向中国出口兽药的,应当在有效期届满前6个月到发证机关申请再注册。

第三十五条 境外企业不得在中国直接销售兽药。境外企业在中国销售兽药，应当依法在中国境内设立销售机构或者委托符合条件的中国境内代理机构。

进口在中国已取得进口兽药注册证书的兽药的，中国境内代理机构凭进口兽药注册证书到口岸所在地人民政府兽医行政管理部门办理进口兽药通关单。海关凭进口兽药通关单放行。兽药进口管理办法由国务院兽医行政管理部门会同海关总署制定。

兽用生物制品进口后，应当依照本条例第十九条的规定进行审查核对和抽查检验。其他兽药进口后,由当地兽医行政管理部门通知兽药检验机构进行抽查检验。

第三十六条 禁止进口下列兽药:

(一)药效不确定、不良反应大以及可能对养殖业、人体健康造成危害或者存在潜在风险的;

(二)来自疫区可能造成疫病在中国境内传播的兽用生物制品;

(三)经考查生产条件不符合规定的;

(四)国务院兽医行政管理部门禁止生产、经营和使用的。

第三十七条 向中国境外出口兽药，进口方要求提供兽药出口证明文件的,国务院兽医行政管理部门或者企业所在地的省、自治区、直辖市人民政府兽医行政管理部门可以出具出口兽药证明文件。

国内防疫急需的疫苗，国务院兽医行政管理部门可以限制或者禁止出口。

第六章 兽药使用

第三十八条 兽药使用单位，应当遵守国务院兽医行政管理部门制定的兽药安全使用规定,并建立用药记录。

第三十九条 禁止使用假、劣兽药以及国务院兽医行政管理部门规定禁止使用的药品和其他化合物。禁止使用的药品和其他化合物目录由国务院兽医行政管理部门制定公布。

第四十条 有休药期规定的兽药用于食用动物时，饲养者应当向购买者或者屠宰者提供准确、真实的用药记录;购买者或者屠宰者应当确保动物及其产品在用药期、休药期内不被用于食品消费。

第四十一条 国务院兽医行政管理部门，负责制定公布在饲料中允许添加的药物饲料添加剂品种目录。

禁止在饲料和动物饮用水中添加激素类药品和国务院兽医行政管理部门规定的其他禁用药品。

经批准可以在饲料中添加的兽药，应当由兽药生产企业制成药物饲料添加剂后方可添加。禁止将原料药直接添加到饲料及动物饮用水中或者直接饲喂动物。

禁止将人用药品用于动物。

第四十二条 国务院兽医行政管理部门，应当制定并组织实施国家动物及动物产品兽药残留监控计划。

县级以上人民政府兽医行政管理部门，负责组织对动物产品中兽药残留量的检测。兽药残留检测结果,由国务院兽医行政管理部门或者省、自治区、直辖市人民政府兽医行政管理部门按照权限予以公布。

动物产品的生产者、销售者对检测结果有异议的,可以自收到检测结果之日起 7 个工作日内向组织实施兽药残留检测的兽医行政管理部门或者其上级兽医行政管理部门提出申请，由受理申请的兽医行政管理部门指定检验机构进行复检。

兽药残留限量标准和残留检测方法，由国务院兽医行政管理部门制定发布。

第四十三条 禁止销售含有违禁药物或者兽药残留量超过标准的食用动物产品。

第七章　兽药监督管理

第四十四条　县级以上人民政府兽医行政管理部门行使兽药监督管理权。

兽药检验工作由国务院兽医行政管理部门和省、自治区、直辖市人民政府兽医行政管理部门设立的兽药检验机构承担。国务院兽医行政管理部门，可以根据需要认定其他检验机构承担兽药检验工作。

当事人对兽药检验结果有异议的，可以自收到检验结果之日起 7 个工作日内向实施检验的机构或者上级兽医行政管理部门设立的检验机构申请复检。

第四十五条　兽药应当符合兽药国家标准。

国家兽药典委员会拟定的、国务院兽医行政管理部门发布的《中华人民共和国兽药典》和国务院兽医行政管理部门发布的其他兽药质量标准为兽药国家标准。

兽药国家标准的标准品和对照品的标定工作由国务院兽医行政管理部门设立的兽药检验机构负责。

第四十六条　兽医行政管理部门依法进行监督检查时，对有证据证明可能是假、劣兽药的，应当采取查封、扣押的行政强制措施，并自采取行政强制措施之日起 7 个工作日内作出是否立案的决定；需要检验的，应当自检验报告书发出之日起 15 个工作日内作出是否立案的决定；不符合立案条件的，应当解除行政强制措施；需要暂停生产的，由国务院兽医行政管理部门或者省、自治区、直辖市人民政府兽医行政管理部门按照权限作出决定；需要暂停经营、使用的，由县级以上人民政府兽医行政管理部门按照权限作出决定。

未经行政强制措施决定机关或者其上级机关批准，不得擅自转移、使用、销毁、销售被查封或者扣押的兽药及有关材料。

第四十七条 有下列情形之一的,为假兽药:

(一)以非兽药冒充兽药或者以他种兽药冒充此种兽药的;

(二)兽药所含成分的种类、名称与兽药国家标准不符合的。

有下列情形之一的,按照假兽药处理:

(一)国务院兽医行政管理部门规定禁止使用的;

(二)依照本条例规定应当经审查批准而未经审查批准即生产、进口的,或者依照本条例规定应当经抽查检验、审查核对而未经抽查检验、审查核对即销售、进口的;

(三)变质的;

(四)被污染的;

(五)所标明的适应证或者功能主治超出规定范围的。

第四十八条 有下列情形之一的,为劣兽药:

(一)成分含量不符合兽药国家标准或者不标明有效成分的;

(二)不标明或者更改有效期或者超过有效期的;

(三)不标明或者更改产品批号的;

(四)其他不符合兽药国家标准,但不属于假兽药的。

第四十九条 禁止将兽用原料药拆零销售或者销售给兽药生产企业以外的单位和个人。

禁止未经兽医开具处方销售、购买、使用国务院兽医行政管理部门规定实行处方药管理的兽药。

第五十条 国家实行兽药不良反应报告制度。

兽药生产企业、经营企业、兽药使用单位和开具处方的兽医人员发现可能与兽药使用有关的严重不良反应,应当立即向所在地人民政府兽医行政管理部门报告。

第五十一条 兽药生产企业、经营企业停止生产、经营超过 6 个月或者关闭的,由发证机关责令其交回兽药生产许可证、兽药经营许可证。

第五十二条 禁止买卖、出租、出借兽药生产许可证、兽药经营许可证和兽药批准证明文件。

第五十三条 兽药评审检验的收费项目和标准，由国务院财政部门会同国务院价格主管部门制定,并予以公告。

第五十四条 各级兽医行政管理部门、兽药检验机构及其工作人员,不得参与兽药生产、经营活动,不得以其名义推荐或者监制、监销兽药。

第八章 法律责任

第五十五条 兽医行政管理部门及其工作人员利用职务上的便利收取他人财物或者谋取其他利益,对不符合法定条件的单位和个人核发许可证、签署审查同意意见,不履行监督职责,或者发现违法行为不予查处,造成严重后果,构成犯罪的,依法追究刑事责任;尚不构成犯罪的,依法给予行政处分。

第五十六条 违反本条例规定,无兽药生产许可证、兽药经营许可证生产、经营兽药的,或者虽有兽药生产许可证、兽药经营许可证,生产、经营假、劣兽药的,或者兽药经营企业经营人用药品的,责令其停止生产、经营,没收用于违法生产的原料、辅料、包装材料及生产、经营的兽药和违法所得,并处违法生产、经营的兽药(包括已出售的和未出售的兽药,下同)货值金额 2 倍以上 5 倍以下罚款,货值金额无法查证核实的,处 10 万元以上 20 万元以下罚款;无兽药生产许可证生产兽药,情节严重的,没收其生产设备;生产、经营假、劣兽药,情节严重的,吊销兽药生产许可证、兽药经营许可证;构成犯罪的,依法追究刑事责任;给他人造成损失的,依法承担赔偿责任。生产、经营企业的主要负责人和直接负责的主管人员终身不得从事兽药的生产、经营活动。

擅自生产强制免疫所需兽用生物制品的，按照无兽药生产许可证生产兽药处罚。

第五十七条 违反本条例规定,提供虚假的资料、样品或者采取其他欺骗手段取得兽药生产许可证、兽药经营许可证或者兽药批准证明文件的,吊销兽药生产许可证、兽药经营许可证或者撤销兽药批准证明文件,并处 5 万元以上 10 万元以下罚款;给他人造成损失的,依法承担赔偿责任。其主要负责人和直接负责的主管人员终身不得从事兽药的生产、经营和进出口活动。

第五十八条 买卖、出租、出借兽药生产许可证、兽药经营许可证和兽药批准证明文件的,没收违法所得,并处 1 万元以上 10 万元以下罚款;情节严重的,吊销兽药生产许可证、兽药经营许可证或者撤销兽药批准证明文件;构成犯罪的,依法追究刑事责任;给他人造成损失的,依法承担赔偿责任。

第五十九条 违反本条例规定,兽药安全性评价单位、临床试验单位、生产和经营企业未按照规定实施兽药研究试验、生产、经营质量管理规范的,给予警告,责令其限期改正;逾期不改正的,责令停止兽药研究试验、生产、经营活动,并处 5 万元以下罚款;情节严重的,吊销兽药生产许可证、兽药经营许可证;给他人造成损失的,依法承担赔偿责任。

违反本条例规定,研制新兽药不具备规定的条件擅自使用一类病原微生物或者在实验室阶段前未经批准的,责令其停止实验,并处 5 万元以上 10 万元以下罚款;构成犯罪的,依法追究刑事责任;给他人造成损失的,依法承担赔偿责任。

违反本条例规定,开展新兽药临床试验应当备案而未备案的,责令其立即改正,给予警告,并处 5 万元以上 10 万元以下罚款;给他人造成损失的,依法承担赔偿责任。

第六十条 违反本条例规定,兽药的标签和说明书未经批准的,责令其限期改正;逾期不改正的,按照生产、经营假兽药处罚;有兽药产品批准文号的,撤销兽药产品批准文号;给他人造成损失的,依法承担赔偿责任。

兽药包装上未附有标签和说明书,或者标签和说明书与批准的内容不一致的,责令其限期改正;情节严重的,依照前款规定处罚。

第六十一条 违反本条例规定,境外企业在中国直接销售兽药的,责令其限期改正,没收直接销售的兽药和违法所得,并处 5 万元以上 10 万元以下罚款;情节严重的,吊销进口兽药注册证书;给他人造成损失的,依法承担赔偿责任。

第六十二条 违反本条例规定，未按照国家有关兽药安全使用规定使用兽药的、未建立用药记录或者记录不完整真实的，或者使用禁止使用的药品和其他化合物的，或者将人用药品用于动物的，责令其立即改正，并对饲喂了违禁药物及其他化合物的动物及其产品进行无害化处理；对违法单位处 1 万元以上 5 万元以下罚款；给他人造成损失的，依法承担赔偿责任。

第六十三条 违反本条例规定，销售尚在用药期、休药期内的动物及其产品用于食品消费的，或者销售含有违禁药物和兽药残留超标的动物产品用于食品消费的，责令其对含有违禁药物和兽药残留超标的动物产品进行无害化处理，没收违法所得，并处 3 万元以上 10 万元以下罚款；构成犯罪的，依法追究刑事责任；给他人造成损失的，依法承担赔偿责任。

第六十四条 违反本条例规定，擅自转移、使用、销毁、销售被查封或者扣押的兽药及有关材料的，责令其停止违法行为，给予警告，并处 5 万元以上 10 万元以下罚款。

第六十五条 违反本条例规定，兽药生产企业、经营企业、兽药使用单位和开具处方的兽医人员发现可能与兽药使用有关的严重不良反应，不向所在地人民政府兽医行政管理部门报告的，给予警告，并处 5000 元以上 1 万元以下罚款。

生产企业在新兽药监测期内不收集或者不及时报送该新兽药的疗效、不良反应等资料的，责令其限期改正，并处 1 万元以上 5 万元以下罚款；情节严重的，撤销该新兽药的产品批准文号。

第六十六条 违反本条例规定，未经兽医开具处方销售、购买、使用兽用处方药的，责令其限期改正，没收违法所得，并处 5 万元以下罚款；给他人造成损失的，依法承担赔偿责任。

第六十七条 违反本条例规定，兽药生产、经营企业把原料药销售给兽药生产企业以外的单位和个人的，或者兽药经营企业拆零销售原料药的，责令其立即改正，给予警告，没收违法所得，并处 2 万元以上 5 万元以下罚款；

情节严重的，吊销兽药生产许可证、兽药经营许可证；给他人造成损失的，依法承担赔偿责任。

第六十八条 违反本条例规定，在饲料和动物饮用水中添加激素类药品和国务院兽医行政管理部门规定的其他禁用药品，依照《饲料和饲料添加剂管理条例》的有关规定处罚；直接将原料药添加到饲料及动物饮用水中，或者饲喂动物的，责令其立即改正，并处 1 万元以上 3 万元以下罚款；给他人造成损失的，依法承担赔偿责任。

第六十九条 有下列情形之一的，撤销兽药的产品批准文号或者吊销进口兽药注册证书：

（一）抽查检验连续 2 次不合格的；

（二）药效不确定、不良反应大以及可能对养殖业、人体健康造成危害或者存在潜在风险的；

（三）国务院兽医行政管理部门禁止生产、经营和使用的兽药。

被撤销产品批准文号或者被吊销进口兽药注册证书的兽药，不得继续生产、进口、经营和使用。已经生产、进口的，由所在地兽医行政管理部门监督销毁，所需费用由违法行为人承担；给他人造成损失的，依法承担赔偿责任。

第七十条 本条例规定的行政处罚由县级以上人民政府兽医行政管理部门决定；其中吊销兽药生产许可证、兽药经营许可证，撤销兽药批准证明文件或者责令停止兽药研究试验的，由发证、批准、备案部门决定。

上级兽医行政管理部门对下级兽医行政管理部门违反本条例的行政行为，应当责令限期改正；逾期不改正的，有权予以改变或者撤销。

第七十一条 本条例规定的货值金额以违法生产、经营兽药的标价计算；没有标价的，按照同类兽药的市场价格计算。

第九章 附则

第七十二条 本条例下列用语的含义是：

（一）兽药，是指用于预防、治疗、诊断动物疾病或者有目的地调节动物生理机能的物质（含药物饲料添加剂），主要包括：血清制品、疫苗、诊断制品、微生态制品、中药材、中成药、化学药品、抗生素、生化药品、放射性药品及外用杀虫剂、消毒剂等。

（二）兽用处方药，是指凭兽医处方方可购买和使用的兽药。

（三）兽用非处方药，是指由国务院兽医行政管理部门公布的、不需要凭兽医处方就可以自行购买并按照说明书使用的兽药。

（四）兽药生产企业，是指专门生产兽药的企业和兼产兽药的企业，包括从事兽药分装的企业。

（五）兽药经营企业，是指经营兽药的专营企业或者兼营企业。

（六）新兽药，是指未曾在中国境内上市销售的兽用药品。

（七）兽药批准证明文件，是指兽药产品批准文号、进口兽药注册证书、出口兽药证明文件、新兽药注册证书等文件。

第七十三条　兽用麻醉药品、精神药品、毒性药品和放射性药品等特殊药品，依照国家有关规定管理。

第七十四条　水产养殖中的兽药使用、兽药残留检测和监督管理以及水产养殖过程中违法用药的行政处罚，由县级以上人民政府渔业主管部门及其所属的渔政监督管理机构负责。

第七十五条　本条例自 2004 年 11 月 1 日起施行。

附录 5

一、二、三类动物疫病病种名录

一类动物疫病(17 种)

口蹄疫、猪水泡病、猪瘟、非洲猪瘟、高致病性猪蓝耳病、非洲马瘟、牛瘟、牛传染性胸膜肺炎、牛海绵状脑病、痒病、蓝舌病、小反刍兽疫、绵羊痘和山羊痘、高致病性禽流感、新城疫、鲤春病毒血症、白斑综合征。

二类动物疫病(77 种)

多种动物共患病(9 种):狂犬病、布鲁氏菌病、炭疽、伪狂犬病、魏氏梭菌病、副结核病、弓形虫病、棘球蚴病、钩端螺旋体病。

牛病(8 种):牛结核病、牛传染性鼻气管炎、牛恶性卡他热、牛白血病、牛出血性败血病、牛梨形虫病(牛焦虫病)、牛锥虫病、日本血吸虫病。

绵羊和山羊病(2 种):山羊关节炎脑炎、梅迪-维斯纳病

猪病(12 种):猪繁殖与呼吸综合征(经典猪蓝耳病)、猪乙型脑炎、猪细小病毒病、猪丹毒、猪肺疫、猪链球菌病、猪传染性萎缩性鼻炎、猪支原体肺炎、旋毛虫病、猪囊尾蚴病、猪圆环病毒病、副猪嗜血杆菌病

马病(5 种):马传染性贫血、马流行性淋巴管炎、马鼻疽、马巴贝斯虫病、伊氏锥虫病

禽病(18 种):鸡传染性喉气管炎、鸡传染性支气管炎、传染性法氏囊病、马立克氏病、产蛋下降综合征、禽白血病、禽痘、鸭瘟、鸭病毒性肝炎、鸭浆膜炎、小鹅瘟、禽霍乱、鸡白痢、禽伤寒、鸡败血支原体感染、鸡球虫病、低致病性禽流感、禽网状内皮组织增殖症。

兔病(4 种):兔病毒性出血病、兔黏液瘤病、野兔热、兔球虫病。

蜜蜂病(2 种):美洲幼虫腐臭病、欧洲幼虫腐臭病。

鱼类病（11种）：草鱼出血病、传染性脾肾坏死病、锦鲤疱疹病毒病、刺激隐核虫病、淡水鱼细菌性败血症、病毒性神经坏死病、流行性造血器官坏死病、斑点叉尾鮰病毒病、传染性造血器官坏死病、病毒性出血性败血症、流行性溃疡综合征。

甲壳类病（6种）：桃拉综合征、黄头病、罗氏沼虾白尾病、对虾杆状病毒病、传染性皮下和造血器官坏死病、传染性肌肉坏死病。

三类动物疫病（63种）

多种动物共患病（8种）：大肠杆菌病、李氏杆菌病、类鼻疽、放线菌病、肝片吸虫病、丝虫病、附红细胞体病、Q热。

牛病（5种）：牛流行热、牛病毒性腹泻/黏膜病、牛生殖器弯曲杆菌病、毛滴虫病、牛皮蝇蛆病。

绵羊和山羊病（6种）：肺腺瘤病、传染性脓疱、羊肠毒血症、干酪性淋巴结炎、绵羊疥癣，绵羊地方性流产。

马病（5种）：马流行性感冒、马腺疫、马鼻腔肺炎、溃疡性淋巴管炎、马媾疫。

猪病（4种）：猪传染性胃肠炎、猪流行性感冒、猪副伤寒、猪密螺旋体痢疾。

禽病（4种）：鸡病毒性关节炎、禽传染性脑脊髓炎、传染性鼻炎、禽结核病。

蚕、蜂病（7种）：蚕型多角体病、蚕白僵病、蜂螨病、瓦螨病、亮热厉螨病、蜜蜂孢子虫病、白垩病。

犬猫等动物病（7种）：水貂阿留申病、水貂病毒性肠炎、犬瘟热、犬细小病毒病、犬传染性肝炎、猫泛白细胞减少症、利什曼病。

鱼类病（7种）：鮰类肠败血症、迟缓爱德华氏菌病、小瓜虫病、黏孢子虫病、三代虫病、指环虫病、链球菌病。

甲壳类病（2种）：河蟹颤抖病、斑节对虾杆状病毒病。

贝类病（6种）：鲍脓疱病、鲍立克次体病、鲍病毒性死亡病、包纳米虫病、折光马尔太虫病、奥尔森派琴虫病。

两栖与爬行类病（2种）：鳖腮腺炎病、蛙脑膜炎败血金黄杆菌病。

附录 6

动物疫病实验室检验采样方法

（NY/T541–2002）

1 范围

本标准规定了动物疫病诊断实验室的样品采集方法。

本标准适用于病原学、病理组织学、血清学、免疫学等实验室检验所需样品的采集。

2 样品采集的一般原则和采集前的准备

2.1 样品采集所遵循的一般原则

2.1.1 凡发现患畜(包括马、牛、羊及猪等)有急性死亡时,如怀疑是炭疽,则不可随意解剖,应采取患畜的血液,万不得已时局部解剖作脾脏触片的显微镜检查。只有在确定不是炭疽后,方可进行剖检。

2.1.2 采取病料的种类,根据不同的疾病或检验目的,采其相应的脏器、内容物、分泌物、排泄物或其他材料;进行流行病学调查、抗体检测、动物群体健康评估或环境卫生检测时,样品的数量应满足统计学的要求。采样时应小心谨慎,以免对动物产生不必要的刺激或损害和对采样者构成威胁。在无法估计病因时,可进行全面地采集。检查病变与采集病料应统筹考虑。

2.1.3 内脏病料的采取,如患畜已死亡,应尽快采集,最迟不超过 6 h。

2.1.4 血液样品在采集前一般禁食 8 h。

2.1.5 应做好人身防护,严防人畜共患病感染。

2.1.6 应防止污染环境,防止疫病传播,做好环境消毒和病害肉尸的处理。

2.2 使用器械的消毒

刀、剪、镊子 等用具煮沸消毒 30 min,使用前用酒精擦拭,用时进行火焰消毒。器皿玻制、陶制等经 103 kPa 高压 30 min,或经 160℃干烤 2 h 灭菌;或放于 0.5%~1%的碳酸氢钠水中煮沸 10~15 min，水洗后再用清洁纱布擦干,保存于酒精、乙醚等溶液中备用。注射器和针头放于清洁水中煮沸 30 min。一般要求使用“一次性”针头和注射器。采取一种病料使用一套器械与容器,不可用其再采其他病料或容纳其他脏器材料。采过病料的用具应先消毒后清洗。检查过传染性海绵状脑病的器械要放在 2 mol/L 的氢氧化钠溶液中浸泡 2 h 以上,才可再使用。

3　样品的采集

3.1　血液

3.1.1　采血部位

大的哺乳动物可选用颈静脉或尾静脉采血，也可采胫外静脉和乳房静脉血。毛皮动物少量采血可穿刺耳尖或耳壳外侧静脉,多量采血可在颈静脉采集,也可用尖刀划破趾垫 0.5 cm 深或剪断尾尖部采血。啮齿类动物可从尾尖采血,也可由眼窝内的血管丛采血;兔可从耳背静脉、颈静脉或心脏采血。禽类通常选择翅静脉采血,也可通过心脏采血。

3.1.2　采血方法

对动物采血部位的皮肤先剃毛(拔毛),75%的酒精消毒,待干燥后采血,采血可用针管、针头、真空管或用三棱针穿刺,将血液滴到开口的试管内。禽类等的少量血清样品的采集，可用塑料管采集。用针头刺破消毒过的翅静脉,将血液滴到直径为 3~4 mm 的塑料管内,将一端封口。

3.1.3　采血种类

3.1.3.1　全血样品

进行血液学分析,细菌、病毒或原虫培养,通常用全血样品,样品中加抗凝剂。抗凝剂可用 0.1%肝素、阿氏液(见附录 A.1)(阿氏液为红细胞保存液,使用时,以 1 份血液加 2 份阿氏液)或枸橼酸钠(3.8%~4%的枸橼酸钠 0.1 mL,可抗 1 mL 血液)。采血时应直接将血液滴入抗凝剂中,并立即轻轻连续摇动,充分混合。也可将血液放入装有玻璃珠的灭菌瓶内,震荡脱纤维蛋白。

3.1.3.2 血清样品

进行血清学试验通常用血清样品。用作血清样品的血液中不加抗凝剂，血液在室温下静置 2~4 h(防止暴晒)，待血液凝固，有血清析出时，用无菌剥离针剥离血凝块，然后置 4℃冰箱过夜，待大部分血清析出后取出血清，必要时经低速离心分离出血清。在不影响检验要求原则下可因需要加入适宜的防腐剂。做病毒中和试验的血清避免使用化学防腐剂(如硼酸、硫柳汞等)。若需长时间保存，则将血清置-20℃以下保存，但要尽量防止或减少反复冻融。样品容器上贴详细标签。

3.1.3.3 血浆的采集

采血试管内先加上抗凝剂(每 10 mL 血加柠檬酸钠 0.04~0.05 g)，血液采完后，将试管颠倒几次，使血液与抗凝剂充分混合，然后静止，待细胞下沉后，上层即为血浆。

3.2 一般组织

3.2.1 采样方法

用常规解剖器械剥离死亡动物的皮肤，体腔用消毒的器械剥开，所需病料按无菌操作方法从新鲜尸体中采集。剖开腹腔后，注意不要损坏肠道。

作病原分离用：进行细菌、病毒、原虫等病原分离所用组织块的采集，可用一套新消毒的器械切取所需器官的组织块，每个组织块应单独放在已消毒的容器内，容器壁上注明日期、组织或动物名称。注意防止组织间相互污染。

3.2.2 采样种类

3.2.2.1 病原分离样品的采集

用于微生物学检验的病料应新鲜，尽可能地减少污染。用于细菌分离的样品的采集，首先以烧红的刀片烫烙脏器表面，在烧烙部位刺一孔，用灭菌后的铂耳伸入孔内，取少量组织或液体，作涂片镜检或划线接种于适宜的培养基上。

3.2.2.2 组织病理学检查样品的采集

采集包括病灶及临近正常组织的组织块，立即放入10倍于组织块的10%福尔马林溶液中固定。组织块厚度不超过0.5 cm,切成1~2 cm^2(检查狂犬病则需要较大的组织块)。组织块切忌挤压、刮摸和用水洗。如作冷冻切片用,则将组织块放在0~4℃容器中,尽快送实验室检测。

3.3 肠内容物或粪便

肠道只需选择病变最明显的部分,将其中的内容物弃去,用灭菌生理盐水轻轻冲洗;也可烧烙肠壁表面,用吸管扎穿肠壁,从肠腔内吸取内容物,将肠内容物放入盛有灭菌的30%甘油盐水缓冲保存液(见附录A.2)中送检。或者将带有粪便的肠管两端结扎,从两端剪断送检。

从体外采集粪便,应力求新鲜。或者用拭子小心地插到直肠黏膜表面采集粪便,然后将拭子放入盛有灭菌的30%甘油盐水缓冲保存液中送检。

3.4 胃液及瘤胃内容物

3.4.1 胃液采集

胃液可用多孔的胃管抽取。将胃管送入胃内,其外露端接在吸引器的负压瓶上,加负压后,胃液即可自动流出。

3.4.2 瘤胃内容物采集

反刍动物在反刍时,与食团从食道逆入口腔时,立即开口拉住舌头,另一只手深入口腔即可取出少量的瘤胃内容物。

3.5 呼吸道

应用灭菌的棉拭子采集鼻腔、咽喉或气管内的分泌物,蘸取分泌物后立即将拭子浸入保存液中,密封低温保存。常用的保存液有pH7.2~7.4的灭菌肉汤(见附录A.3)或磷酸盐缓冲盐水,如准备将待检标本接种组织培养,则保存于含0.5%乳蛋白水解物的汉克氏(Hank's)液中。一般每支拭子需保存液5 mL。

3.6 生殖道

可采集阴道或包皮冲洗液,或者采用合适的拭子,有时也可用尿 道拭子采集。

3.7 眼睛

眼结膜表面用拭子轻轻擦拭后，放在灭菌的30%甘油盐水缓冲保存液中送检。有时也采取病变组织碎屑，置载玻片上，供显微镜检查。

3.8 皮肤

病料直接采自病变部位，如病变皮肤的碎屑、未破裂水泡的水泡液、水泡皮等。

3.9 胎儿

将流产后的整个胎儿，用塑料薄膜、油布或数层不透水的油纸包紧，装入木箱内，立即送往实验室。

3.10 小家畜及家禽

将整个尸体包入不透水塑料薄膜、油纸或油布中，装入木箱内，送往实验室。

3.11 骨

需要完整的骨标本时，应将附着的肌肉和韧带等全部存在，表面撒上食盐，然后包在浸过5%石炭酸溶液的纱布中，装入不漏水的容器内送往实验室。

3.12 脑、脊髓

3.12.1 全脑、脊髓的采集

如采取脑、脊髓做病毒检查，可将脑、脊髓浸入30%甘油盐水液中或将整个头部割下，包在浸过消毒液的纱布中，置于不漏水的容器内送往实验室。

3.12.2 脑、脊髓液的采集

3.12.2.1 采样前的准备

采样使用特制的专用穿刺针，或用长的封闭针头(将针头稍磨钝，并配以合适的针芯)，采样前术部及用具均按常规消毒。

3.12.2.2 采样方法

3.12.2.2.1 颈椎穿刺法：穿刺点为环枢孔。将动物实施站立或横卧保定，使其头部向前下方屈曲，术部经剪毛消毒，穿刺针与皮肤面呈垂直缓慢刺入。将针体刺入蛛网膜下腔，立即拔出针芯，脑脊髓液自动流出或点滴状流出，盛入消毒容器内。

3.12.2.2.2 腰椎穿刺法：穿刺部位为腰荐孔。实施站立保定，术部剪毛消毒后，用专用的穿刺针刺入，当刺入蛛网膜下腔时，即有脑脊髓液滴状滴出或用消毒注射器抽取，盛入消毒容器内。

3.12.2.3 采样数量

大型动物颈部穿刺一次采集量 35~70 mL，腰椎穿刺一次采集量 15~30 mL。

3.13 液体病料

采集胆汁、脓、黏液或关节液等样品时，用烫烙法消毒采样部位，用灭菌吸管、毛细吸管或注射器经烫烙部位插入，吸取内部液体材料，然后将材料注入灭菌的试管中，塞好棉塞送检。也可用接种环经消毒的部位插入，提取病料直接接种在培养基上。

供显微镜检查的脓、血液及黏液抹片的制备方法：先将材料置玻片上，可用一灭菌玻棒均匀涂抹或另用一玻片推抹。组织块、致密结节及脓汁等亦可在两张玻片中间，然后沿水平面向两端推移。用组织块作触片时，持小镊将组织块的游离面在玻片上轻轻涂抹即可。

3.14 乳汁

乳房先用消毒药水洗净（取乳者的手亦应事先消毒），并把乳房附近的毛刷湿，最初所挤的 3~4 把乳汁弃去，然后再采集 10 mL 左右乳汁于灭菌试管中。进行血清学检验的乳汁不应冻结、加热或强烈震动。

3.15 精液

精液样品用人工方法采集，所采样品应包括“富精” 部分，并避免加入防腐剂。

3.16 尿液的采集

在动物排尿时，用洁净的容器直接接取。也可使用塑料袋，固定在雌畜外阴部或雄畜的阴茎下接取尿液。采取尿液，宜早晨进行。

3.17 环境

为监测环境卫生或调查疾病,可从遗弃物、通风管、下水道、孵化厂或屠宰场采集有代表性样品。

4 送检样品的记录

送往实验室的样品应有一式三份的送检报告,一份随样品送实验室,一份随后寄去,另一份备案。样品记录至少应包括以下内容:

a)畜主的姓名和畜禽场的地址;

b)畜(农)场里饲养的动物品种及其数量;

c)被感染的动物种类;

d)首发病例和继发病例的日期及造成的损失;

e)感染动物在畜群中的分布情况;

f)死亡动物数、出现临床症状的动物数量及其年龄;

g)临床症状及其持续时间,包括口腔、眼睛和腿部的情况,产奶或产蛋的记录,死亡情况和时间,免疫和用药情况等;

h)饲养类型和标准,包括饲料种类;

i)送检样品清单和说明,包括病料的种类、保存方法等;

j)动物治疗史;

k)要求做何种试验;

l)送检者的姓名、地址、邮编和电话;

m)送检日期。

5 样品的运送

所采集的样品以最快最直接的途径送往实验室。如果样品能在采集后24 h内送抵实验室,则可放在4℃左右的容器中运送。只有在24 h内不能将样品送往实验室并不致影响检验结果的情况下,才可把样品冷冻,并以此状态运送。根据试验需要决定送往实验室的样品是否放在保存液中运送。

要避免样品泄漏。装在试管或广口瓶中的病料密封后装在冰瓶中运送,防止试管和容器倾倒。如需寄送,则用带螺口的瓶子装样品,并用胶带或石蜡封口。将装样品的并有识别标志的瓶子放到更大的具有坚实外壳的容器内,并垫上足够的缓冲材料。空运时,将其放到飞机的加压舱内。

制成的涂片、触片、玻片上注明号码,并另附说明。玻片两端用细木条分隔开,层层叠加,底层和最上一片涂面向内,用细线包扎再用纸包好,在保证不被压碎的条件下运送。 所有样品都要贴上详细标签。

规范性附录 A
待检样品保存液的配制
（规范性附录）

A.1 阿(Alserer)氏液

葡萄糖	2.05 g
柠檬酸钠($Na_3C_6H_5O_72H_2O$	0.80 g
氯化钠(NaCl)	0.42 g
蒸馏水(或无离子水)	加至 100 mL

溶解后,以 10%柠檬酸调至 pH 为 6.1 分装后,70 kPa 10 min 灭菌,冷却后 4 保存备用。

A.2 30%甘油盐水缓冲液

甘油	30 mL
氯化钠	4.2 g
磷酸二氢钾	1.0 g
磷酸氢二钾	3.1 g
0.02%酚红	1.5 mL
蒸馏水	加至 100 mL

加热溶化,校正 pH 值为 7.6,100 kPa 15 min 灭菌,冰箱保存备用。

A.3 肉汤(broth)

牛肉膏	3.5 g
蛋白胨	10 g
氯化钠	5 g

充分混合后加热溶解,校正 pH 为 7.2~7.4,再用流通蒸气加热 30 min,用滤纸过滤, 获蒿黄色透明液体,分装于试管或烧瓶中,以 100 kPa 20 min 灭菌。保存于冰箱中备用。

附录7

口蹄疫防治技术规范

口蹄疫(Foot and Mouth Disease, FMD)是由口蹄疫病毒引起的以偶蹄动物为主的急性、热性、高度传染性疫病,世界动物卫生组织(OIE)将其列为必须报告的动物传染病,我国规定为一类动物疫病。

为预防、控制和扑灭口蹄疫,依据《中华人民共和国动物防疫法》、《重大动物疫情应急条例》、《国家突发重大动物疫情应急预案》等法律法规,制定本技术规范。

1 适用范围

本规范规定了口蹄疫疫情确认、疫情处置、疫情监测、免疫、检疫监督的操作程序、技术标准及保障措施。

本规范适用于中华人民共和国境内一切与口蹄疫防治活动有关的单位和个人。

2 诊断

2.1 诊断指标

2.1.1 流行病学特点

2.1.1.1 偶蹄动物,包括牛科动物(牛、瘤牛、水牛、牦牛)、绵羊、山羊、猪及所有野生反刍和猪科动物均易感,驼科动物(骆驼、单峰骆驼、美洲驼、美洲骆马)易感性较低。

2.1.1.2 传染源主要为潜伏期感染及临床发病动物。感染动物呼出物、唾液、粪便、尿液、乳、精液及肉和副产品均可带毒。康复期动物可带毒。

2.1.1.3 易感动物可通过呼吸道、消化道、生殖道和伤口感染病毒,通常以直接或间接接触(飞沫等)方式传播,或通过人或犬、蝇、蜱、鸟等动物媒介,或经车辆、器具等被污染物传播。如果环境气候适宜,病毒可随风远距离传播。

2.1.2 临床症状

2.1.2.1 牛呆立流涎,猪卧地不起,羊跛行;

2.1.2.2 唇部、舌面、齿龈、鼻镜、蹄踵、蹄叉、乳房等部位出现水泡;

2.1.2.3 发病后期,水泡破溃、结痂,严重者蹄壳脱落,恢复期可见瘢痕、新生蹄甲;

2.1.2.4 传播速度快,发病率高;成年动物死亡率低,幼畜常突然死亡且死亡率高,仔猪常成窝死亡。

2.1.3 病理变化

2.1.3.1 消化道可见水泡、溃疡;

2.1.3.2 幼畜可见骨骼肌、心肌表面出现灰白色条纹,形色酷似虎斑。

2.1.4 病原学检测

2.1.4.1 间接夹心酶联免疫吸附试验,检测阳性(ELISA OIE 标准方法 附件一);

2.1.4.2 RT-PCR 试验,检测阳性(采用国家确认的方法);

2.1.4.3 反向间接血凝试验(RIHA),检测阳性(附件二);

2.1.4.4 病毒分离,鉴定阳性。

2.1.5 血清学检测

2.1.5.1 中和试验,抗体阳性;

2.1.5.2 液相阻断酶联免疫吸附试验,抗体阳性;

2.1.5.3 非结构蛋白 ELISA 检测感染抗体阳性;

2.1.5.4 正向间接血凝试验(IHA),抗体阳性(附件三)。

2.2 结果判定

2.2.1 疑似口蹄疫病例

符合该病的流行病学特点和临床诊断或病理诊断指标之一,即可定为疑似口蹄疫病例。

2.2.2　确诊口蹄疫病例

疑似口蹄疫病例,病原学检测方法任何一项阳性,可判定为确诊口蹄疫病例;

疑似口蹄疫病例,在不能获得病原学检测样本的情况下,未免疫家畜血清抗体检测阳性或免疫家畜非结构蛋白抗体 ELISA 检测阳性,可判定为确诊口蹄疫病例。

2.3　疫情报告

任何单位和个人发现家畜上述临床异常情况的,应及时向当地动物防疫监督机构报告。动物防疫监督机构应立即按照有关规定赴现场进行核实。

2.3.1　疑似疫情的报告

县级动物防疫监督机构接到报告后,立即派出 2 名以上具有相关资格的防疫人员到现场进行临床和病理诊断。确认为疑似口蹄疫疫情的,应在 2 小时内报告同级兽医行政管理部门,并逐级上报至省级动物防疫监督机构。省级动物防疫监督机构在接到报告后,1 小时内向省级兽医行政管理部门和国家动物防疫监督机构报告。

诊断为疑似口蹄疫病例时,采集病料(附件四),并将病料送省级动物防疫监督机构,必要时送国家口蹄疫参考实验室。

2.3.2　确诊疫情的报告

省级动物防疫监督机构确诊为口蹄疫疫情时,应立即报告省级兽医行政管理部门和国家动物防疫监督机构;省级兽医管理部门在 1 小时内报省级人民政府和国务院兽医行政管理部门。

国家参考实验室确诊为口蹄疫疫情时,应立即通知疫情发生地省级动物防疫监督机构和兽医行政管理部门,同时报国家动物防疫监督机构和国务院兽医行政管理部门。

省级动物防疫监督机构诊断新血清型口蹄疫疫情时,将样本送至国家口蹄疫参考实验室。

2.4 疫情确认

国务院兽医行政管理部门根据省级动物防疫监督机构或国家口蹄疫参考实验室确诊结果，确认口蹄疫疫情。

3 疫情处置

3.1 疫点、疫区、受威胁区的划分

3.1.1 疫点

为发病畜所在的地点。相对独立的规模化养殖场/户，以病畜所在的养殖场/户为疫点；散养畜以病畜所在的自然村为疫点；放牧畜以病畜所在的牧场及其活动场地为疫点；病畜在运输过程中发生疫情，以运载病畜的车、船、飞机等为疫点；在市场发生疫情，以病畜所在市场为疫点；在屠宰加工过程中发生疫情，以屠宰加工厂（场）为疫点。

3.1.2 疫区

由疫点边缘向外延伸3千米内的区域。

3.1.3 受威胁区

由疫区边缘向外延伸10千米的区域。

在疫区、受威胁区划分时，应考虑所在地的饲养环境和天然屏障（河流、山脉等）。

3.2 疑似疫情的处置

对疫点实施隔离、监控，禁止家畜、畜产品及有关物品移动，并对其内、外环境实施严格的消毒措施。

必要时采取封锁、扑杀等措施。

3.3 确诊疫情处置

疫情确诊后，立即启动相应级别的应急预案。

3.3.1 封锁

疫情发生所在地县级以上兽医行政管理部门报请同级人民政府对疫区实行封锁，人民政府在接到报告后，应在24小时内发布封锁令。

跨行政区域发生疫情的，由共同上级兽医行政管理部门报请同级人民政府对疫区发布封锁令。

3.3.2　对疫点采取的措施

3.3.2.1　扑杀疫点内所有病畜及同群易感畜，并对病死畜、被扑杀畜及其产品进行无害化处理（附件五）；

3.3.2.2　对排泄物、被污染饲料、垫料、污水等进行无害化处理（附件六）；

3.3.2.3　对被污染或可疑污染的物品、交通工具、用具、畜舍、场地进行严格彻底消毒（附件七）；

3.3.2.4　对发病前 14 天售出的家畜及其产品进行追踪，并做扑杀和无害化处理。

3.3.3　对疫区采取的措施

3.3.3.1　在疫区周围设置警示标志，在出入疫区的交通路口设置动物检疫消毒站，执行监督检查任务，对出入的车辆和有关物品进行消毒；

3.3.3.2　所有易感畜进行紧急强制免疫，建立完整的免疫档案；

3.3.3.3　关闭家畜产品交易市场，禁止活畜进出疫区及产品运出疫区；

3.3.3.4　对交通工具、畜舍及用具、场地进行彻底消毒；

3.3.3.5　对易感家畜进行疫情监测，及时掌握疫情动态；

3.3.3.6　必要时，可对疫区内所有易感动物进行扑杀和无害化处理。

3.3.4　对受威胁区采取的措施

3.3.4.1　最后一次免疫超过一个月的所有易感畜，进行一次紧急强化免疫；

3.3.4.2　加强疫情监测，掌握疫情动态。

3.3.5　疫源分析与追踪调查

按照口蹄疫流行病学调查规范，对疫情进行追踪溯源、扩散风险分析（附件八）。

3.3.6　解除封锁

3.3.6.1　封锁解除的条件

口蹄疫疫情解除的条件：疫点内最后一头病畜死亡或扑杀后连续观察至少 14 天，没有新发病例；疫区、受威胁区紧急免疫接种完成；疫点经终末消毒；疫情监测阴性。

新血清型口蹄疫疫情解除的条件：疫点内最后一头病畜死亡或扑杀后连续观察至少 14 天没有新发病例；疫区、受威胁区紧急免疫接种完成；疫点经终末消毒；对疫区和受威胁区的易感动物进行疫情监测，结果为阴性。

3.3.6.2 解除封锁的程序：动物防疫监督机构按照上述条件审验合格后，由兽医行政管理部门向原发布封锁令的人民政府申请解除封锁，由该人民政府发布解除封锁令。

必要时由上级动物防疫监督机构组织验收。

4 疫情监测

4.1 监测主体

县级以上动物防疫监督机构。

4.2 监测方法

临床观察、实验室检测及流行病学调查。

4.3 监测对象

以牛、羊、猪为主，必要时对其他动物监测。

4.4 监测的范围

4.4.1 养殖场户、散养畜，交易市场、屠宰厂（场）、异地调入的活畜及产品。

4.4.2 对种畜场、边境、隔离场、近期发生疫情及疫情频发等高风险区域的家畜进行重点监测。

监测方案按照当年兽医行政管理部门工作安排执行。

4.5 疫区和受威胁区解除封锁后的监测

临床监测持续一年，反刍动物病原学检测连续 2 次，每次间隔 1 个月，必要时对重点区域加大监测的强度。

4.6 在监测过程中，对分离到的毒株进行生物学和分子生物学特性分析与评价，密切注意病毒的变异动态，及时向国务院兽医行政管理部门报告。

4.7 各级动物防疫监督机构对监测结果及相关信息进行风险分析，做好预警预报。

4.8 监测结果处理

监测结果逐级汇总上报至国家动物防疫监督机构，按照有关规定进行处理。

5 免疫

5.1 国家对口蹄疫实行强制免疫,各级政府负责组织实施,当地动物防疫监督机构进行监督指导。免疫密度必须达到100%。

5.2 预防免疫,按农业部制定的免疫方案规定的程序进行。

5.3 突发疫情时的紧急免疫按本规范有关条款进行。

5.4 所用疫苗必须采用农业部批准使用的产品，并由动物防疫监督机构统一组织、逐级供应。

5.5 所有养殖场/户必须按科学合理的免疫程序做好免疫接种,建立完整免疫档案(包括免疫登记表、免疫证、免疫标识等)。

5.6 各级动物防疫监督机构定期对免疫畜群进行免疫水平监测，根据群体抗体水平及时加强免疫。

6 检疫监督

6.1 产地检疫

猪、牛、羊等偶蹄动物在离开饲养地之前,养殖场/户必须向当地动物防疫监督机构报检,接到报检后,动物防疫监督机构必须及时到场、到户实施检疫。检查合格后,收回动物免疫证,出具检疫合格证明;对运载工具进行消毒,出具消毒证明,对检疫不合格的按照有关规定处理。

6.2 屠宰检疫

动物防疫监督机构的检疫人员对猪、牛、羊等偶蹄动物进行验证查物，证物相符检疫合格后方可入厂(场)屠宰。宰后检疫合格,出具检疫合格证明。对检疫不合格的按照有关规定处理。

6.3 种畜、非屠宰畜异地调运检疫

国内跨省调运包括种畜、乳用畜、非屠宰畜时,应当先到调入地省级动物防疫监督机构办理检疫审批手续,经调出地按规定检疫合格,方可调运。

起运前两周,进行一次口蹄疫强化免疫,到达后须隔离饲养14天以上,由动物防疫监督机构检疫检验合格后方可进场饲养。

6.4 监督管理

6.4.1 动物防疫监督机构应加强流通环节的监督检查,严防疫情扩散。猪、牛、羊等偶蹄动物及产品凭检疫合格证(章)和动物标识运输、销售。

6.4.2 生产、经营动物及动物产品的场所,必须符合动物防疫条件,取得动物防疫合格证,当地动物防疫监督机构应加强日常监督检查。

6.4.3 各地根据防控家畜口蹄疫的需要建立动物防疫监督检查站,对家畜及产品进行监督检查,对运输工具进行消毒。发现疫情,按照《动物防疫监督检查站口蹄疫疫情认定和处置办法》相关规定处置。

6.4.4 由新血清型引发疫情时,加大监管力度,严禁疫区所在县及疫区周围50公里范围内的家畜及产品流动。在与新发疫情省份接壤的路口设置动物防疫监督检查站、卡实行24小时值班检查;对来自疫区运输工具进行彻底消毒,对非法运输的家畜及产品进行无害化处理。

6.4.5 任何单位和个人不得随意处置及转运、屠宰、加工、经营、食用口蹄疫病(死)畜及产品;未经动物防疫监督机构允许,不得随意采样;不得在未经国家确认的实验室剖检分离、鉴定、保存病毒。

7 保障措施

7.1 各级政府应加强机构、队伍建设,确保各项防治技术落实到位。

7.2 各级财政和发改部门应加强基础设施建设,确保免疫、监测、诊断、扑杀、无害化处理、消毒等防治技术工作经费落实。

7.3 各级兽医行政部门动物防疫监督机构应按本技术规范,加强应急物资储备,及时培训和演练应急队伍。

7.4 发生口蹄疫疫情时,在封锁、采样、诊断、流行病学调查、无害化处理等过程中,要采取有效措施做好个人防护和消毒工作,防止人为扩散。

附件 1:间接夹心酶联免疫吸附试验(I-ELISA)

1 试验程序和原理

1.1 利用包被于固相(I,96 孔平底 ELISA 专用微量板)的 FMDV 型特异性抗体(AB,包被抗体,又称为捕获抗体),捕获待检样品中相应型的 FMDV 抗原(Ag)。再加入与捕获抗体同一血清型,但用另一种动物制备的抗血清(Ab,检测抗体)。如果有相应型的病毒抗原存在,则形成“夹心”式结合,并被随后加入的酶结合物/显色系统(*E/S)检出。

1.2 由于 FMDV 的多型性,和可能并发临床上难以区分的水泡性疾病,在检测病料时必然包括几个血清型(如 O、A、亚洲-1 型);及临床症状相同的某些疾病,如猪水泡病(SVD)。

2 材料

2.1 样品的采集和处理见附件 4

2.2 主要试剂

2.2.1 抗体

2.2.1.1 包被抗体:兔抗 FMDV-“O”、“A”、“亚洲-I” 型 146S 血清;及兔抗 SVDV-160S 血清。

2.2.1.2 检测抗体:豚鼠抗 FMDV-“O”、“A”、“亚洲-I”型 146S 血清;及豚鼠抗 SVDV-160S 血清。

2.2.2 酶结合物

兔抗豚鼠 Ig 抗体(Ig)-辣根过氧化物酶(HRP)结合物。

2.2.3 对照抗原

灭活的 FMDV-“O”“A”“亚洲-I”各型及 SVDV 细胞病毒液。

2.2.4 底物溶液(底物/显色剂)

3%过氧化氢/3.3 mmol/L 邻苯二胺(OPD)。

2.2.5 终止液

1.25 mol/L 硫酸。

2.2.6 缓冲液

2.2.6.1 包被缓冲液 0.05 mol/L Na_2CO_3–$NaHCO_3$,pH9.6。

2.2.6.2 稀释液 A 0.01 mol/L PBS – 0.05%(v/v)Tween–20,pH7.2~7.4。

2.2.6.3 稀释液 B 5%脱脂奶粉(w/v)– 稀释液 A 。

2.2.6.4 洗涤缓冲液 0.002 mol/L PBS – 0.01%(v/v)Tween–20。

2.3 主要器材设备

2.3.1 固相

96 孔平底聚苯乙烯 ELISA 专用板。

2.3.2 移液器、尖头及贮液槽

微量可调移液器一套,可调范围 0.5~5 000 μL(5~6 支);多(4、8、12)孔道微量可调移液器(25~250 μL);微量可调连续加样移液器(10~100 μL);与各移液器匹配的各种尖头,及配套使用的贮液槽。

2.3.3 振荡器

与 96 孔微量板配套的旋转振荡器。

2.3.4 酶标仪,492 nm 波长滤光片。

2.3.5 洗板机或洗涤瓶,吸水纸巾。

2.3.6 37℃恒温温室或温箱。

3 操作方法

3.1 预备试验

为了确保检测结果准确可靠,必须最优化组合该 ELISA,即试验所涉及的各种试剂,包括包被抗体、检测抗体、酶结合物、阳性对照抗原都要预先测定,计算出它们的最适稀释度,既保证试验结果在设定的最佳数据范围内,又不浪费试剂。使用诊断试剂盒时,可按说明书指定用量和用法。如试验结果不理想，重新滴定各种试剂后再检测。

3.2 包被固相

3.2.1 FMDV 各血清型及 SVDV 兔抗血清分别以包被缓冲液稀释至工作浓度，然后按图 3-1<Ⅰ>所示布局加入微量板各行。每孔 50 μL。加盖后 37℃振荡 2 h。或室温(20~25℃)振荡 30 min，然后置湿盒中 4℃过夜(可以保存 1 周左右)。

3.2.2 一般情况下，牛病料鉴定“O”和“A”两个型，某些地区的病料要加上“亚洲-I”型；猪病料要加上 SVDV。

定型 ELISA 微量板包被血清布局<Ⅰ>、对照和被检样品布局<Ⅱ>

<Ⅰ>	<Ⅱ>1 2	3 4	5 6	7 8	9 10	11 12
A FMDV“O”	C++ C++	C+ C+	C- C-	S1 1	S3 3	S5 5
B “A”	C++ C++	C+ C+	C- C-	S1 1	S3 3	S5 5
C “Asia-I”	C++ C++	C+ C+	C- C-	S1 1	S3 3	S5 5
D SVDV	C++ C++	C+ C+	C- C-	S1 1	S3 3	S5 5
E FMDV“O”	C++ C++	C+ C+	C- C-	S2 2	S4 4	S6 6
F “A”	C++ C++	C+ C+	C- C-	S2 2	S4 4	S6 6
G “Asia-I”	C++ C++	C+ C+	C- C-	S2 2	S4 4	S6 6
H SVDV	C++ C++	C+ C+	C- C-	S2 2	S4 4	S6 6

试验开始，依据当天检测样品的数量包被，或取出包被好的板子；如用可拆卸微量板，则根据需要取出几条。在试验台上放置 20 min，再洗涤 5 次，扣干。

3.3 加对照抗原和待检样品

3.3.1 布局

空白和各阳性对照、待检样品在 ELISA 板上的分布位置如图 3-1<Ⅱ>所示。

3.3.2 加样

3.3.2.1 第 5 和第 6 列为空白对照(C-)，每孔加 50 μL 稀释液 A。

3.3.2.2　先将各型阳性对照抗原分别以稀释液 A 适当稀释，然后加入与包被抗体同型的各行孔中，C++为强阳性，C+为阳性，可以用同一对照抗原的不同稀释度。每一对照 2 孔，每孔 50 μL。

3.3.2.3　按待检样品的序号（S1、S2……）逐个加入，每份样品每个血清型加 2 孔，每孔 50 μL。37℃ 振荡 1 h，洗涤 5 次，扣干。

3.4　加检测抗体

各血清型豚鼠抗血清以稀释液 A 稀释至工作浓度，然后加入与包被抗体同型各行孔中，每孔 50 μL。37℃振荡 1 h。洗涤 5 次，扣干。

3.5　加酶结合物

酶结合物以稀释液 B 稀释至工作浓度，每孔 50 μL。37℃振荡 40 min。洗涤 5 次，扣干。

3.6　加底物溶液

试验开始时，按当天需要量从冰箱暗盒中取出 OPD，放在温箱中融化并使之升温至 37℃。临加样前，按每 6 mL OPD 加 3%双氧水 30 μL（一块微量板用量），混匀后每孔加 50 μL。37℃振荡 15 min。

3.7　加终止液

显色反应 15 min，准时加终止液 1.25 mol/L H_2SO_4。50 μL/孔。

3.8　观察和判读结果

终止反应后，先用肉眼观察全部反应孔。如空白对照和阳性对照孔的显色基本正常，再用酶标仪（492 nm）判读 OD 值。

4　结果判定

4.1　数据计算

为了便于说明，假设表 3–1 所列数据为检测结果（OD 值）。利用表 3–1 所列数据，计算平均 OD 值和平均修正 OD 值（表 3–2）。

4.1.1　各行 2 孔空白对照（C–）平均 OD 值；

4.1.2　各行（各血清型）抗原对照（C++、C+）平均 OD 值；

4.1.3　各待检样品各血清型（2 孔）平均 OD 值；

4.1.4 计算出各平均修正OD值(=[每个(2)或(3)值]-[同一行的(1)值]。

定型 ELISA 结果(OD 值)

	C++	C+	C–	S1	S2	S3
A FMDV"O"	1.84 1.74	0.56 0.46	0.06 0.04	1.62 1.54	0.68 0.72	0.10 0.08
B "A"	1.25 1.45	0.40 0.42	0.07 0.05	0.09 0.07	1.22 1.32	0.09 0.09
C"Asia–I"	1.32 1.12	0.52 0.50	0.04 0.08	0.05 0.09	0.12 0.06	0.07 0.09
D SVDV	1.08 1.10	0.22 0.24	0.08 0.08	0.09 0.10	0.08 0.12	0.28 0.34
	C++	C+	C–	S4	S5	S6
E FMDV"O"	0.94 0.84	0.24 0.22	0.06 0.06	1.22 1.12	0.09 0.10	0.13 0.17
F "A"	1.10 1.02	0.11 0.13	0.06 0.04	0.10 0.10	0.28 0.26	0.20 0.28
G"Asia–I"	0.39 0.41	0.29 0.21	0.09 0.09	0.10 0.09	0.10 0.10	0.35 0.33
H SVDV	0.88 0.78	0.15 0.11	0.05 0.05	0.11 0.07	0.09 0.09	0.10 0.12

平均 OD 值/平均修正 OD 值

	C++	C+	C–	S1	S2	S3
A FMDV"O"	1.79/1.75	0.51/0.46	0.05	1.58/1.53	0.70/0.65	0.09/0.04
B "A"	1.35/1.29	0.41/0.35	0.06	0.08/0.02	1.27/1.21	0.09/0.03
C "Asia–I"	1.22/1.16	0.51/0.45	0.06	0.07/0.03	0.09/0.03	0.08/0.02
D SVDV	1.09/1.01	0.23/0.15	0.08	0.10/0.02	0.10/0.02	0.31/0.23
	C++	C+	C–	S4	S5	S6
E FMDV"O"	0.89/0.83	0.23/0.17	0.06	1.17/1.11	0.10/0.04	0.15/0.09
F "A"	1.06/1.01	0.12/0.07	0.05	0.10/0.05	0.27/0.22	0.24/0.19
G "Asia–I"	0.40/0.31	0.25/0.16	0.09	0.10/0.01	0.10/0.01	0.34/0.25
H SVDV	0.83/0.78	0.13/0.08	0.05	0.09/0.05	0.09/0.04	0.11/0.06

4.2 结果判定

4.2.1 试验不成立

如果空白对照(C–)平均OD值>0.10,则试验不成立,本试验结果无效。

4.2.2 试验基本成立

如果空白对照(C-)平均 OD 值≤0.10,则试验基本成立。

4.2.3 试验绝对成立

如果空白对照(C-)平均 OD 值≤0.10,C+ 平均修正 OD 值>0.10,C++ 平均修正 OD 值>1.00,试验绝对成立。如表 2 中 A、B、C、D 行所列数据。

4.2.3.1 如果某一待检样品某一型的平均修正 OD 值≤0.10,则该血清型为阴性。如 S1 的“A”、“Asia-1”型和“SVDV”。

4.2.3.2 如果某一待检样品某一型的平均修正 OD 值>0.10,而且比其他型的平均修正 OD 值大 2 倍或 2 倍以上,则该样品为该最高平均修正 OD 值所在的血清型。如 S1 为“O”型;S3 为“Asia-I”型。

4.2.3.3 虽然某一待检样品某一型的平均修正 OD 值>0.10,但不大于其他型的平均修正 OD 值的 2 倍,则该样品只能判定为可疑。该样品应接种乳鼠或细胞,并盲传数代增毒后再作检测。如 S2“A”型。

4.2.4 试验部分成立

如果空白对照(C-)平均 OD 值≤0.10,C+ 平均修正 OD 值≤0.10,C++ 平均修正 OD 值≤1.00,试验部分成立。如表 2 中 E、F、G、H 行所列数据。

4.2.4.1 如果某一待检样品某一型的平均修正 OD 值≥0.10,而且比其他型的平均修正 OD 值大 2 倍或 2 倍以上,则该样品为该最高平均修正 OD 值所在的血清型。例如 S4 判定为“O”型。

4.2.4.2 如果某一待检样品某一型的平均修正 OD 值介于 0.10~1.00 之间,而且比其他型的平均修正 OD 值大 2 倍或 2 倍以上,该样品可以判定为该最高 OD 值所在血清型。例如 S5 判定为“A”型。

4.2.4.3 如果某一待检样品某一型的平均修正 OD 值介于 0.10~1.00 之间,但不比其他型的平均修正 OD 值大 2 倍,该样品应增毒后重检。如 S6“亚洲-I”型。

注意:重复试验时,首先考虑调整对照抗原的工作浓度。如调整后再次试验结果仍不合格,应更换对照抗原或其他试剂。

附件 2:反向间接血凝试验(RIHA)

1　材料准备

1.1　96 孔微型聚乙烯血凝滴定板（110 度），微量振荡器或微型混合器，0.025 mL、0.05mL 稀释用滴管、乳胶吸头或 25 μL、50 μL 移液加样器。

1.2　pH7.6、0.05mol/L 磷酸缓冲液（pH7.6、0.05 mol/L　PB），pH7.6、50%丙三醇磷酸缓冲液（GPB），pH7.2、0.11 mol/L 磷酸缓冲液（pH7.2、0.11 mol/L PB），配制方法见中华人民共和国国家标准（GB/T 19200–2003）《猪水泡病诊断技术》附录 A（规范性附录）。

1.3　稀释液 I、稀释液 II，配制方法见中华人民共和国国家标准（GB/T 19200–2003）《猪水泡病诊断技术》附录 B（规范性附录）。

1.4　标准抗原、阳性血清，由指定单位提供，按说明书使用和保存。

1.5　敏化红细胞诊断液：由指定单位提供，效价滴定见中华人民共和国国家标准（GB/T 19200–2003）《猪水泡病诊断技术》附录 C（规范性附录）。

1.6　被检材料处理方法见中华人民共和国国家标准（GB/T 19200–2003）《猪水泡病诊断技术》附录 E（规范性附录）。

2　操作方法

2.1　使用标准抗原进行口蹄疫 A、O、C、Asia–I 型及与猪水泡病鉴别诊断。

2.1.1　被检样品的稀释：把 8 只试管排列于试管架上，自第 1 管开始由左至右用稀释液 I 作二倍连续稀释（即 1:6、1:12、1:24……1:768），每管容积 0.5　mL。

2.1.2　按下述滴加被检样品和对照。

2.1.2.1　在血凝滴定板上的第一至第五排，每排的第八孔滴加第八管稀释被检样品 0.05 mL,每排的第七孔滴加第 7 管稀释被检样品 0.05 mL,以此类推至第一孔。

2.1.2.2　每排的第九孔滴加稀释液 I 0.05 mL,作为稀释液对照。

2.1.2.3　每排的第十孔按顺序分别滴加口蹄疫 A、O、C、Asia–I 型和猪水泡病标准抗原(1:30 稀释)各 0.05 mL,作为阳性对照。

2.1.3　滴加敏化红细胞诊断液:先将敏化红细胞诊断液摇匀,于滴定板第一至第五排的第一至第十孔分别滴加口蹄疫 A、O、C、Asia–I 型和猪水泡病敏化红细胞诊断液,每孔 0.025 mL,置微量振荡器上振荡 1~2 min,20~35℃放置 1.5~2 h 后判定结果。

2.2　使用标准阳性血清进行口蹄疫 O 型及与猪水泡病鉴别诊断。

2.2.1　每份被检样品作四排、每孔先各加入 25 μL 稀释液 II。

2.2.2　每排第一孔各加被检样品 25 μL,然后分别由左至右作二倍连续稀释至第七孔(竖板)或第十一孔(横板)。每排最后孔留作稀释液对照。

2.2.3　滴加标准阳性血清:在第一、第三排每孔加入 25 μL 稀释液 II;第二排每孔加入 25 μL 稀释至 1:20 的口蹄疫 O 型标准阳性血清;第四排每孔加入 25 μL 稀释至 1:100 的猪水泡病标准阳性血清;置微型混合器上振荡 1~2 min,加盖置 37℃作用 30 min。

2.2.4　滴加敏化红细胞诊断液:在第一和第二排每孔加入口蹄疫 O 型敏化红细胞诊断液 25 μL;第三和第四排每孔加入猪水泡病敏化红细胞诊断液 25 μL;置微型混合器上振荡 1~2 min,加盖 20~35℃放置 2 h 后判定结果。

3　结果判定

3.1　按以下标准判定红细胞凝集程度:“++++”—100%完全凝集,红细胞均匀地分布于孔底周围;“+++”—75%凝集,红细胞均匀地分布于孔底周围,但孔底中心有红细胞形成的针尖大的小点;“++”—50%凝集,孔底周围有不均匀的红细胞分布,孔底有一红细胞沉下的小点;“+”—25%凝集,孔底周围有不均匀的红细胞分布,但大部分红细胞已沉积于孔底;“–”—不凝集,红细胞完全沉积于孔底成一圆点。

3.2　操作方法 2.1 的结果判定：稀释液 I 对照孔不凝集、标准抗原阳性孔凝集试验方成立。

3.2.1　若只第一排孔凝集，其余 4 排孔不凝集，则被检样品为口蹄疫 A 型；若只第二排孔凝集，其余四排孔不凝集，则被检样品为口蹄疫 O 型；以此类推。若只第五排孔凝集，其余四排孔不凝集，则被检样品为猪水泡病

3.2.2　致红细胞 50%凝集的被检样品最高稀释度为其凝集效价。

3.2.3　如出现 2 排以上孔的凝集，以某排孔的凝集效价高于其余排孔的凝集效价 2 个对数（以 2 为底）浓度以上者即可判为阳性，其余判为阴性。

3.3　操作方法 2.2 的结果判定：稀释液 II 对照孔不凝集试验方可成立。

3.3.3.1　若第一排出现 2 孔以上的凝集（++以上），且第二排相对应孔出现 2 个孔以上的凝集抑制，第三、第四排不出现凝集判为口蹄疫 O 型阳性。若第三排出现 2 孔以上的凝集（++以上），且第四排相对应孔出现 2 个孔以上的凝集抑制，第一、二排不出现凝集则判为猪水泡病阳性。

3.3.3.2　致红细胞 50%凝集的被检样品最高稀释度为其凝集效价。

附件 3:正向间接血凝试验(IHA)

1 原理

用已知血凝抗原检测未知血清抗体的试验,称为正向间接血凝试验(IHA)。

抗原与其对应的抗体相遇,在一定条件下会形成抗原复合物,但这种复合物的分子团很小,肉眼看不见。若将抗原吸附(致敏)在经过特殊处理的红细胞表面,只需少量抗原就能大大提高抗原和抗体的反应灵敏性。这种经过口蹄疫纯化抗原致敏的红细胞与口蹄疫抗体相遇,红细胞便出现清晰可见的凝集现象。

2 适用范围

主要用于检测 O 型口蹄疫免疫动物血清抗体效价。

3 试验器材和试剂

3.1 96 孔 110°V 型医用血凝板,与血凝板大小相同的玻板

3.2 微量移液器(50 μL、25 μL)取液塑咀

3.3 微量振荡器

3.4 O 型口蹄疫血凝抗原

3.5 O 型口蹄疫阴性对照血清

3.6 O 型口蹄疫阳性对照血清

3.7 稀释液

3.8 待检血清(每头约 0.5 mL 血清即可)56℃水浴灭活 30 min

4 试验方法

4.1 加稀释液

在血凝板上 1~6 排的 1~9 孔;第 7 排的 1~4 孔第 6~7 孔;第 8 排的 1~

12 孔各加稀释液 50 μL。

4.2　稀释待检血清

取 1 号待检血清 50 μL 加入第一排第一孔，并将塑咀插入孔底，右手拇指轻压弹簧 1~2 次混匀（避免产生过多的气泡），从该孔取出 50 μL 移入第二孔，混匀后取出 50 μL 移入第三孔……直至第九孔混匀后取出 50 μL 丢弃。此时第一排第一至第九孔待检血清的稀释度（稀释倍数）依次为 1:2（1）、1:4（2）、1:8（3）、1:16（4）、1:32（5）、1:64（6）、1:128（7）、1:256（8）、1:512（9）。

取 2 号待检血清加入第二排；取 3 号待检血清加入第三排……均按上法稀释，注意：每取一份血清时，必须更换塑咀一个。

4.3　稀释阴性对照血清

在血凝板的第七排第一孔加阴性血清 50 μL，对倍稀释至第四孔，混匀后从该孔取出 50 μL 丢弃。此时阴性血清的稀释倍数依次为 1:2（1）、1:4（2）、1:8（3）、1:16（4）。第六至第七孔为稀释液对照。

4.4　稀释阳性对照血清

在血凝板的第八排第一孔加阳性血清 50 μL，对倍数稀释至第十二孔，混匀后从该孔取出 50 μL 丢弃。此时阳性血清的稀释倍数依次为 1:2~1:4 096。

4.5　加血凝抗原

被检血清各孔、阴性对照血清各孔、阳性对照血清各孔、稀释液对照孔均各加 O 型血凝抗原（充分摇匀，瓶底应无血球沉淀）25 μL。

4.6　振荡混匀

将血凝板置于微量振荡器上 1~2 min，如无振荡器，用手轻拍混匀亦可，然后将血凝板放在白纸上观察各孔红血球是否混匀，不出现血球沉淀为合格。盖上玻板，室温下或 37℃下静置 1.5~2 h 判定结果，也可延至翌日判定。

4.7　判定标准

移去玻板，将血凝板放在白纸上，先观察阴性对照血清 1:16 孔，稀释液对照孔，均应无凝集（血球全部沉入孔底形成边缘整齐的小圆点），或仅出现

“+”凝集(血球大部沉于孔底,边缘稍有少量血球悬浮)。

阳性血清对照 1:2~1:256 各孔应出现“++”—“+++”凝集为合格(少量血球沉入孔底,大部血球悬浮于孔内)。

在对照孔合格的前提下,再观察待检血清各孔,以呈现“++”凝集的最大稀释倍数为该份血清的抗体效价。例如 1 号待检血清 1~5 孔呈现 “++”至“+++”凝集,第六至第七孔呈现“++”凝集,第八孔呈现“+”凝集,第九孔无凝集,那么就可判定该份血清的口蹄疫抗体效价为 1:128。

接种口蹄疫疫苗的猪群免疫抗体效价达到 1:128(第七孔)牛群、羊群免疫抗体效价达到 1:256(第八孔)呈现“++”凝集为免疫合格。

5 检测试剂的性状、规格

5.1 性状

5.1.1 液体血凝抗原:摇匀呈棕红色(或咖啡色),静置后,血球逐渐沉入瓶底。

5.1.2 阴性对照血清:淡黄色清亮稍带黏性的液体。

5.1.3 阳性对照血清:微红或淡色稍混浊带黏性的液体。

5.1.4 稀释液:淡黄或无色透明液体,低温下放置,瓶底易析出少量结晶,在水浴中加温后即可全溶,不影响使用。

5.2 包装

5.2.1 液体血凝抗原:摇匀后即可使用,5 mL/瓶。

5.2.2 阴性血清:1 mL/瓶,直接稀释使用。

5.2.3 阳性血清:1 mL/瓶,直接稀释使用。

5.2.4 稀释液:100 mL/瓶,直接使用,4~8℃保存。

5.2.5 保存条件及保存期

5.2.5.1 液体血凝抗原:4~8℃保存(切勿冻结),保存期 3 个月。

5.2.5.2 阴性对照血清:-15~-20℃保存,有效期 1 年。

5.2.5.3 阳性对照血清:-15~-20℃保存,有效期 1 年。

6 注意事项

6.1 为使检测获得正确结果,请在检测前仔细阅读说明书。

6.2　严重溶血或严重污染的血清样品不宜检测，以免发生非特异性反应。

6.3　勿用 90°和 130°血凝板，严禁使用一次性血凝板，以免误判结果。

6.4　用过的血凝板应及时在水龙头冲净血球。再用蒸馏水或去离子水冲洗 2 次，甩干水分放 37℃恒温箱内干燥备用。检测用具应煮沸消毒，37℃干燥备用。血凝板应浸泡在洗液中（浓硫酸与重铬酸钾按 1:1 混合），48 h 捞出后清水冲净。

6.5　每次检测只做一份阴性、阳性和稀释液对照。

"-"表示完全不凝集或 0%~10%血球凝集。

"+"表示 10%~25%血球凝集。

"++"表示 50%血球凝集。

"+++"表示 75%血球凝集。

"++++"表示 90%~100%血球凝集。

6.6　用不同批次的血凝抗原检测同一份血清时，应事先用阳性血清准确测定各批次血凝抗原的效价，取抗原效价相同或相近的血凝抗原检测待检血清抗体水平的结果是基本一致的，如果血凝抗原效价差别很大用来检测同一血清样品，肯定会出现检测结果不一致。

6.7　收到本试剂盒时，应立即打开包装，取出血凝抗原瓶，用力摇动，使粘附在瓶盖上的红细胞摇下，否则易出现沉渣，影响使用效果。

附件 4:口蹄疫病料的采集、保存与运送

采集、保存和运输样品须符合下列要求,并填写样品采集登记表。

1 样品的采集和保存

1.1 组织样品

1.1.1 样品的选择

用于病毒分离、鉴定的样品以发病动物(牛、羊或猪)未破裂的舌面或蹄部,鼻镜,乳头等部位的水泡皮和水泡液最好。对临床健康但怀疑带毒的动物可在扑杀后采集淋巴结、脊髓、肌肉等组织样品作为检测材料。

1.1.2 样品的采集和保存

水泡样品采集部位可用清水清洗,切忌使用酒精、碘酒等消毒剂消毒、擦拭。

1.1.2.1 未破裂水泡中的水泡液用灭菌注射器采集至少 1 mL,装入灭菌小瓶中(可加适量抗菌素),加盖密封;尽快冷冻保存。

1.1.2.2 剪取新鲜水泡皮 3~5 g 放入灭菌小瓶中,加适量(2 倍体积)50%甘油/磷酸盐缓冲液(pH 7.4),加盖密封;尽快冷冻保存。

1.1.2.3 在无法采集水泡皮和水泡液时,可采集淋巴结、脊髓、肌肉等组织样品 3~5 g 装入洁净的小瓶内,加盖密封;尽快冷冻保存。

每份样品的包装瓶上均要贴上标签,写明采样地点、动物种类、编号、时间等。

1.2 牛、羊食道-咽部分泌物(O-P 液)样品

1.2.1 样品采集

被检动物在采样前禁食(可饮水)12 h,以免反刍胃内容物严重污染 O-P

液。采样探杯在使用前经0.2%柠檬酸或2%氢氧化钠浸泡5 min，再用自来水冲洗。每采完一头动物，探杯要重复进行消毒和清洗。采样时动物站立保定，将探杯随吞咽动作送入食道上部10~15 cm处，轻轻来回移动2~3次，然后将探杯拉出。如采集的O-P液被反刍胃内容物严重污染，要用生理盐水或自来水冲洗口腔后重新采样。

1.2.2　样品保存

将探杯采集到的8~10 mL O-P液倒入25 mL以上的灭菌玻璃容器中，容器中应事先加有8~10 mL细胞培养液或磷酸盐缓冲液（0.04 mol/L、pH 7.4），加盖密封后充分摇匀，贴上防水标签，并写明样品编号、采集地点、动物种类、时间等，尽快放入装有冰块的冷藏箱内，然后转往-60℃冰箱冻存。通过病原检测，做出追溯性诊断。

1.3　血清

怀疑曾有疫情发生的畜群，错过组织样品采集时机时，可无菌操作采集动物血液，每头不少于10 mL。自然凝固后无菌分离血清装入灭菌小瓶中，可加适量抗菌素，加盖密封后冷藏保存。每瓶贴标签并写明样品编号，采集地点，动物种类，时间等。通过抗体检测，做出追溯性诊断。

1.4　采集样品时要填写样品采集登记表

2　样品运送

运送前将封装和贴上标签，已预冷或冰冻的样品玻璃容器装入金属套筒中，套筒应填充防震材料，加盖密封，与采样记录一同装入专用运输容器中。专用运输容器应隔热坚固，内装适当冷冻剂和防震材料。外包装上要加贴生物安全警示标志。以最快方式，运送到检测单位。为了能及时准确地告知检测结果，请写明送样单位名称和联系人姓名、联系地址、邮编、电话、传真等。

送检材料必须附有详细说明，包括采样时间、地点、动物种类、样品名称、数量、保存方式及有关疫病发生流行情况、临床症状等。

附件5:口蹄疫扑杀技术规范

1　扑杀范围:病畜及规定扑杀的易感动物。

2　使用无出血方法扑杀:电击、药物注射。

3　将动物尸体用密闭车运往处理场地予以销毁。

4　扑杀工作人员防护技术要求

4.1　穿戴合适的防护衣服

4.1.1　穿防护服或穿长袖手术衣加防水围裙。

4.1.2　戴可消毒的橡胶手套。

4.1.3　戴N95口罩或标准手术用口罩。

4.1.4　戴护目镜。

4.1.5　穿可消毒的胶靴,或者一次性的鞋套。

4.2　洗手和消毒

4.2.1　密切接触感染牲畜的人员,用无腐蚀性消毒液浸泡手后,再用肥皂清洗2遍以上。

4.2.2　牲畜扑杀和运送人员在操作完毕后,要用消毒水洗手,有条件的地方要洗澡。

4.3　防护服、手套、口罩、护目镜、胶鞋、鞋套等使用后在指定地点消毒或销毁。

附件6:口蹄疫无害化处理技术规范

所有病死牲畜、被扑杀牲畜及其产品、排泄物以及被污染或可能被污染的垫料、饲料和其他物品应当进行无害化处理。无害化处理可以选择深埋、焚烧等方法,饲料、粪便也可以堆积发酵或焚烧处理。

1 深埋

1.1 选址:掩埋地应选择远离学校、公共场所、居民住宅区、动物饲养和屠宰场所、村庄、饮用水源地、河流等。避免公共视线。

1.2 深度:坑的深度应保证动物尸体、产品、饲料、污染物等被掩埋物的上层距地表1.5 m以上。坑的位置和类型应有利于防洪。

1.3 焚烧:掩埋前,要对需掩埋的动物尸体、产品、饲料、污染物等实施焚烧处理。

1.4 消毒:掩埋坑底铺2 cm厚生石灰;焚烧后的动物尸体、产品、饲料、污染物等表面,以及掩埋后的地表环境应使用有效消毒药品喷洒消毒。

1.5 填土:用土掩埋后,应与周围持平。填土不要太实,以免尸腐产气造成气泡冒出和液体渗漏。

1.6 掩埋后应设立明显标记。

2 焚化

疫区附近有大型焚尸炉的,可采用焚化的方式。

3 发酵

饲料、粪便可在指定地点堆积,密封发酵,表面应进行消毒。

以上处理应符合环保要求,所涉及的运输、装卸等环节要避免洒漏,运输装卸工具要彻底消毒后清洗。

附件7:口蹄疫疫点、疫区清洗消毒技术规范

1 成立清洗消毒队

清洗消毒队应至少配备一名专业技术人员负责技术指导。

2 设备和必需品

2.1 清洗工具:扫帚、叉子、铲子、锹和冲洗用水管。

2.2 消毒工具:喷雾器、火焰喷射枪、消毒车辆、消毒容器等。

2.3 消毒剂:醛类、氧化剂类、氯制剂类等合适的消毒剂。

2.4 防护装备:防护服、口罩、胶靴、手套、护目镜等。

3 疫点内饲养圈舍清理、清洗和消毒

3.1 对圈舍内外消毒后再行清理和清洗。

3.2 首先清理污物、粪便、饲料等。

3.3 对地面和各种用具等彻底冲洗,并用水洗刷圈舍、车辆等,对所产生的污水进行无害化处理。

3.4 对金属设施设备,可采取火焰、熏蒸等方式消毒。

3.5 对饲养圈舍、场地、车辆等采用消毒液喷洒的方式消毒。

3.6 饲养圈舍的饲料、垫料等作深埋、发酵或焚烧处理。

3.7 粪便等污物作深埋、堆积密封或焚烧处理。

4 交通工具清洗消毒

4.1 出入疫点、疫区的交通要道设立临时性消毒点,对出入人员、运输工具及有关物品进行消毒。

4.2 疫区内所有可能被污染的运载工具应严格消毒,车辆内、外及所有角落和缝隙都要用消毒剂消毒后再用清水冲洗,不留死角。

4.3　车辆上的物品也要做好消毒。

4.4　从车辆上清理下来的垃圾和粪便要作无害化处理。

5　牲畜市场消毒清洗

5.1　用消毒剂喷洒所有区域。

5.2　饲料和粪便等要深埋、发酵或焚烧。

6　屠宰加工、储藏等场所的清洗消毒

6.1　所有牲畜及其产品都要深埋或焚烧。

6.2　圈舍、过道和舍外区域用消毒剂喷洒消毒后清洗。

6.3　所有设备、桌子、冰箱、地板、墙壁等用消毒剂喷洒消毒后冲洗干净。

6.4　所有衣服用消毒剂浸泡后清洗干净，其他物品都要用适当的方式进行消毒。

6.5　以上所产生的污水要经过处理,达到环保排放标准。

7　疫点每天消毒 1 次连续 1 周,1 周后每两天消毒 1 次,疫区内疫点以外的区域每 2 天消毒 1 次。

附件 8:口蹄疫流行病学调查规范

1 范围

本规范规定了暴发疫情时和平时开展的口蹄疫流行病学调查工作。

本规范适用于口蹄疫暴发后的跟踪调查和平时现况调查的技术要求。

2 引用文件

下列文件中的条款通过本规范的引用而成为本规范的条款。凡是注日期的引用文件,其随后所有的修改单位(不包括勘误的内容)或修订版均不适用于本规范,根据本规范达成协议的各方研究可以使用这些文件的最新版本。凡是不注日期的引用文件,其最新版本适用于本规范。

NY×××× \\ 口蹄疫疫样品采集、保存和运输技术规范

NY×××× \\ 口蹄疫人员防护技术规范

NY×××× \\ 口蹄疫疫情判定与扑灭技术规范

3 术语与定义

NY×××× 的定义适用于本规范。

3.1 跟踪调查 Tracing investigation

当一个畜群单位暴发口蹄疫时,兽医技术人员或动物流行病学专家在接到怀疑发生口蹄疫的报告后通过亲自现场察看、现场采访,追溯最原始的发病患畜 、查明疫点的疫病传播扩散情况以及采取扑灭措施后跟踪被消灭疫病的情况。

3.2 现况调查 cross-sectional survey

现况调查是一项在全国范围内有组织的关于口蹄疫流行病学资料和数据的收集整理工作,调查的对象包括被选择的养殖场、屠宰场或实验室,这

些选择的普查单位充当着疾病监视器的作用，对口蹄疫病毒易感的一些物种(如野猪)可以作为主要动物群感染的指示物种。现况调查同时是口蹄疫防制计划的组成部分。

4 跟踪调查

4.1 目的

核实疫情并追溯最原始的发病地点和患畜、查明疫点的疫病传播扩散情况以及采取扑灭措施后跟踪被消灭疫病的情况。

4.2 组织与要求

4.2.1 动物防疫监督机构接到养殖单位怀疑发病的报告后，立即指派2名以上兽医技术人员,在24小时以内尽快赶赴现场,采取现场亲自察看和现场采访相结合的方式对疾病暴发事件开展跟踪调查；

4.2.2 被派兽医技术人员至少3天内没有接触过口蹄疫病畜及其污染物，按《口蹄疫人员防护技术规范》做好个人防护；

4.2.3 备有必要的器械、用品和采样用的容器。

4.3 内容与方法

4.3.1 核实诊断方法及定义“患畜”

调查的目的之一是诊断患畜，因此需要归纳出发病患畜的临床症状和用恰当的临床术语定义患畜，这样可以排除其他疾病的患畜而只保留所研究的患畜,做出是否发生疑似口蹄疫的判断；

4.3.2 采集病料样品、送检与确诊

对疑似患畜,按照《口蹄疫样品采集、保存和运输技术规范》的要求送指定实验室确诊。

4.3.3 实施对疫点的初步控制措施,严禁从疑似发病场/户运出家畜、家畜产品和可疑污染物品,并限制人员流动；

4.3.4 计算特定因素袭击率,确定畜间型

袭击率是衡量疾病暴发和疾病流行严重程度的指标，疾病暴发时的袭击率与日常发病率或预测发病率比较能够反映出疾病暴发的严重程度。另

外，通过计算不同畜群的袭击率和不同动物种别、年龄和性别的特定因素袭击率有助于发现病因或与疾病有关的某些因素；

4.3.5　确定时间型

根据单位时间内患畜的发病频率，绘制一个或是多个流行曲线，以检验新患畜的时间分布。在制作流行曲线时，应选择有利于疾病研究的各种时间间隔（在 x 轴），如小时、天或周，和表示疾病发生的新患畜数或百分率（在 y 轴）；

4.3.6　确定空间型

为检验患畜的空间分布，调查者首先需要描绘出发病地区的地形图、该地区内的畜舍的位置及所出现的新患畜。然后仔细审察地形图与畜群和新患畜的分布特点，以发现患畜间的内在联系和地区特性，和动物本身因素与疾病的内在联系，如性别、品种和年龄。画图标出可疑发病畜周围 20 千米以内分布的有关养畜场、道路、河流、山岭、树林、人工屏障等，连同最初调查表一同报告当地动物防疫监督机构；

4.3.7　计算归因袭击率，分析传染来源

根据计算出的各种特定因素袭击率，如年龄、性别、品种、饲料、饮水等，建立起一个有关这些特定因素袭击率的分类排列表，根据最高袭击率、最低袭击率、归因袭击率（即两组动物分别接触和不接触同一因素的两个袭击率之差）以进一步分析比较各种因素与疾病的关系，追踪可能的传染来源；

4.3.8　追踪出入发病养殖场/户的有关工作人员和所有家畜、畜产品及有关物品的流动情况，并对其作适当的隔离观察和控制措施，严防疫情扩散；

4.3.9　对疫点、疫区的猪、牛、羊、野猪等重要疫源宿主进行发病情况调查，追踪病毒变异情况。

4.3.10　完成跟踪调查表（见附录 A），并提交跟踪调查报告。

待全部工作完成以后，将调查结果总结归纳以调查报告的形式形成报告，并逐级上报到国家动物防疫监督机构和国家动物流行病学中心。

形成假设，根据以上资料和数据分析，调查者应该得出一个或两个以上的假

设:①疾病流行类型,点流行和增殖流行;②传染源种类,同源传染和多源传染;③传播方式,接触传染,机械传染和生物性传染。调查者需要检查所形成的假设是否符合实际情况,并对假设进行修改。在假设形成的同时,调查者还应能够提出合理的建议方案以保护未感染动物和制止患畜继续出现,如改变饲料、动物隔离等;

检验假设,假设形成后要进行直观的分析和检验,必要时还要进行实验检验和统计分析。假设的形成和检验过程是循环往复的,应用这种连续的近似值方法而最终建立起确切的病因来源假设。

5 现况调查

5.1 目的

广泛收集与口蹄疫发生有关的各种资料和数据，根据医学理论得出有关口蹄疫分布、发生频率及其影响因素的合乎逻辑的正确结论。

5.2 组织与要求

5.2.1 现况调查是一项由国家兽医行政主管部门统一组织的全国范围内有关口蹄疫流行病学资料和数据的收集整理工作，需要国家兽医行政主管部门、国家动物防疫监督机构、国家动物流行病学中心、地方动物防疫监督机构多方面合作;

5.2.2 所有参与实验的人员明确普查的内容和目的，数据收集的方法应尽可能的简单,并设法得到数据提供者的合作和保持他们的积极性;

5.2.3 被派兽医技术人员要遵照 4.2.2 和 4.2.3 的要求。

5.3 内容

5.3.1 估计疾病流行情况

调查动物群体存在或不存在疾病。患病和死亡情况分别用患病率和死亡率表示。

5.3.2 动物群体及其环境条件的调查

包括动物群体的品种、性别、年龄、营养、免疫等;环境条件、气候、地区、畜牧制度、饲养管理(饲料、饮水、畜舍)等。

5.3.3　传染源调查

包括带毒野生动物、带毒牛羊等的调查。

5.3.4　其他调查

包括其他动物或人类患病情况及媒介昆虫或中间宿主，如种类、分布、生活习性等的调查。

5.3.4　完成现况调查表（见附录B），并提交现况调查报告。

5.4　方法

5.4.1　现场观察、临床检查

5.4.2　访问调查或通信调查

5.4.3　查阅诊疗记录、疾病报告登记、诊断实验室记录、检疫记录及其他现成记录和统计资料。流行病学普查的数据都是与疾病和致病因素有关的数据以及与生产和畜群体积有关的数据。获得的已经记录的数据，可用于回顾性实验研究；收集未来的数据用于前瞻性实验研究。

一些数据属于观察资料；一些数据属于观察现象的解释；一些数据是数量性的，由各种测量方法而获得，如体重、产乳量、死亡率和发病率，这类数据通常比较准确。数据资料来源如下。

5.4.3.1　政府兽医机构

国家及各省、市、县动物防疫监督机构以及乡级的兽医站负责调查和防治全国范围内一些重要的疾病。许多政府机构还建立了诊断室开展一些常规的实验室诊断工作，保持完整的实验记录，经常报道诊断结果和疾病的流行情况。由各级政府机构编辑和出版的各种兽医刊物也是常规的资料来源。

5.4.3.2　屠宰场

大牲畜屠宰场都要进行宰前和宰后检验以发现和鉴定某些疾病。通常只有临床上健康的牲畜才供屠宰食用，因此屠宰中发现的病例一般都是亚临床症状的。

屠宰检验的第二个目的是记录所见异常现象，有助于流行性动物疾病的早期发现和人畜共患性疾病的预防和治疗。由于屠宰场的动物是来自于不同地区或不同的牧场，如果屠宰检验所发现的疾病关系到患畜的原始牧场或地区,则必须追查动物的来源。

5.4.3.3 血清库

血清样品能够提供免疫特性方面有价值的流行病学资料，如流行的周期性,传染的空间分布和新发生口蹄疫的起源。因此建立血清库有助于研究与传染病有关的许多问题:①鉴定主要的健康标准;②建立免疫接种程序;③确定疾病的分布；④调查新发生口蹄疫的传染来源；⑤确定流行的周期性;⑥增加病因学方面的知识;⑦评价免疫接种效果或程序;⑧评价疾病造成的损失。

5.4.3.4 动物注册

动物登记注册是流行病学数据的又一个来源。

根据某地区动物注册或免疫接种数量估测该地区的易感动物数，一般是趋于下线估测。

5.4.3.5 畜牧机构

许多畜牧机构记录和保存动物群体结构、分布和动物生产方面的资料,如增重、饲料转化率和产乳量等。这对某些实验研究也同样具有流行病学方面的意义。

5.4.3.6 畜牧场

大型的现代化饲养场都有自己独立的经营和管理体制；完善的资料和数据记录系统,许多数据资料具有较高的可靠性。这些资料对疾病普查是很有价值的。

5.4.3.7 畜主日记

饲养人员(如猪的饲养者)经常记录生产数据和一些疾病资料。但记录者的兴趣和背景不同,所记录的数据类别和精确程度也不同。

5.4.3.8 兽医院门诊

兽医院开设兽医门诊，并建立患畜病志以描述发病情况和记录诊断结果。门诊患畜中诊断兽医感兴趣的疾病比例通常高于其他疾病。这可能是由于该兽医为某种疾病的研究专家而吸引该种疾病的患畜的缘故。

5.4.3.9　其他资料来源

野生动物是家畜口蹄疫的重要传染源。野生动物保护组织和害虫防治中心记录和保存关于国家野生动物地区分布和种类数量方面的数据。这对调查实际存在的和即将发生的口蹄疫的感染和传播具有价值。

附录8

炭疽防治技术规范

炭疽(Anthrax)是由炭疽芽孢杆菌引起的一种人畜共患传染病。世界动物卫生组织(OIE)将其列为必须报告的动物疫病,我国将其列为二类动物疫病。

为预防和控制炭疽,依据《中华人民共和国动物防疫法》和其他相关法律法规,制定本规范。

1 适用范围

本规范规定了炭疽的诊断、疫情报告、疫情处理、防治措施和控制标准。

本规范适用于中华人民共和国境内一切从事动物饲养、经营及其产品的生产、经营的单位和个人,以及从事动物防疫活动的单位和个人。

2 诊断

依据本病流行病学调查、临床症状,结合实验室诊断结果做出综合判定。

2.1 流行特点

本病为人畜共患传染病,各种家畜、野生动物及人对本病都有不同程度的易感性。草食动物最易感,其次是杂食动物,再次是肉食动物,家禽一般不感染。人也易感。

患病动物和因炭疽而死亡的动物尸体以及污染的土壤、草地、水、饲料都是本病的主要传染源,炭疽芽孢对环境具有很强的抵抗力,其污染的土壤、水源及场地可形成持久的疫源地。本病主要经消化道、呼吸道和皮肤感染。

本病呈地方性流行。有一定的季节性,多发生在吸血昆虫多、雨水多、洪水泛滥的季节。

2.2 临床症状

2.2.1 本规范规定本病的潜伏期为 20 天。

2.2.2 典型症状

本病主要呈急性经过,多以突然死亡、天然孔出血、尸僵不全为特征。

牛:体温升高常达41℃以上,可视黏膜呈暗紫色,心动过速、呼吸困难。呈慢性经过的病牛,在颈、胸前、肩胛、腹下或外阴部常见水肿;皮肤病灶温度增高,坚硬,有压痛,也可发生坏死,有时形成溃疡;颈部水肿常与咽炎和喉头水肿相伴发生,致使呼吸困难加重。急性病例一般经24~36小时后死亡,亚急性病例一般经2~5天后死亡。

马:体温升高,腹下、乳房、肩及咽喉部常见水肿。舌炭疽多见呼吸困难、发绀;肠炭疽腹痛明显。急性病例一般经24~36小时后死亡,有炭疽痈时,病程可达3~8天。

羊:多表现为最急性(猝死)病症,摇摆、磨牙、抽搐,挣扎、突然倒毙,有的可见从天然孔流出带气泡的黑红色血液。病程稍长者也只持续数小时后死亡。

猪:多为局限性变化,呈慢性经过,临床症状不明显,常在宰后见病变。

犬和其他肉食动物临床症状不明显。

2.3 病理变化

死亡患病动物可视黏膜发绀、出血。血液呈暗紫红色,凝固不良,黏稠似煤焦油状。皮下、肌间、咽喉等部位有浆液性渗出及出血。淋巴结肿大、充血,切面潮红。脾脏高度肿胀,达正常数倍,脾髓呈黑紫色。

严禁在非生物安全条件下进行疑似患病动物、患病动物的尸体剖检。

2.4 实验室诊断

实验室病原学诊断必须在相应级别的生物安全实验室进行。

2.4.1 病原鉴定

2.4.1.1 样品采集、包装与运输

按照NY/T561 2.1.2、4.1、5.1执行。

2.4.1.2 病原学诊断

炭疽的病原分离及鉴定(见NY/T561)。

2.4.2　血清学诊断

炭疽沉淀反应(见 NY/T561)。

2.4.3　分子生物学诊断

聚合酶链式反应(PCR)(见附件 1)。

3　疫情报告

3.1　任何单位和个人发现患有本病或者疑似本病的动物，都应立即向当地动物防疫监督机构报告。

3.2　当地动物防疫监督机构接到疫情报告后，按国家动物疫情报告管理的有关规定执行。

4　疫情处理

依据本病流行病学调查、临床症状,结合实验室诊断做出的综合判定结果可作为疫情处理依据。

4.1　当地动物防疫监督机构接到疑似炭疽疫情报告后，应及时派员到现场进行流行病学调查和临床检查,采集病料送符合规定的实验室诊断,并立即隔离疑似患病动物及同群动物,限制移动。

对病死动物尸体,严禁进行开放式解剖检查,采样时必须按规定进行,防止病原污染环境,形成永久性疫源地。

4.2　确诊为炭疽后,必须按下列要求处理。

4.2.1　由所在地县级以上兽医主管部门划定疫点、疫区、受威胁区。

疫点：指患病动物所在地点。一般是指患病动物及同群动物所在畜场(户组)或其他有关屠宰、经营单位。

疫区:指由疫点边缘外延 3 千米范围内的区域。在实际划分疫区时,应考虑当地饲养环境和自然屏障(如河流、山脉等)以及气象因素,科学确定疫区范围。

受威胁区:指疫区外延 5 千米范围内的区域。

4.2.2　本病呈零星散发时,应对患病动物作无血扑杀处理,对同群动物立即进行强制免疫接种,并隔离观察 20 天。对病死动物及排泄物、可能被污染饲料、污水等按附件2的要求进行无害化处理；对可能被污染的物品、交通工具、用具、动物舍进行严格彻底消毒(见附件2)。疫区、受威胁区所有易感动物进行紧急免疫接种。对病死动物尸体严禁进行开放式解剖检查，采样必须按规定进行，防止病原污染环境，形成永久性疫源地。

4.2.3　本病呈暴发流行时(1个县10天内发现5头以上的患病动物)，要报请同级人民政府对疫区实行封锁；人民政府在接到封锁报告后，应立即发布封锁令，并对疫区实施封锁。

疫点、疫区和受威胁区采取的处理措施如下：

4.2.3.1　疫点

出入口必须设立消毒设施。限制人、易感动物、车辆进出和动物产品及可能受污染的物品运出。对疫点内动物舍、场地以及所有运载工具、饮水用具等必须进行严格彻底地消毒。

患病动物和同群动物全部进行无血扑杀处理。其他易感动物紧急免疫接种。

对所有病死动物、被扑杀动物，以及排泄物和可能被污染的垫料、饲料等物品产品按附件2要求进行无害化处理。

动物尸体需要运送时，应使用防漏容器，须有明显标志，并在动物防疫监督机构的监督下实施。

4.2.3.2　疫区：交通要道建立动物防疫监督检查站，派专人监管动物及其产品的流动，对进出人员、车辆须进行消毒。停止疫区内动物及其产品的交易、移动。所有易感动物必须圈养，或在指定地点放养；对动物舍、道路等可能污染的场所进行消毒。

对疫区内的所有易感动物进行紧急免疫接种。

4.2.3.3　受威胁区：对受威胁区内的所有易感动物进行紧急免疫接种。

4.2.3.4　进行疫源分析与流行病学调查

4.2.3.5　封锁令的解除

最后1头患病动物死亡或患病动物和同群动物扑杀处理后20天内不

再出现新的病例，进行终末消毒后，经动物防疫监督机构审验合格后，由当地兽医主管部门向原发布封锁令的机关申请发布解除封锁令。

4.2.4 处理记录

对处理疫情的全过程必须做好完整的详细记录，建立档案。

5 预防与控制

5.1 环境控制

饲养、生产、经营场所和屠宰场必须符合《动物防疫条件审核管理办法》（农业部〔2002〕15 号令）规定的动物防疫条件，建立严格的卫生（消毒）管理制度。

5.2 免疫接种

5.2.1 各省根据当地疫情流行情况，按农业部制定的免疫方案，确定免疫接种对象、范围。

5.2.2 使用国家批准的炭疽疫苗，并按免疫程序进行适时免疫接种，建立免疫档案。

5.3 检疫

5.3.1 产地检疫

按 GB16549 和《动物检疫管理办法》实施检疫。检出炭疽阳性动物时，按本规范 4.2.2 规定处理。

5.3.2 屠宰检疫

按 NY467 和《动物检疫管理办法》对屠宰的动物实施检疫。

5.4 消毒

对新老疫区进行经常性消毒，雨季要重点消毒。皮张、毛等按照附件 2 实施消毒。

5.5 人员防护

动物防疫检疫、实验室诊断及饲养场、畜产品及皮张加工企业工作人员要注意个人防护，参与疫情处理的有关人员，应穿防护服、戴口罩和手套，做好自身防护。

附件 1:聚合酶链式反应(PCR)技术

1 试剂

1.1 消化液

1.1.1 1 M 三羟甲基氨基甲烷-盐酸(Tris-HCl)(pH8.0)

三羟甲基氨基甲烷	12.11 g
灭菌双蒸水	80 mL
浓盐酸	调 pH 至 8.0
灭菌双蒸水	加至 100 mL

1.1.2 0.5 M 乙二胺四乙酸二钠(EDTA)溶液 (pH8.0)

二水乙二胺四乙酸二钠	18.61 g
灭菌双蒸水	80 mL
氢氧化钠	调 pH 至 8.0
灭菌双蒸水	加至 100 mL

1.1.3 20%十二烷基磺酸钠(SDS)溶液 (pH7.2)

十二烷基磺酸钠	20 g
灭菌双蒸水	80 mL
浓盐酸	调 pH 至 7.2
灭菌双蒸水	加至 100 mL

1.1.4 消化液配制

1 M 三羟甲基氨基甲烷-盐酸(Tris-HCl)(pH8.0)	2 mL
0.5 mol/L 乙二胺四乙酸二钠溶液(pH8.0)	0.4 mL
20% 十二烷基磺酸钠溶液(pH7.2)	5 mL

5 M 氯化钠	4 mL
灭菌双蒸水	加至 200 mL

1.2 蛋白酶 K 溶液

蛋白酶 K	5 g
灭菌双蒸水	加至 250 mL

1.3 酚/氯仿/异戊醇混合液

碱性酚	25 mL
氯仿	24 mL
异戊醇	1 mL

1.4 2.5 mmol/LdNTP

dATP(100 mmol/L)	20 μL
dTTP(100 mmol/L)	20 μL
dGTP(100 mmol/L)	20 μL
dCTP(100 mmol/L)	20 μL
灭菌双蒸水	加至 800 μL

1.5 8 pmol/μL PCR 引物

上游引物 ATXU(2 OD)加入 701 μl 灭菌双蒸水溶解,下游引物 ATXD(2 OD)加入 697 μL 灭菌双蒸水溶解,分别取 ATXU、ATXD 溶液各 300 μL,混匀即为 8 pmol/μL 扩增引物。

1.6 0.5 单位 Taq DNA 聚合酶

5 单位 Taq DNA 聚合酶	1 μL
灭菌双蒸水	加至 10 μL

现用现配。

1.7 10×PCR 缓冲液

1.7.1 1 mol/L 三羟甲基氨基甲烷–盐酸(Tris–HCl)(pH9.0)

三羟基甲基氨基甲烷	15.8 g
灭菌双蒸水	80 mL

浓盐酸	调 pH 至 9.0
灭菌双蒸水	加至 100 mL

1.7.2 10 倍 PCR 缓冲液

1 mol/L 三羟基甲基氨基甲烷-盐酸（Tris-HCl)(pH9.0)	1 mL
氯化钾	0.373 g
曲拉通 X-100	0.1 mL
灭菌双蒸水	加至 100 mL

1.8 溴化乙啶(EB)溶液

溴化乙啶	0.2 g
灭菌双蒸水	加至 20 mL

1.9 电泳缓冲液(50 倍)

1.9.1 0.5 mol/L 乙二胺四乙酸二钠(EDTA)溶液(pH8.0)

二水乙二胺四乙酸二钠	18.61 g
灭菌双蒸水	80 mL
氢氧化钠	调 pH 至 8.0
灭菌双蒸水	加至 100 mL

1.9.2 TAE 电泳缓冲液(50 倍)

三羟基甲基氨基甲烷(Tris)	242 g
冰乙酸	57.1 mL
0.5 mol/L 乙二胺四乙酸二钠溶液(pH8.0)	100 mL
灭菌双蒸水	加至 1 000 mL

用时用灭菌双蒸水稀释使用

1.10 1.5%琼脂糖凝胶

琼脂糖	3 g
TAE 电泳缓冲液(50 倍)	4 mL
灭菌双蒸水	196 mL

微波炉中完全融化，加溴化乙啶(EB)溶液 20 μL。

1.11　上样缓冲液

溴酚蓝 0.2 g，加双蒸水 10 mL 过夜溶解。50 g 蔗糖加入 50 mL 水溶解后，移入已溶解的溴酚蓝溶液中，摇匀定容至 100 mL。

1.12　其他试剂

异丙醇(分析纯)

70%乙醇

15 mmoL/L 氯化镁

灭菌双蒸水

2　**器材**

2.1　仪器

分析天平、高速离心机、真空干燥器、PCR 扩增仪、电泳仪、电泳槽、紫外凝胶成像仪(或紫外分析仪)、液氮或-70℃冰箱、微波炉、组织研磨器、-20℃冰箱、可调移液器(2 μL 、20 μL、200 μL、1 000 μL)。

2.2　耗材

眼科剪、眼科镊、称量纸、20 mL 一次性注射器、1.5 mL 灭菌离心管、0.2 mL 薄壁 PCR 管、琼脂糖、500 mL 量筒、500 mL 锥形瓶、吸头(10 μL、200 μL、1 000 μL)、灭菌双蒸水。

2.3　引物设计

根据 GenBank 上已发表的炭疽杆菌 POX1 质粒序列，设计并合成了以下两条引物：

ATXU:5’-AGAATGTATCACCAGAGGC-3’ ATXD:5’-GTTGTAGATTGG

AGC

CGTC-3’，此对引物扩增片段为 394 bp。

2.4　样品的采集与处理

2.4.1　样品的采集

病死或扑杀的动物取肝脏或脾；待检的活动物，用注射器取血 5~10 mL，

2~8℃保存，送实验室检测。

2.4.2 样品的处理

每份样品分别处理。

2.4.2.1 组织样品处理

称取待检病料 0.2 g，置研磨器中剪碎并研磨，加入 2 mL 消化液继续研磨。取已研磨好的待检病料上清 100 μL 加入 1.5 mL 灭菌离心管中，再加入 500 μL 消化液和 10 μL 蛋白酶 K 溶液，混匀后，置 55℃水浴中 4~16 h。

2.4.2.2 待检菌的处理

取培养获得的菌落，重悬于生理盐水中。取其悬液 100 μL 加入 1.5 mL 灭菌离心管中，再加入 500 μL 消化液和 10 μL 蛋白酶 K 溶液，混匀后，置 55℃水浴中过夜。

2.4.2.3 全血样品处理

待血凝后取上清放于离心管中，4℃ 8 000 g 离心 5 分钟，取上清 100 μL，加入 500 L 消化液和 10 μL 蛋白酶 K 溶液，混匀后，置 55℃水浴中过夜。

2.4.2.4 阳性对照处理

取培养的炭疽杆菌，重悬于生理盐水中。取其悬液 100 μL，置 1.5 mL 灭菌离心管中，加入 500 μL 消化液和 10 μL 蛋白酶 K 溶液，混匀后，置 55℃水浴中过夜。

2.4.2.5 阴性对照处理

取灭菌双蒸水 100 μL，置 1.5 mL 灭菌离心管中，加入 500 μL 消化液 10 μL 蛋白酶 K 溶液，混匀后，置 55℃水浴中过夜。

2.5 DNA 模板的提取

2.5.1 取出已处理的样品及阴、阳对照，加入 600 μL 酚/氯仿/异戊醇混合液，用力颠倒 10 次混匀，12 000 g 离心 10 min。

2.5.2 取上清置 1.5 mL 灭菌离心管中，加入等体积异丙醇，混匀，置液氮中 3 分钟。取出样品管，室温融化，15 000 rpm 离心 15 min。

2.5.3 弃上清，沿管壁缓缓滴入 1 mL 70%乙醇，轻轻旋转洗一次后倒掉，将离心管倒扣于吸水纸上 1 min，真空抽干 15 min（以无乙醇味为准）。

2.5.4 取出样品管，用 50 μL 灭菌双蒸水溶解沉淀，作为模板备用。

2.6 PCR 扩增

总体积 20 μL，取灭菌双蒸水 8 μL，2.5 mmol/L dNTP、8 pmol/μL 扩增引物、15 mmol/L 氯化镁、10×PCR 缓冲液、0.5 单位 TaqDNA 聚合酶各 2 μL，2 μL 模板 DNA。混匀，做好标记，加入矿物油 20 μL 覆盖（有热盖的自动 DNA 热循环仪不用加矿物油）。扩增条件为 94℃ 3 min 后，94℃ 30 s，58℃ 30 s，72℃ 30 s 循环 35 次，72℃延伸 5 min。

2.7 电泳

将 PCR 扩增产物 15 μL 混合 3 μL 上样缓冲液，点样于 1.5%琼脂糖凝胶孔中，以 5 V/cm 电压于 1×TAE 缓冲液中电泳，紫外凝胶成像仪下观察结果。

2.8 结果判定

在阳性对照出现 394 bp 扩增带、阴性对照无带出现（引物带除外）时，试验结果成立。被检样品出现 394 bp 扩增带为炭疽杆菌阳性，否则为阴性。

附件 2：无害化处理

1 炭疽动物尸体处理

应结合远离人们生活、水源等因素考虑，因地制宜，就地焚烧。如需移动尸体，先用 5%福尔马林消毒尸体表面，然后搬运，并将原放置尸地及尸体天然孔出血及渗出物用 5%福尔马林浸渍消毒数次，在搬运过程中避免污染沿途路段。焚烧时将尸体垫起，用油或木柴焚烧，要求燃烧彻底。无条件进行焚烧处理时，也可按规定进行深埋处理。

2 粪肥、垫料、饲料的处理

被污染的粪肥、垫料、饲料等，应混以适量干碎草，在远离建筑物和易燃品处堆积彻底焚烧，然后取样检验，确认无害后，方可用作肥料。

3 房屋、厩舍处理

开放式房屋、厩舍可用 5%福尔马林喷洒消毒 3 遍，每次浸渍 2 h。也可用 20%漂白粉液喷雾，200 mL/m^2 作用 2 h。对砖墙、土墙、地面污染严重处，在离开易燃品条件下，亦可先用酒精或汽油喷灯地毯式喷烧 1 遍，然后再用 5%福尔马林喷洒消毒 3 遍。

对可密闭房屋及室内橱柜、用具消毒，可用福尔马林熏蒸。在室温 18℃条件下，对每 25~30 m^3 空间，用 10%浓甲醛液（内含 37%甲醛气体）约 4 000 mL，用电煮锅蒸 4 h。蒸前先将门窗关闭，通风孔隙用高粘胶纸封严，工作人员戴专用防毒面具操作。密封 8~12 h，打开门窗换气，然后使用。

熏蒸消毒效果测定，可用浸有炭疽弱毒菌芽孢的纸片，放在含组氨酸的琼脂平皿上，待熏后取出置 37℃培养 24 h，如无细菌生长即认为消毒有效。

也可选择其他消毒液进行喷洒消毒，如 4%戊二醛（pH8.0~8.5）2 h 浸洗、

5%甲醛(约15%福尔马林)2 h、3% H_2O_2 2 h或过氧乙酸2 h。其中,H_2O_2和过氧乙酸不宜用于有血液存在的环境消毒;过氧乙酸不宜用于金属器械消毒。

4 泥浆、粪汤处理

猪、牛等动物死亡污染的泥浆、粪汤,可用20%漂白粉液1份(处理物2份),作用2 h;或甲醛溶液50~100 mL/m³比例加入,每天搅拌1~2次,消毒4天,即可撒到野外或田里,或掩埋处理(即作深埋处理)。

5 污水处理

按水容量加入甲醛溶液,使其含甲醛液量达到5%,处理10 h;或用3%过氧乙酸处理4 h;或用氯胺或液态氯加入污水,于pH4.0时加入有效氯量为4 mg/L,30 min可杀灭芽孢,一般加氯后作用2 h流放1次。

6 土壤处理

炭疽动物倒毙处的土壤消毒,可用5%甲醛溶液500 mL/m²消毒三次,每次2 h,间隔1 h。亦可用氯胺或10%漂白粉乳剂浸渍2 h,处理2次,间隔1 h。亦可先用酒精或柴油喷灯喷烧污染土地表面,然后再用5%甲醛溶液或漂白粉乳剂浸渍消毒。

7 衣物、工具及其他器具处理

耐高温的衣物、工具、器具等可用高压蒸汽灭菌器在121℃高压蒸汽灭菌1 h;不耐高温的器具可用甲醛熏蒸,或用5%甲醛溶液浸渍消毒。运输工具、家具可用10%漂白粉液或1%过氧乙酸喷雾或擦拭,作用1~2 h。凡无使用价值的严重污染物品可用火彻底焚毁消毒。

8 皮、毛处理

皮毛、猪鬃、马尾的消毒,采用97%~98%的环氧乙烷、2%的CO_2、1%的十二氟混合液体,加热后输入消毒容器内,经48 h渗透消毒,启开容器换气,检测消毒效果。但须注意,环氧乙烷的熔点很低(<0℃),在空气中浓度超过3%,遇明火即易燃烧发生爆炸,必须低温保存运输,使用时应注意安全。

骨、角、蹄在制作肥料或其他原料前,均应彻底消毒。如采用121℃高压蒸汽灭菌;或5%甲醛溶液浸泡;或用火焚烧。

附录 9

布鲁氏菌病防治技术规范

布鲁氏菌病(Brucellosis,也称布氏杆菌病,以下简称布病)是由布鲁氏菌属细菌引起的人兽共患的常见传染病。我国将其列为二类动物疫病。

为了预防、控制和净化布病,依据《中华人民共和国动物防疫法》及有关的法律法规,制定本规范。

1 适用范围

本规范规定了动物布病的诊断、疫情报告、疫情处理、防治措施、控制和净化标准。

本规范适用于中华人民共和国境内一切从事饲养、经营动物和生产、经营动物产品,以及从事动物防疫活动的单位和个人。

2 诊断

2.1 流行特点

多种动物和人对布鲁氏菌易感。

布鲁氏菌属的 6 个种和主要易感动物见下表:

种	主要易感动物
羊种布鲁氏菌(*Brucella melitensis*)	羊、牛
牛种布鲁氏菌(*Brucella abortus*)	牛、羊
猪种布鲁氏菌(*Brucella suis*)	猪
绵羊附睾种布鲁氏菌(*Brucella ovis*)	绵羊
犬种布鲁氏菌(*Brucella canis*)	犬
沙林鼠种布鲁氏菌(*Brucella neotomae*)	沙林鼠

布鲁氏菌是一种细胞内寄生的病原菌，主要侵害动物的淋巴系统和生殖系统。病畜主要通过流产物、精液和乳汁排菌，污染环境。

羊、牛、猪的易感性最强。母畜比公畜，成年畜比幼年畜发病多。在母畜中，第一次妊娠母畜发病较多。带菌动物，尤其是病畜的流产胎儿、胎衣是主要传染源。消化道、呼吸道、生殖道是主要的感染途径，也可通过损伤的皮肤、黏膜等感染。常呈地方性流行。

人主要通过皮肤、黏膜、消化道和呼吸道感染，尤其以感染羊种布鲁氏菌、牛种布鲁氏菌最为严重。猪种布鲁氏菌感染人较少见，犬种布鲁氏菌感染人罕见，绵羊附睾种布鲁氏菌、沙林鼠种布鲁氏菌基本不感染人。

2.2 临床症状

潜伏期一般为14~180天。

最显著症状是怀孕母畜发生流产，流产后可能发生胎衣滞留和子宫内膜炎，从阴道流出污秽不洁、恶臭的分泌物。新发病的畜群流产较多；老疫区畜群发生流产的较少，但发生子宫内膜炎、乳房炎、关节炎、胎衣滞留、久配不孕的较多。公畜往往发生睾丸炎、附睾炎或关节炎。

2.3 病理变化

主要病变为生殖器官的炎性坏死，脾、淋巴结、肝、肾等器官形成特征性肉芽肿（布病结节）。有的可见关节炎。胎儿主要呈败血症病变，浆膜和黏膜有出血点和出血斑，皮下结缔组织发生浆液性、出血性炎症。

2.4 实验室诊断

2.4.1 病原学诊断

2.4.1.1 显微镜检查

采集流产胎衣、绒毛膜水肿液、肝、脾、淋巴结、胎儿胃内容物等组织，制成抹片，用柯兹罗夫斯基染色法染色，镜检，布鲁氏菌为红色球杆状小杆菌，而其他菌为蓝色。

2.4.1.2 分离培养

新鲜病料可用胰蛋白月示 琼脂面或血液琼脂斜面、肝汤琼脂斜面、3%

甘油0.5%葡萄糖肝汤琼脂斜面等培养基培养;若为陈旧病料或污染病料,可用选择性培养基培养。培养时，一份在普通条件下，另一份放于含有5%~10%二氧化碳的环境中,37℃培养7~10天。然后进行菌落特征检查和单价特异性抗血清凝集试验。为使防治措施有更好的针对性,还需做种型鉴定。

如病料被污染或含菌极少时,可将病料用生理盐水稀释5~10倍,健康豚鼠腹腔内注射0.1~0.3 mL/只。如果病料腐败时,可接种于豚鼠的股内侧皮下。接种后4~8周,将豚鼠扑杀,从肝、脾分离培养布鲁氏菌。

2.4.2 血清学诊断

2.4.2.1 虎红平板凝集试验(RBPT)(见GB/T 18646)

2.4.2.2 全乳环状试验(MRT)(见GB/T 18646)

2.4.2.3 试管凝集试验(SAT)(见GB/T 18646)

2.4.2.4 补体结合试验(CFT)(见GB/T 18646)

2.5 结果判定

县级以上动物防疫监督机构负责布病诊断结果的判定。

2.5.1 具有2.1、2.2和2.3时,判定为疑似疫情。

2.5.2 符合2.5.1,且2.4.1.1或2.4.1.2阳性时,判定为患病动物。

2.5.3 未免疫动物的结果判定如下:

2.5.3.1 2.4.2.1或2.4.2.2阳性时,判定为疑似患病动物。

2.5.3.2 2.4.1.2或2.4.2.3或2.4.2.4阳性时,判定为患病动物。

2.5.3.3 符合2.5.3.1但2.4.2.3或2.4.2.4阴性时,30天后应重新采样检测,2.4.2.1或2.4.2.3或2.4.2.4阳性的判定为患病动物。

3 疫情报告

3.1 任何单位和个人发现疑似疫情,应当及时向当地动物防疫监督机构报告。

3.2 动物防疫监督机构接到疫情报告并确认后，按《动物疫情报告管理办法》及有关规定及时上报。

4 疫情处理

4.1 发现疑似疫情,畜主应限制动物移动;对疑似患病动物应立即隔离。

4.2 动物防疫监督机构要及时派员到现场进行调查核实,开展实验室诊断。确诊后,当地人民政府组织有关部门按下列要求处理:

4.2.1 扑杀

对患病动物全部扑杀。

4.2.2 隔离

对受威胁的畜群(病畜的同群畜)实施隔离,可采用圈养和固定草场放牧两种方式隔离。

隔离饲养用草场,不要靠近交通要道,居民点或人畜密集的地区。场地周围最好有自然屏障或人工栅栏。

4.2.3 无害化处理

患病动物及其流产胎儿、胎衣、排泄物、乳、乳制品等按照GB16548-1996《畜禽病害肉尸及其产品无害化处理规程》进行无害化处理。

4.2.4 流行病学调查及检测

开展流行病学调查和疫源追踪;对同群动物进行检测。

4.2.5 消毒

对患病动物污染的场所、用具、物品严格进行消毒。

饲养场的金属设施、设备可采取火焰、熏蒸等方式消毒;养畜场的圈舍、场地、车辆等,可选用2%烧碱等有效消毒药消毒;饲养场的饲料、垫料等,可采取深埋发酵处理或焚烧处理;粪便消毒采取堆积密封发酵方式。皮毛消毒用环氧乙烷、福尔马林熏蒸等。

4.2.6 发生重大布病疫情时,当地县级以上人民政府应按照《重大动物疫情应急条例》有关规定,采取相应的扑灭措施。

5 预防和控制

非疫区以监测为主;稳定控制区以监测净化为主;控制区和疫区实行监测、扑杀和免疫相结合的综合防治措施。

5.1 免疫接种

5.1.1 范围:疫情呈地方性流行的区域,应采取免疫接种的方法。

5.1.2 对象:免疫接种范围内的牛、羊、猪、鹿等易感动物。根据当地疫情,确定免疫对象。

5.1.3 疫苗选择:布病疫苗 S2 株(以下简称 S2 疫苗)、M5 株(以下简称 M5 疫苗)、S19 株(以下简称 S19 疫苗)以及经农业部批准生产的其他疫苗。

5.2 监测

5.2.1 监测对象和方法

监测对象:牛、羊、猪、鹿等动物。

监测方法:采用流行病学调查、血清学诊断方法,结合病原学诊断进行监测。

5.2.2 监测范围、数量

免疫地区:对新生动物、未免疫动物、免疫一年半或口服免疫一年以后的动物进行监测(猪可在口服免疫半年后进行)。监测至少每年进行一次,牧区县抽检 300 头(只)以上,农区和半农半牧区抽检 200 头(只)以上。

非免疫地区:监测至少每年进行一次。达到控制标准的牧区县抽检 1 000 头(只)以上,农区和半农半牧区抽检 500 头(只)以上;达到稳定控制标准的牧区县抽检 500 头(只)以上,农区和半农半牧区抽检 200 头(只)以上。

所有的奶牛、奶山羊和种畜每年应进行两次血清学监测。

5.2.3 监测时间

对成年动物监测时,猪、羊在 5 月龄以上,牛在 8 月龄以上,怀孕动物则在第一胎产后半个月至 1 个月间进行;对 S2、M5、S19 疫苗免疫接种过的动物,在接种后 18 个月(猪接种后 6 个月)进行。

5.2.4 监测结果的处理

按要求使用和填写监测结果报告,并及时上报。

判断为患病动物时,按第 4 项规定处理。

5.3　检疫

异地调运的动物，必须来自于非疫区，凭当地动物防疫监督机构出具的检疫合格证明调运。

动物防疫监督机构应对调运的种用、乳用、役用动物进行实验室检测。检测合格后，方可出具检疫合格证明。调入后应隔离饲养30天，经当地动物防疫监督机构检疫合格后，方可解除隔离。

5.4　人员防护

饲养人员每年要定期进行健康检查。发现患有布病的应调离岗位，及时治疗。

5.5　防疫监督

布病监测合格应为奶牛场、种畜场《动物防疫合格证》发放或审验的必备条件。动物防疫监督机构要对辖区内奶牛场、种畜场的检疫净化情况监督检查。

鲜奶收购点（站）必须凭奶牛健康证明收购鲜奶。

6　控制和净化标准

6.1　控制标准

6.1.1　县级控制标准

连续2年以上具备以下3项条件：

6.1.1.1　对未免疫或免疫18个月后的动物，牧区抽检3 000份血清以上，农区和半农半牧区抽检1 000份血清以上，用试管凝集试验或补体结合试验进行检测。

试管凝集试验阳性率：羊、鹿0.5%以下，牛1%以下，猪2%以下。

补体结合试验阳性率：各种动物阳性率均在0.5%以下。

6.1.1.2　抽检羊、牛、猪流产物样品共200份以上（流产物数量不足时，补检正常产胎盘、乳汁、阴道分泌物或屠宰畜脾脏），检不出布鲁氏菌。

6.1.1.3　患病动物均已扑杀，并进行无害化处理。

6.1.2　市级控制标准

全市所有县均达到控制标准。

6.1.3　省级控制标准

全省所有市均达到控制标准。

6.2　稳定控制标准

6.2.1　县级稳定控制标准

按控制标准的要求的方法和数量进行,连续3年以上具备以下3项条件:

6.2.1.1　羊血清学检查阳性率在0.1%以下、猪在0.3%以下;牛、鹿0.2%以下。

6.2.1.2　抽检羊、牛、猪等动物样品材料检不出布鲁氏菌。

6.2.1.3　患病动物全部扑杀,并进行了无害化处理。

6.2.2　市级稳定控制标准

全市所有县均达到稳定控制标准。

6.2.3　省级稳定控制标准

全省所有市均达到稳定控制标准。

6.3　净化标准

6.3.1　县级净化标准

按控制标准要求的方法和数量进行,连续2年以上具备以下2项条件:

6.3.1.1　达到稳定控制标准后,全县范围内连续两年无布病疫情。

6.3.1.2　用试管凝集试验或补体结合试验进行检测,全部阴性。

6.3.2　市级净化标准

全市所有县均达到净化标准。

6.3.3　省级净化标准

全省所有市均达到净化标准。

6.3.4　全国净化标准

全国所有省(市、自治区)均达到净化标准。

附录 10

牛结节性皮肤病防治技术规范

牛结节性皮肤病(Lumpyskindisease,LSD)是由痘病毒科山羊痘病毒属牛结节性皮肤病病毒引起的牛全身性感染疫病，临床以皮肤出现结节为特征,该病不传染人,不是人、畜共患病。世界动物卫生组织(OIE)将其列为法定报告的动物疫病,农业农村部暂时将其作为二类动物疫病管理。

为防范、控制和扑灭牛结节性皮肤病疫情,依据《中华人民共和国动物防疫法》《重大动物疫情应急条例》《国家突发重大动物疫情应急预案》等法律法规,制定本规范。

1 适用范围

本规范规定了牛结节性皮肤病的诊断、疫情报告和确认、疫情处置、防范等防控措施。

本规范适用于中华人民共和国境内与牛结节性皮肤病防治活动有关的单位和个人。

2 诊断

2.1 流行病学

2.1.1 传染源

感染牛结节性皮肤病病毒的牛。感染牛和发病牛的皮肤结节、唾液、精液等含有病毒。

2.1.2 传播途径

主要通过吸血昆虫(蚊、蝇、蠓、虻、蜱等)叮咬传播。可通过相互舔舐传播,摄入被污染的饲料和饮水也会感染该病,共用污染的针头也会导致在群内传播。感染公牛的精液中带有病毒,可通过自然交配或人工授精传播。

2.1.3　易感动物

能感染所有牛，黄牛、奶牛、水牛等易感，无年龄差异。

2.1.4　潜伏期

《世界动物卫生组织陆生动物卫生法典》规定，潜伏期为28天。

2.1.5　发病率和病死率

发病率可达2%~45%。病死率一般低于10%。

2.1.6　季节性

该病主要发生于吸血虫媒活跃季节。

2.2　临床症状

临床表现差异很大，跟动物的健康状况和感染的病毒量有关。

体温升高，可达41℃，可持续1周。浅表淋巴结肿大，特别是肩前淋巴结肿大。奶牛产奶量下降。精神消沉，不愿活动。眼结膜炎，流鼻涕，流涎。发热后48小时皮肤上会出现直径10~50 mm的结节，以头、颈、肩部、乳房、外阴、阴囊等部位居多。结节可能破溃，吸引蝇蛆，反复结痂，迁延数月不愈。口腔黏膜出现水泡，继而溃破和糜烂。牛的四肢及腹部、会阴等部位水肿，导致牛不愿活动。

公牛可能暂时或永久性不育。怀孕母牛流产，发情延迟可达数月。

牛结节性皮肤病与牛疱疹病毒病、伪牛痘、疥螨病等临床症状相似，需开展实验室检测进行鉴别诊断。

2.3　病理变化

消化道和呼吸道内表面有结节病变。淋巴结肿大，出血。心脏肿大，心肌外表充血、出血，呈现斑块状淤血。肺脏肿大，有少量出血点。肾脏表面有出血点。气管黏膜充血，气管内有大量黏液。

肝脏肿大，边缘钝圆。胆囊肿大，为正常2~3倍，外壁有出血斑。

脾脏肿大，质地变硬，有出血状况。胃黏膜出血。小肠弥漫性出血。

2.4　实验室检测

2.4.1　抗体检测

采集全血分离血清用于抗体检测，可采用病毒中和试验、酶联免疫吸附试验等方法。

2.4.2　病原检测

采集皮肤结痂、口鼻拭子、抗凝血等用于病原检测。

2.4.2.1　病毒核酸检测：可采用荧光聚合酶链式反应、聚合酶链式反应等方法。

2.4.2.2　病毒分离鉴定：可采用细胞培养分离病毒、动物回归试验等方法。

病毒分离鉴定工作应在中国动物卫生与流行病学中心（国家外来动物疫病研究中心）或农业农村部指定实验室进行。

3　疫情报告和确认

按照动物防疫法和农业农村部规定，对牛结节性皮肤病疫情实行快报制度。任何单位和个人发现牛出现疑似牛结节性皮肤病症状，应立即向所在地畜牧兽医主管部门、动物卫生监督机构或动物疫病预防控制机构报告，有关单位接到报告后应立即按规定通报信息，按照"可疑疫情-疑似疫情-确诊疫情"的程序认定疫情。

3.1　可疑疫情

县级以上动物疫病预防控制机构接到信息后，应立即指派两名中级以上技术职称人员到场，开展现场诊断和流行病学调查，符合牛结节性皮肤病典型临床症状的，判定为可疑病例，并及时采样送检。

县级以上地方人民政府畜牧兽医主管部门根据现场诊断结果和流行病学调查信息，认定可疑疫情。

3.2　疑似疫情

可疑病例样品经县级以上动物疫病预防控制机构或经认可的实验室检出牛结节性皮肤病病毒核酸的，判定为疑似病例。

县级以上地方人民政府畜牧兽医主管部门根据实验室检测结果和流行

病学调查信息,认定疑似疫情。

3.3 确诊疫情

疑似病例样品经省级动物疫病预防控制机构或省级人民政府畜牧兽医主管部门授权的地市级动物疫病预防控制机构实验室复检，其中各省份首例疑似病例样品经中国动物卫生与流行病学中心（国家外来动物疫病研究中心)复核,检出牛结节性皮肤病病毒核酸的,判定为确诊病例。

省级人民政府畜牧兽医主管部门根据确诊结果和流行病学调查信息,认定疫情;涉及两个以上关联省份的疫情,由农业农村部认定疫情。

在牛只运输过程中发现的牛结节性皮肤病疫情，由疫情发现地负责报告、处置,计入牛只输出地。

相关单位在开展疫情报告、调查以及样品采集、送检、检测等工作时,应及时做好记录备查。疑似、确诊病例所在省份的动物疫病预防控制机构,应按疫情快报要求将疑似、确诊疫情及其处置情况、流行病学调查情况、终结情况等信息按快报要求,逐级上报至中国动物疫病预防控制中心,并将样品和流行病学调查信息送中国动物卫生与流行病学中心。中国动物疫病预防控制中心依程序向农业农村部报送疫情信息。

牛结节性皮肤病疫情由省级畜牧兽医主管部门负责定期发布，农业农村部通过《兽医公报》等方式按月汇总发布。

4 疫情处置

4.1 临床可疑和疑似疫情处置

对发病场(户)的动物实施严格的隔离、监视,禁止牛只及其产品、饲料及有关物品移动,做好蚊、蝇、蠓、虻、蜱等虫媒的灭杀工作,并对隔离场所内外环境进行严格消毒。必要时采取封锁、扑杀等措施。

4.2 确诊疫情处置

4.2.1 划定疫点、疫区和受威胁区

4.2.1.1 疫点:相对独立的规模化养殖场(户),以病牛所在的场(户)为疫点;散养牛以病牛所在的自然村为疫点;放牧牛以病牛所在的活动场地为疫点;

在运输过程中发生疫情的,以运载病牛的车、船、飞机等运载工具为疫点;在市场发生疫情的,以病牛所在市场为疫点;在屠宰加工过程中发生疫情的,以屠宰加工厂(场)为疫点。

4.2.1.2　疫区:疫点边缘向外延伸 3 千米的区域。对运输过程发生的疫情,经流行病学调查和评估无扩散风险,可以不划定疫区。

4.2.1.3　受威胁区:由疫区边缘向外延伸 10 千米的区域。对运输过程发生的疫情,经流行病学调查和评估无扩散风险,可以不划定受威胁区。

划定疫区、受威胁区时,应根据当地天然屏障(如河流、山脉等)、人工屏障(道路、围栏等)、野生动物栖息地、媒介分布活动等情况,以及疫情追溯调查结果,综合评估后划定。

4.2.2　封锁

必要时,疫情发生所在地县级以上兽医主管部门报请同级人民政府对疫区实行封锁。跨行政区域发生疫情时,由有关行政区域共同的上一级人民政府对疫区实行封锁,或者由各有关行政区域的上一级人民政府共同对疫区实行封锁。上级人民政府可以责成下级人民政府对疫区实行封锁。

4.2.3　对疫点应采取的措施

4.2.3.1　扑杀并销毁疫点内的所有发病和病原学阳性牛,并对所有病死牛、被扑杀牛及其产品进行无害化处理。同群病原学阴性牛应隔离饲养,采取措施防范吸血虫媒叮咬,并鼓励提前出栏屠宰。

4.2.3.2　实施吸血虫媒控制措施,灭杀饲养场所吸血昆虫及幼虫,清除孳生环境。

4.2.3.3　对牛只排泄物、被病原污染或可能被病原污染的饲料和垫料、污水等进行无害化处理。

4.2.3.4　对被病原污染或可能被病原污染的物品、交通工具、器具圈舍、场地进行严格彻底消毒。出入人员、车辆和相关设施要按规定进行消毒。

4.2.4　对疫区应采取的措施

4.2.4.1　禁止牛只出入,禁止未经检疫合格的牛皮张、精液等产品调出。

4.2.4.2 实施吸血虫媒控制措施,灭杀饲养场所吸血昆虫及幼虫,清除孳生环境。

4.2.4.3 对牛只养殖场、牧场、交易市场、屠宰场进行监测排查和感染风险评估,及时掌握疫情动态。对监测发现的病原学阳性牛只进行扑杀和无害化处理,同群牛只隔离观察。

4.2.4.4 对疫区实施封锁的,还应在疫区周围设立警示标志,在出入疫区的交通路口设置临时检查站,执行监督检查任务。

4.2.5 对受威胁区应采取的措施

4.2.5.1 禁止牛只出入和未经检疫合格的牛皮张、精液等产品调出。

4.2.5.2 实施吸血虫媒控制措施,灭杀饲养场所吸血昆虫及幼虫,清除孳生环境。

4.2.5.3 对牛只养殖场、牧场、交易市场、屠宰场进行监测排查和感染风险评估,及时掌握疫情动态。

4.2.6 紧急免疫

疫情所在县和相邻县可采用国家批准的山羊痘疫苗(按照山羊的5倍剂量),对全部牛只进行紧急免疫。

4.2.7 检疫监管

扑杀完成后30天内,禁止疫情所在县活牛调出。各地在检疫监督过程中,要加强对牛结节性皮肤病临床症状的查验。

4.2.8 疫情溯源

对疫情发生前30天内,引入疫点的所有牛只及牛皮张等产品进行溯源性调查,分析疫情来源。当有明确证据表明输入牛只存在引入疫情风险时,对输出地牛群进行隔离观察及采样检测,对牛皮张等产品进行消毒处理。

4.2.9 疫情追踪

对疫情发生30天前至采取隔离措施时,从疫点输出的牛及牛皮张等产品的去向进行跟踪调查,分析评估疫情扩散风险。对有流行病学关联的牛进行隔离观察及采样检测,对牛皮张等产品进行消毒处理。

4.2.10　解除封锁

疫点和疫区内最后一头病牛死亡或扑杀，并按规定进行消毒和无害化处理 30 天后，经疫情发生所在地的上一级畜牧兽医主管部门组织验收合格后，由所在地县级以上畜牧兽医主管部门向原发布封锁令的人民政府申请解除封锁，由该人民政府发布解除封锁令，并通报毗邻地区和有关部门，报上一级人民政府备案。

4.2.11　处理记录

对疫情处理的全过程必须做好完整翔实的记录，并归档。

5　防范措施

5.1　边境防控

各边境地区畜牧兽医部门要积极配合海关等部门，加强边境地区防控，坚持内防外堵，切实落实边境巡查、消毒等各项防控措施。与牛结节性皮肤病疫情流行的国家和地区接壤省份的相关县(市)建立免疫隔离带。

5.2　饲养管理

5.2.1　牛的饲养、屠宰、隔离等场所必须符合《动物防疫条件审查办法》规定的动物防疫条件，建立并实施严格的卫生消毒制度。

5.2.2　养牛场(户)应提高场所生物安全水平，实施吸血虫媒控制措施，灭杀饲养场所吸血昆虫及幼虫，清除孳生环境。

5.3　日常监测

充分发挥国家动物疫情测报体系的作用，按照国家动物疫病监测与流行病学调查计划，加强对重点地区重点环节监测。加强与林草等有关部门合作，做好易感野生动物、媒介昆虫调查监测，为牛结节性皮肤病风险评估提供依据。

5.4　免疫接种

必要时，县级以上畜牧兽医主管部门提出申请，经省级畜牧兽医主管部门批准，报农业农村部备案后采取免疫措施。实施产地检疫时，对已免疫的牛只，应在检疫合格证明中备注免疫日期、疫苗批号、免疫剂量等信息。

5.5 出入境检疫监管

各地畜牧兽医部门要加强与海关、边防等有关部门协作，加强联防联控，形成防控合力。严禁进口来自牛结节性皮肤病疫情国家和地区的牛只及其风险产品，对非法入境的牛只及其产品按相应规定处置。

5.6 宣传培训

加强对各级畜牧兽医主管部门、动物疫病预防控制和动物卫生监督机构工作人员的技术培训，加大牛结节性皮肤病防控知识宣传普及力度，加强对牛只养殖、经营、屠宰等相关从业人员的宣传教育，增强自主防范意识，提高从业人员防治意识。

附录11

牛结核病防治技术规范

牛结核病(Bovine Tuberculosis)是由牛型结核分枝杆菌(Mycobacterium bovis)引起的一种人兽共患的慢性传染病,我国将其列为二类动物疫病。

为了预防、控制和净化牛结核病,根据《中华人民共和国动物防疫法》及有关的法律法规,特制定本规范。

1 适用范围

本规范规定了牛结核病的诊断、疫情报告、疫情处理、防治措施、控制和净化标准。

本规范适用于中华人民共和国境内从事饲养、生产、经营牛及其产品,以及从事相关动物防疫活动的单位和个人。

2 诊断

2.1 流行特点

本病奶牛最易感,其次为水牛、黄牛、牦牛。人也可被感染。结核病病牛是本病的主要传染源。牛型结核分枝杆菌随鼻汁、痰液、粪便和乳汁等排出体外,健康牛可通过被污染的空气、饲料、饮水等经呼吸道、消化道等途径感染。

2.2 临床特征

潜伏期一般为3~6周,有的可长达数月或数年。

临床通常呈慢性经过,以肺结核、乳房结核和肠结核最为常见。

肺结核:以长期顽固性干咳为特征,且以清晨最为明显。患畜容易疲劳,逐渐消瘦,病情严重者可见呼吸困难。

乳房结核:一般先是乳房淋巴结肿大,继而后方乳腺区发生局限性或弥漫性硬结,硬结无热无痛,表面凹凸不平。泌乳量下降,乳汁变稀,严重时乳腺萎缩,泌乳停止。

肠结核:消瘦,持续下痢与便秘交替出现,粪便常带血或脓汁。

2.3 病理变化

在肺脏、乳房和胃肠黏膜等处形成特异性白色或黄白色结节。结节大小不一,切面干酪样坏死或钙化,有时坏死组织溶解和软化,排出后形成空洞。胸膜和肺膜可发生密集的结核结节,形如珍珠状。

2.4 实验室诊断

2.4.1 病原学诊断

采集病牛的病灶、痰、尿、粪便、乳及其他分泌物样品,作抹片或集菌处理(见附件)后抹片,用抗酸染色法染色镜检,并进行病原分离培养和动物接种等试验。

2.4.2 免疫学试验

牛型结核分枝杆菌PPD(提纯蛋白衍生物)皮内变态反应试验(即牛提纯结核菌素皮内变态反应试验)(见GB/T 18646)。

2.5 结果判定

本病依据流行病学特点、临床特征、病理变化可做出初步诊断。确诊需进一步做病原学诊断或免疫学诊断。

2.5.1 分离出结核分枝杆菌(包括牛结核分枝杆菌、结核分枝杆菌)判为结核病牛。

2.5.2 牛型结核分枝杆菌PPD皮内变态反应试验阳性的牛,判为结核病牛。

3 疫情报告

3.1 任何单位和个人发现疑似病牛,应当及时向当地动物防疫监督机构报告。

3.2 动物防疫监督机构接到疫情报告并确认后,按《动物疫情报告管理办法》及有关规定及时上报。

4 疫情处理

4.1 发现疑似疫情,畜主应限制动物移动;对疑似患病动物应立即隔离。

4.2 动物防疫监督机构要及时派员到现场进行调查核实,开展实验室诊断。确诊后,当地人民政府组织有关部门按下列要求处理:

4.2.1 扑杀

对患病动物全部扑杀。

4.2.2 隔离

对受威胁的畜群(病畜的同群畜)实施隔离,可采用圈养和固定草场放牧两种方式隔离。

隔离饲养用草场,不要靠近交通要道,居民点或人畜密集的地区。场地周围最好有自然屏障或人工栅栏。

对隔离畜群的结核病净化,按本规范 5.5 规定进行。

4.2.3 无害化处理

病死和扑杀的病畜,要按照 GB16548-1996《畜禽病害肉尸及其产品无害化处理规程》进行无害化处理。

4.2.4 流行病学调查及检测

开展流行病学调查和疫源追踪;对同群动物进行检测。

4.2.5 消毒

对病畜和阳性畜污染的场所、用具、物品进行严格消毒。

饲养场的金属设施、设备可采取火焰、熏蒸等方式消毒;养畜场的圈舍、场地、车辆等,可选用 2%烧碱等有效消毒药消毒;饲养场的饲料、垫料可采取深埋发酵处理或焚烧处理;粪便采取堆积密封发酵方式,以及其他相应的有效消毒方式。

4.2.6 发生重大牛结核病疫情时,当地县级以上人民政府应按照《重大动物疫情应急条例》有关规定,采取相应的疫情扑灭措施。

5 预防与控制

采取以"监测、检疫、扑杀和消毒"相结合的综合性防治措施。

5.1 监测

监测对象:牛

监测比例为:种牛、奶牛100%,规模场肉牛10%,其他牛5%,疑似病牛100%。如在牛结核病净化群中(包括犊牛群)检出阳性牛时,应及时扑杀阳性牛,其他牛按假定健康群处理。

成年牛净化群每年春秋两季用牛型结核分枝杆菌PPD皮内变态反应试验各进行一次监测。初生犊牛,应于20日龄时进行第一次监测。并按规定使用和填写监测结果报告,及时上报。

5.2 检疫

异地调运的动物,必须来自于非疫区,凭当地动物防疫监督机构出具的检疫合格证明调运。

动物防疫监督机构应对调运的种用、乳用、役用动物进行实验室检测。检测合格后,方可出具检疫合格证明。调入后应隔离饲养30天,经当地动物防疫监督机构检疫合格后,方可解除隔离。

5.3 人员防护

饲养人员每年要定期进行健康检查。发现患有结核病的应调离岗位,及时治疗。

5.4 防疫监督

结核病监测合格应为奶牛场、种畜场《动物防疫合格证》发放或审验的必备条件。动物防疫监督机构要对辖区内奶牛场、种畜场的检疫净化情况监督检查。

鲜奶收购点(站)必须凭奶牛健康证明收购鲜奶。

5.5 净化措施

被确诊为结核病牛的牛群(场)为牛结核病污染群(场),应全部实施牛结核病净化。

5.5.1 牛结核病净化群(场)的建立

5.5.1.1 污染牛群的处理:应用牛型结核分枝杆菌PPD皮内变态反应试验对该牛群进行反复监测,每次间隔3个月,发现阳性牛及时扑杀,并按照本规范4规定处理。

5.5.1.2　犊牛应于 20 日龄时进行第一次监测，100~120 日龄时，进行第二次监测。凡连续两次以上监测结果均为阴性者，可认为是牛结核病净化群。

5.5.1.3　凡牛型结核分枝杆菌 PPD 皮内变态反应试验疑似反应者，于 42 天后进行复检，复检结果为阳性，则按阳性牛处理；若仍呈疑似反应则间隔 42 天再复检一次，结果仍为可疑反应者，视同阳性牛处理。

5.5.2　隔离

疑似结核病牛或牛型结核分枝杆菌 PPD 皮内变态反应试验可疑畜须隔离复检。

5.5.3　消毒

5.5.3.1　临时消毒：奶牛群中检出并剔出结核病牛后，牛舍、用具及运动场所等按照 4.2.5 规定进行紧急处理。

5.5.3.2　经常性消毒：饲养场及牛舍出入口处，应设置消毒池，内置有效消毒剂，如 3%~5%来苏尔溶液或 20%石灰乳等。消毒药要定期更换，以保证一定的药效。牛舍内的一切用具应定期消毒；产房每周进行一次大消毒，分娩室在临产牛生产前及分娩后各进行一次消毒。

附件:样品集菌方法

痰液或乳汁等样品，由于含菌量较少，如直接涂片镜检往往是阴性结果。此外,在培养或作动物试验时,常因污染杂菌生长较快,使病原结核分枝杆菌被抑制。下列几种消化浓缩方法可使检验标本中蛋白质溶解、杀灭污染杂菌,而结核分枝杆菌因有蜡质外膜而不死亡,并得到浓缩。

1 硫酸消化法

用4%~6%硫酸溶液将痰、尿、粪或病灶组织等按1:5之比例加入混合,然后置37℃作用1~2 h,经3 000~4 000 rpm离心30 min,弃上清,取沉淀物涂片镜检、培养和接种动物。也可用硫酸消化浓缩后,在沉淀物中加入3%氢氧化钠中和,然后抹片镜检、培养和接种动物。

2 氢氧化钠消化法

取氢氧化钠35~40 g,钾明矾2 g,溴麝香草酚蓝20 mg(预先用60%酒精配制成0.4%浓度,应用时按比例加入),蒸馏水1 000 mL混合,即为氢氧化钠消化液。

将被检的痰、尿、粪便或病灶组织按1~5的比例加入氢氧化钠消化液中,混匀后,37℃作用2~3 h,然后无菌滴加5%~10%盐酸溶液进行中和,使标本的pH调到6.8左右(此时显淡黄绿色),以3 000~4 000 rpm离心15~20 min,弃上清,取沉淀物涂片镜检、培养和接种动物。

在病料中加入等量的4%氢氧化钠溶液,充分振摇5~10 min,然后用3 000 rpm离心15~20 min,弃上清,加1滴酚红指示剂于沉淀物中,用2N盐酸中和至淡红色,然后取沉淀物涂片镜检、培养和接种动物。

在痰液或小脓块中加入等量的1%氢氧化钠溶液，充分振摇15 min,然后用 3 000 rpm 离心 30 min,取沉淀物涂片镜检、培养和接种动物。

对痰液的消化浓缩也可采用以下较温和的处理方法:取 1N(或 4%)氢氧化钠水溶液 50 mL,0.1 mol/L 柠檬酸钠 50 mL,N–乙酰–L–半胱氨酸 0.5 g,混合。取痰一份,加上述溶液 2 份,作用 24~48 h,以 3 000 rpm 离心 15 min,取沉淀物涂片镜检、培养和接种动物。

3 安替福民(Antiformin)沉淀浓缩法

溶液 A:碳酸钠 12 g、漂白粉 8 g、蒸馏水 80 mL。

溶液 B:氢氧化钠 15 g、蒸馏水 85 mL。

应用时 A、B 两液等量混合,再用蒸馏水稀释成 15%~20%后使用,该溶液须存放于棕色瓶内。

将被检样品置于试管中,加入 3~4 倍量的 15%~20%安替福民溶液,充分摇匀后 37℃作用 1 h,加 1~2 倍量的灭菌蒸馏水,摇匀,3 000~4 000 rpm 离心 20~30 min,弃上清沉淀物加蒸馏水恢复原量后再离心 1 次,取沉淀物涂片镜检、培养和接种动物。